この通りにやれば必ず上達する

図解 運転テクニック

監　修：近田　茂
イラスト：五條瑠美子

日本実業出版社

この通りにやれば必ず上達する

図解 運転テクニック

デザイン／T-Borne
カバーイラスト／大木裕子・五條瑠美子

目次

序章 よくわかる 図解 クルマの仕組み

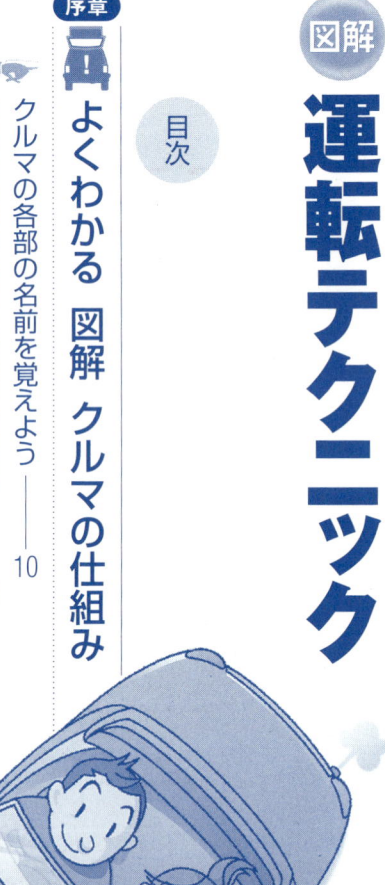

第6章

トラブル時の対処法を教えて

第7章

人に聞けない基礎知識

167

※本書の内容は、2018年4月現在の法令に基づいています。
※本書で紹介している「ミラーへの映り方」「窓からの見え方」などは、あくまでも目安であり、全車種に当てはまるわけではありません。
※車種による相違点は大きいので、機器に関することは、自車の取扱説明書（マニュアル）を読んだり、不明な点は購入店やメーカーに問い合わせてください。

あなたの〝怖い〟を分析すると……

〝クルマを運転したいけど、何となく怖くて〟と、最初の一歩が踏み出せない方も多いのではないでしょうか？
むやみに怖がるだけではなく、何が怖いのか冷静に分析して、
それぞれの対策を立ててみると、意外にスムーズに踏み出せるかもしれません。

テクニックに自信がなくて怖い

→ 25ページ

状況判断に自信がなくて怖い

→ 55ページ

道を知らないので怖い

→ 87ページ

施設などの仕組みがわからず怖い

➡ 97ページ

高速道路が怖い

➡ 115ページ

アクシデントに対応する自信がなくて怖い

➡ 135ページ

私は駐禁2回と 15キロオーバーの 合計で免停だって
あ〜あ
高速道で 40キロオーバーで 一発免停だよ トホホ

いまさら人に聞けないことがたくさん……

➡ 167ページ

クルマの各部の名前を覚えよう

クルマの各パーツの名前については、はじめて聞くものもあるかもしれません。運転には直接関係なさそうですが、他のページの説明で出てくる名前もあるので、覚えておいてください。

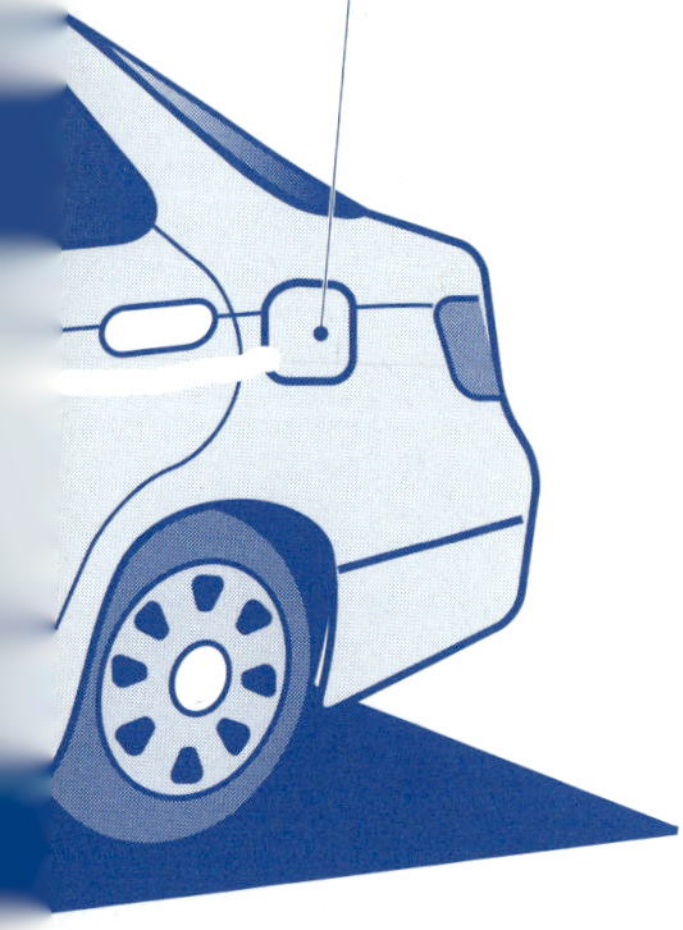

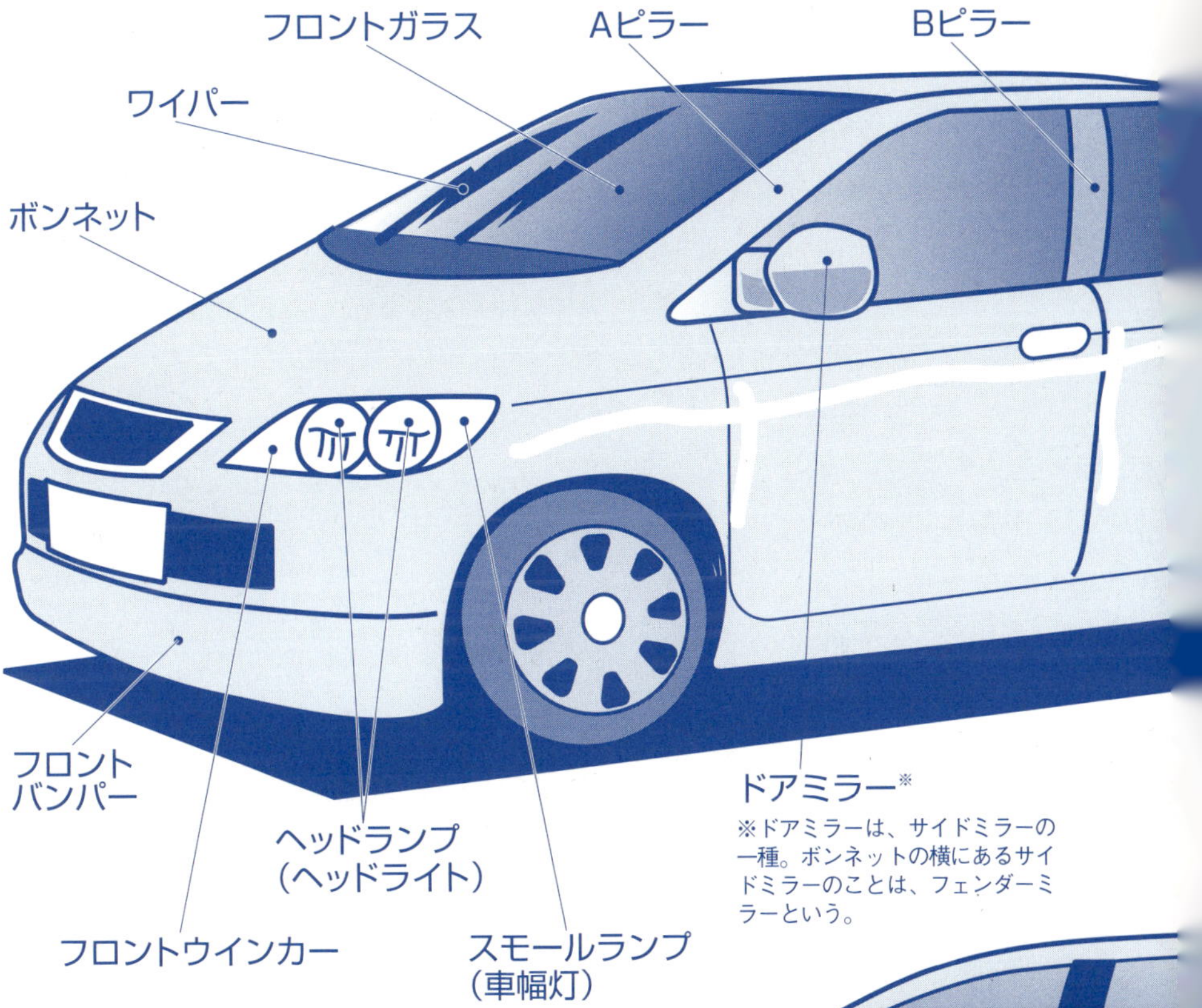

前方と後方の呼び方

前	後ろ
ヘッド	テール
フロント	リヤ

車内の各部の名前と機能を知ろう

車内のパーツについては、名前や使い方を知らないものもあるかもしれません。車種によって多少異なるので、自分のクルマの取扱説明書と一緒に見てください。

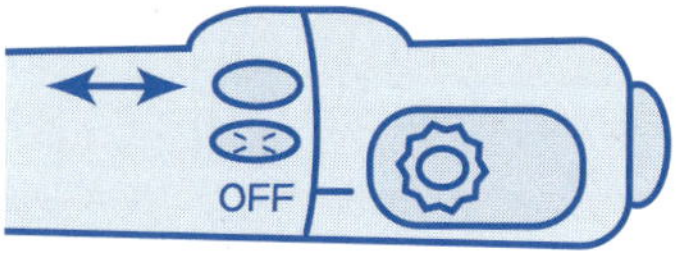

スモールランプ（メーター照明）

ウインカーについているつまみがライトのオン／オフスイッチ。1段階ひねると、スモールランプがついて、メーター類の照明もオンになる。もう1段階ひねると、ヘッドランプが点灯する。レバーを向こうに押すとハイビームになり、手前に引くとパッシングになる。

燃料計

ガソリンの量を示すメーター。自車が満タンで何リットル入るのかチェックしておく。メーターがE（空）を指しても多少のゆとりはあるが、その前に対処を。

水温計

冷却液の水温を示すメーター。メーターが上昇したら、オーバーヒートの可能性があるので、早めに対処すること（145ページ参照）。

給油口オープナー

ガソリン給油口をあけるためのボタン。車種によって場所が異なるので、ガソリンスタンドで焦らないように、給油口も含めて事前にチェックしておく。

ドアミラー操作レバー

車種によって場所は多少異なるが、この付近にある。調整ボタンを押すことで、ドアミラーの上下左右の向きを変えることができる。

ドアロック

ドアをロックするボタン。ドライバー席のボタンで、すべてのドアロックを施錠／解除できる。

ウインドウ操作レバー

ウインドウの開閉を操作するレバー。ドライバー席のレバーで、すべてのウインドウの操作ができる。

リヤウインドウロック

後部席にあるウインドウ操作レバーを無効にするボタン。

ボンネットオープナー

ボンネットをあけるためのボタン。

こんな警告灯が点灯したら要注意！

	ブレーキ警告灯。サイドブレーキが引かれたままの状態。あるいはブレーキ系の異常。
	充電警告灯。バッテリー残量が少ないなど、充電や発電系の異常。
	油圧警告灯。エンジンオイルの量が不足している状態。
	ドア警告灯。いずれかのドアが半ドアの状態。すぐに閉め直す。

※ほかにも、さまざまな種類の警告灯があるので、クルマの取扱説明書で確認しておく。

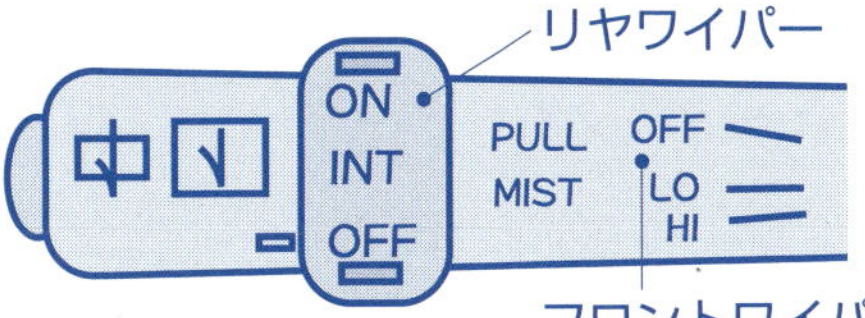

ワイパースイッチ

ワイパーを作動させるスイッチ。ひねる段階によって速度が変わる。リヤワイパーがある車種では、フロントワイパーとリヤワイパーの両方のスイッチがある。レバーの先端のボタンを押すと、ウインドウ・ウォッシャー液が出る。

タコメーター

エンジンの回転数を表示する。目盛りの1は、1000rpm（Rev Per Minute＝毎分の回転数）のこと。MT車ではシフトチェンジの目安にするが、AT車では必要性が低いので、車種によっては搭載されていない。

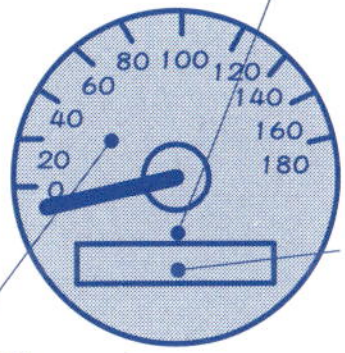

トリップメーター

走行距離計。クリアボタンを押すとゼロになるので、ガソリンを入れるたびにチェックして、燃費計算などに利用する。

オドメーター

積算距離計。走行距離を示すのはトリップメーターと同じだが、こちらはゼロクリアできないので、クルマの総走行距離が表示される。

スピードメーター

速度表示をする。

ハザード

ハザードランプを点灯するボタン。車種によって場所が異なるが、たいていこの付近。

デフロスター

省略して「デフ」と呼ばれる。除湿機能のことで、ウインドウの内側が曇ったときには、このボタンを押して曇りを取り除く。

シフトレバー（セレクトレバー）

サイドブレーキ

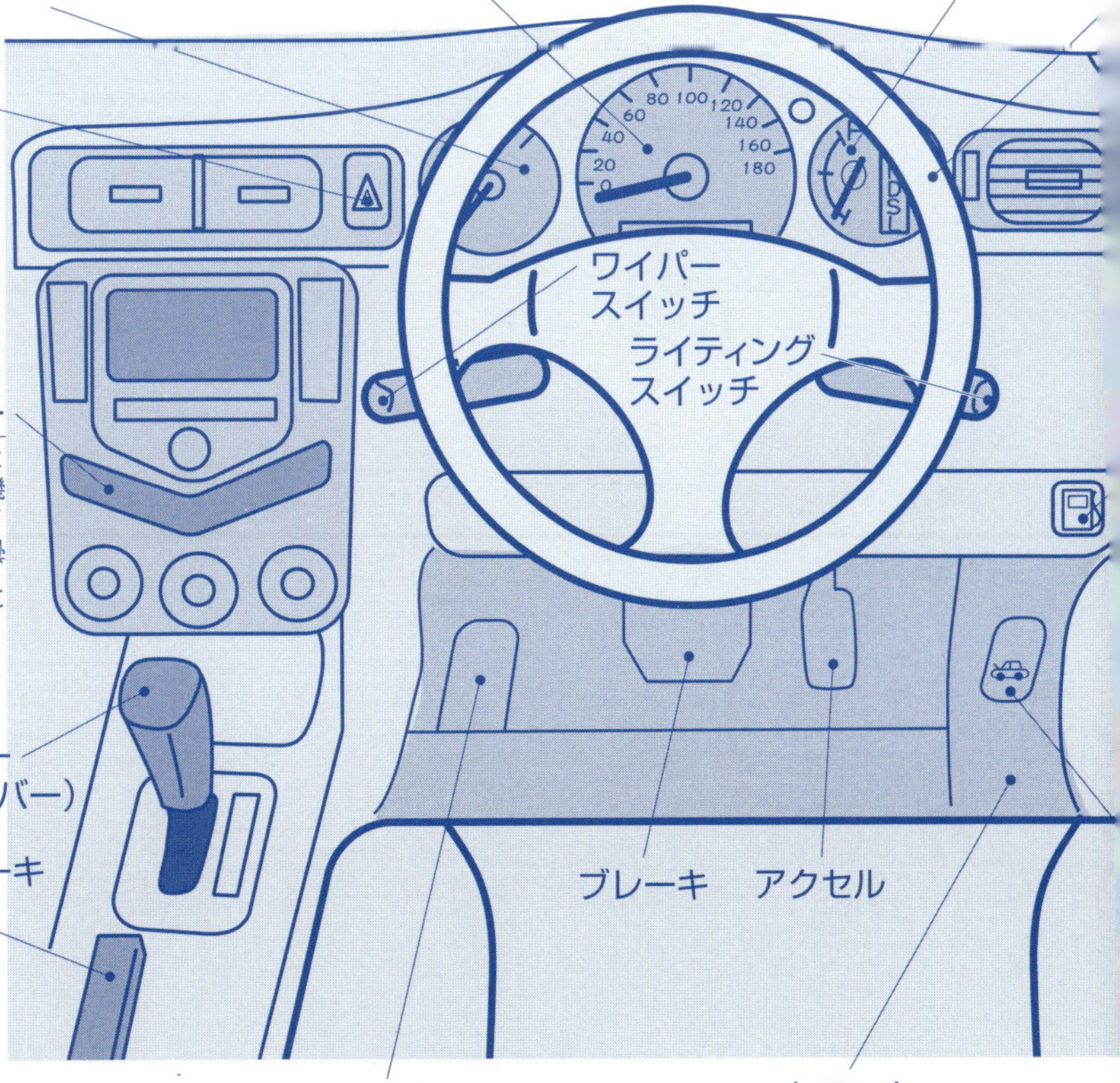

インパネ

インストルメント・パネルの略称。運転席の前にある計器板全体のこと。

フットレスト

運転姿勢を安定させるために、左足を乗せる台。左足をここにおくと疲れにくい。

トランクオープナー

トランクをあけるためのボタン。

クルマが動く仕組み

運転に難しい理屈は不要ですが、多少の基礎知識があるといろいろな場面で役に立ちます。このページに掲載している装置の働きくらいは、漠然とでよいですから、知っておいてください。

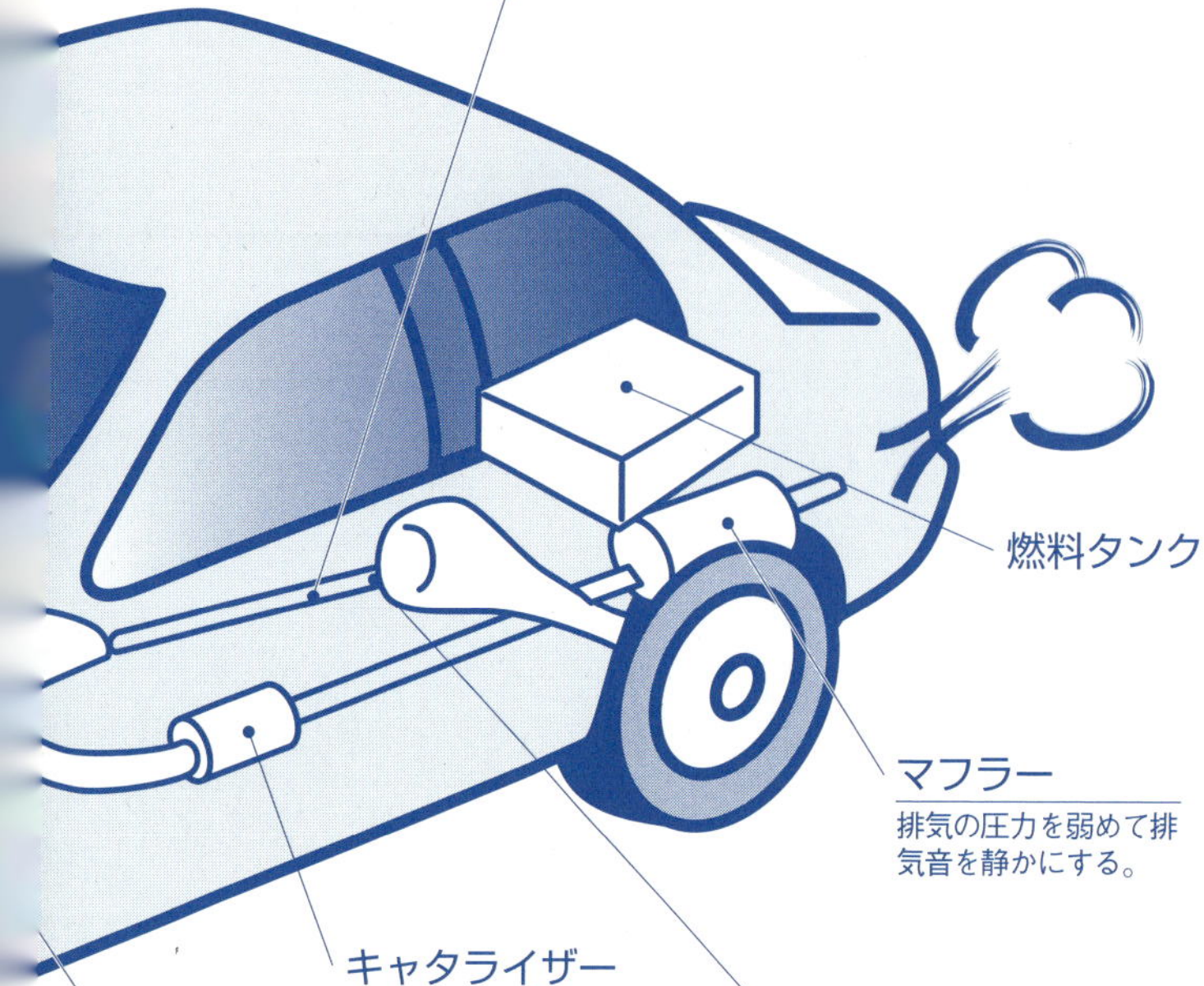

プロペラシャフト

トランスミッションから伝わってきた回転を駆動輪へ伝える装置。プロペラシャフトの回転は、左右のタイヤの回転数を整える「デファレンシャルギア」、さらに「ドライブシャフト」を経て、タイヤに伝わる。

燃料タンク

マフラー

排気の圧力を弱めて排気音を静かにする。

キャタライザー

エンジンから出るガスを浄化する装置。

トランスミッション

低速ギアから高速ギアへ（あるいはに逆に）、ギアを切り替える変速装置。これを手動で行うのが、マニュアル・トランスミッション車（いわゆるマニュアル車、MT車）。自動的に変速されるのが、オートマチック・トランスミッション車（オートマ車とも呼ばれる。本書では以下、AT車と表記する）。

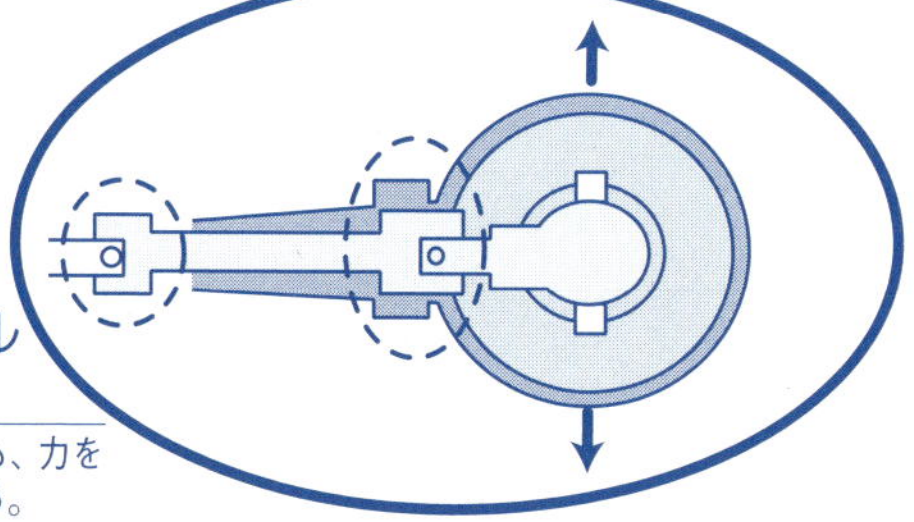

ユニバーサルジョイント

後車輪が揺れても、力をスムーズに伝える。

エンジンの場所や駆動方式でクルマのタイプが分かれる

FF車

前輪駆動車。「Front Engine, Front Drive」の略称。エンジンがフロント部にあり、駆動するタイヤもフロント側なので、わりと単純な構造となる。そのため、室内に広いスペースを確保できるのがメリット。

FR車

後輪駆動車。「Front Engine, Rear Drive」の略称。エンジンがフロント部にあり、駆動するタイヤはリヤ側。プロペラシャフトが車内を縦断するので室内は狭くなるが、FF車よりも小回りがきく。

ミッドシップ車

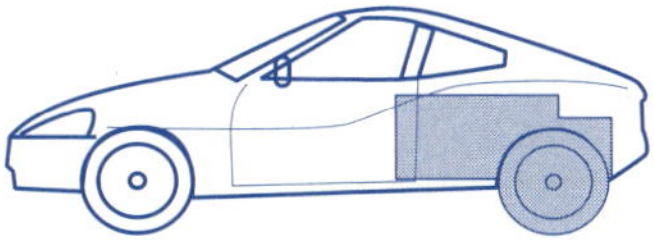

エンジンがボディの中央にあり、駆動するタイヤはリヤ側。重心が中央なので安定し、コーナリングなどで威力を発揮する。スポーツタイプのクルマで採用されている。

4WD車

4輪駆動車。「4 Wheel Drive」の略称。エンジンがフロント部にあり、すべてのタイヤが駆動する。スリップしにくく、悪路にも強い。オフロード車のイメージが強いが、一部のオンロード車にも採用されている。

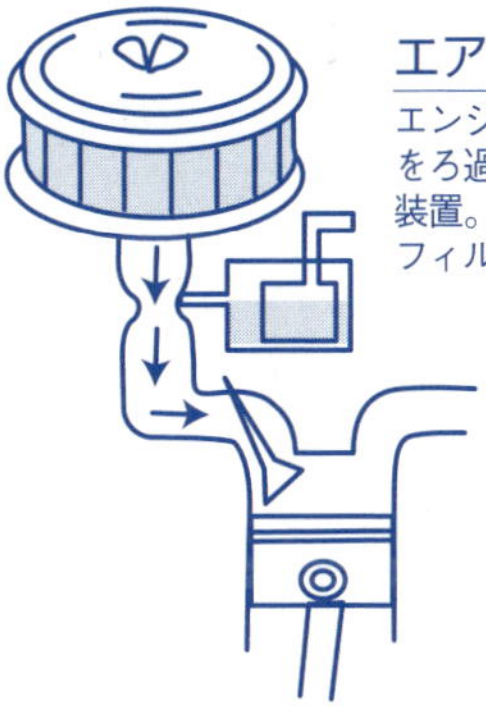

エアクリーナー

エンジン内部に取り込む空気をろ過して、異物を除去する装置。エアエレメント、エアフィルターともいう。

ラジエータ

たくさんの空気を当てて冷却水を冷やす。

燃料供給装置

ガソリンを霧状にして空気と混ぜ、燃えやすくする。キャブレターやインジェクション。

エンジン

ガソリンを燃やして回転運動を起こす。詳しくは下記参照。

エンジンが動くしくみ

①エアクリーナーから吸入した空気とガソリンとの混合ガスがシリンダーに送られて、それらが燃え、ピストン運動が起こり、クランクシャフトが回転する。

②トランスミッションで、エンジンと車輪の回転数の割合を変え、回転力を調整する。

③回転力がプロペラシャフトに伝わり、ファイナルギア(デフ)で回転方向を変えてタイヤを回す。

正しい運転の基本姿勢

正しい運転姿勢をマスターしましょう。スムーズな操作ができるのはもちろん、事故防止につながり、万一の事故のときにもダメージが最小限に抑えられます。

●基本姿勢

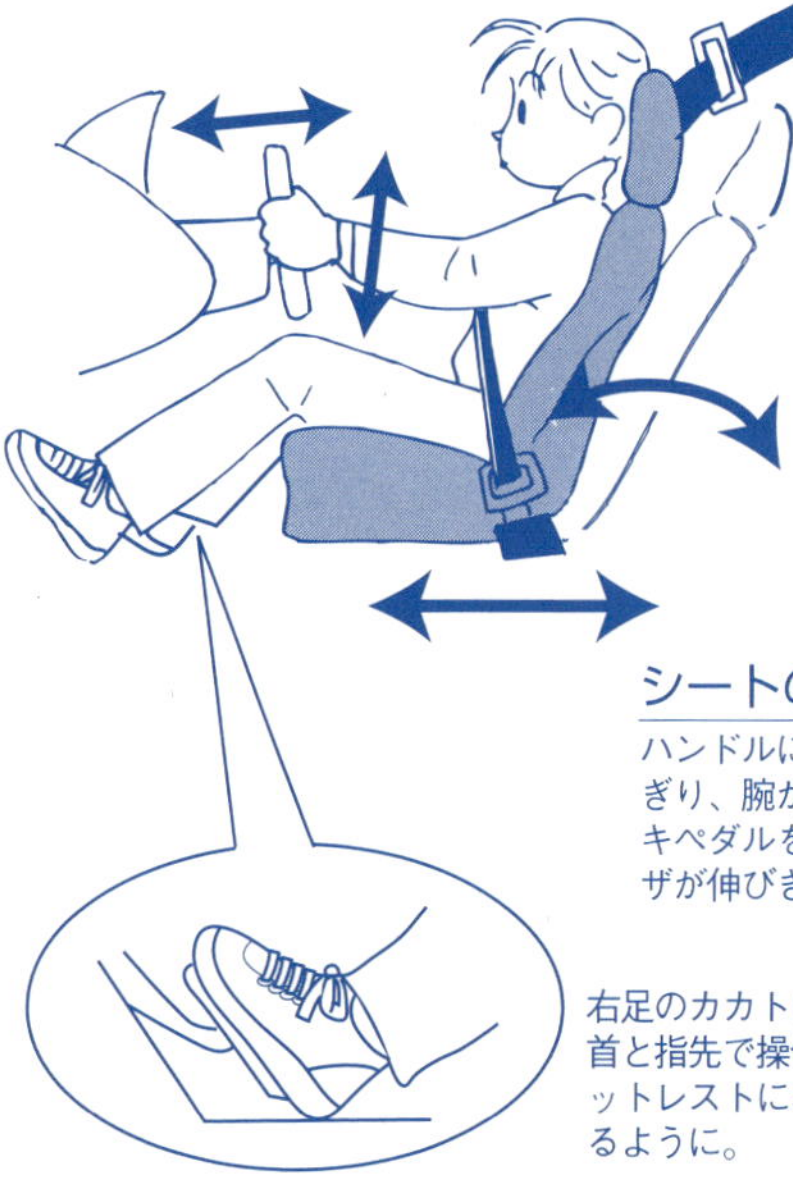

ハンドルの高さは……

車種によっては、ハンドルの位置も調整可能なので、楽な位置に。

シートの背もたれとヘッドレストは……

頭、腰、背中がシートバックに密着するように。

シートの高さは……

調整できるクルマの場合、前方がしっかりと見える高さに。

シートの前後の位置は……

ハンドルに手を軽くおくようにしてにぎり、腕が少し曲がるくらい。ブレーキペダルをいっぱいに踏み込んでもヒザが伸びきらない程度。

右足のカカトは床につけて、足首と指先で操作する。左足はフットレストにおいて、踏ん張れるように。

前のめりになると、体全体に力が入ってしまい、とっさにスムーズに動けない。

シートが低すぎると視界が悪くなる。

寝そべったスタイルにすると、危険回避ができなくなる。

●シートベルトの装着方法

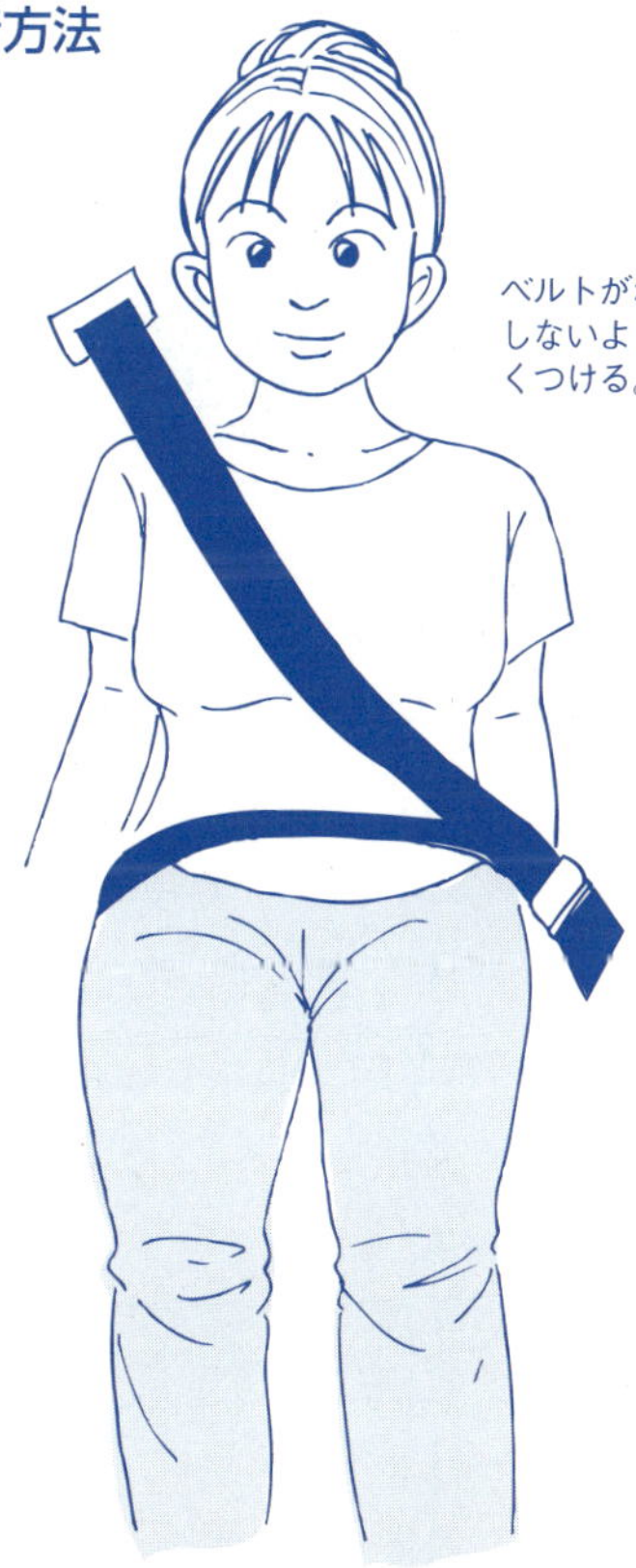

ベルトがねじれたりしないように、正しくつける。

首にかかっていると危険なので、シートベルト上部の金具位置を下げて、首にかからないようにする。

ベルトがおなかの上にくると、事故のときに内臓破裂などの危険があるので、腰骨の部分にかかるように。

●運転中にこれは厳禁

運転中の携帯電話の使用は事故の原因になりやすいし、道路交通法違反（※）。インカムを使って両手をあけても注意力は確実に低下するので、使わないのがいちばん。

腕や肘を窓から外に出すと、接触事故などで大怪我をしてしまうことも。

※2004年11月1日に改正・施行された道路交通法により、運転中の携帯電話の使用は、行政処分として、反則金6,000円（普通車の場合）と違反点数１点となる。携帯電話の使用によって交通の危険を生じさせた場合は、「３か月以下の懲役、または５万円以下の罰金」という重い罰則がある。

ミラーの合わせ方

直接見えないエリアを確認するためには、ミラーを正しくセッティングしておかなければなりません。いちど合わせて終わりではなく、乗るたびにチェックしておきましょう。

●ルームミラー

×

ズレていると、きちんと後方確認ができない。

○

リヤウインドウがすっぽり入るように合わせる。

●ドアミラー（右）

×

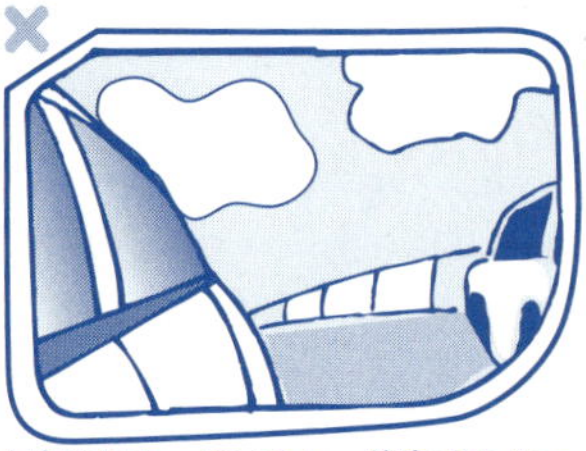

上向きになっていると、後方のクルマが見えない。

○

走行中は、右側後方のクルマの様子がよくわかるように。地面を下側2分の1強程度にして、自分の車体が少し映るくらいがいい。

●ドアミラー（左）

×

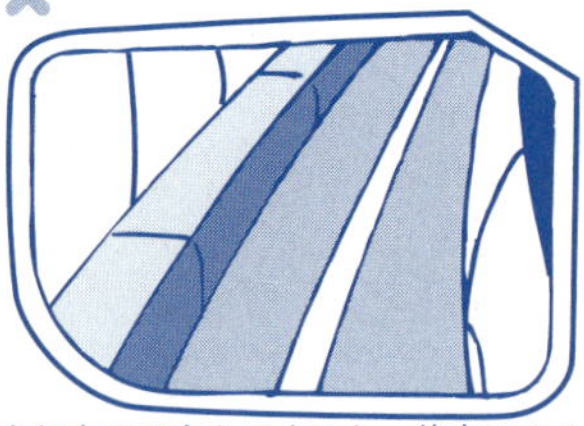

走行中に下向きにすると、後方のクルマが見えない。幅寄せのときなどには、やや下向きにして自分のクルマのタイヤを映すとやりやすい。状況に応じて角度を変えるとよい。

○

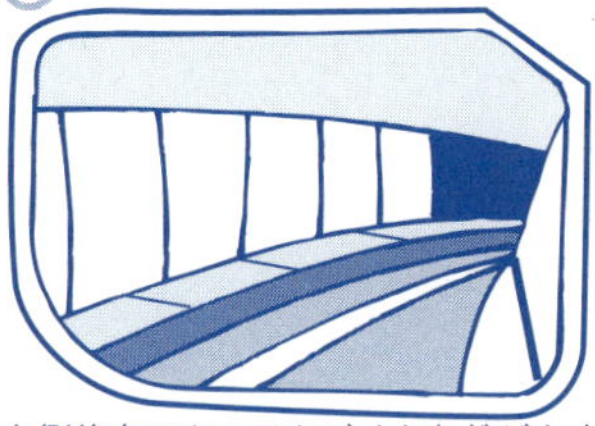

左側後方のクルマやバイクなどがよく見えるように。地面を半分程度、自車ボディを少し映すというのは右のミラーと同様。

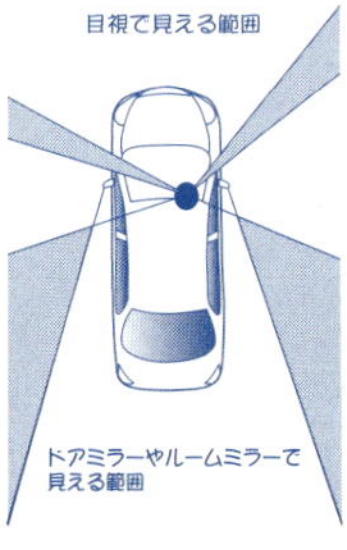

肉眼で確認できる範囲とミラーに映る範囲を合わせても、見えない箇所がある。これが死角。どこが死角かを把握しておき、必要なときには首を振って目視すること。

シフトレバー操作の基本

AT車のシフトチェンジはさほど難しくありません。「運転時はDレンジ以外にも選択肢がある」ことを覚えておいてください。特に長い下り坂でのシフト選びは要注意です。

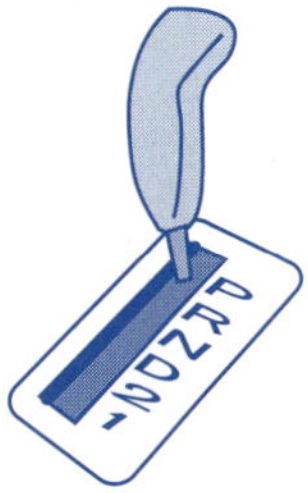

一般的なシフトレバー

マニュアル感覚のシフトレバー

溝に入れるタイプなので、セレクトミスが少ない。

インパネ式シフトレバー

センターパネルにシフトレバーがあるタイプ。座席付近がすっきりした設計になる。

パーキング

Pレンジ。ギアがロックされるので、駐車するときにはここに入れる。エンジンを始動させるときもPレンジにして、ブレーキペダルを踏んでから。

リバース

Rレンジ。バックするときに使用。誤操作防止のため、PレンジやNレンジからRレンジにするには、レバーのロック解除ボタンを押さないと入らない。

ニュートラル

Nレンジ。一時的な停止時などに使用。エンジンブレーキが効かないので、走行中は使用しない。押せば動く状態なので人力でクルマを押すときに使う。

ドライブ

Dレンジ。通常の運転のときに使用。エンジンの回転数やアクセルワークによって、クルマ内部では1速からトップギアまでの選択が行われている。

セカンド

2レンジ（Sレンジ）。2速以下のシフトに固定する。下り坂でエンジンブレーキを効かせたいときなどに使用。

ロー

Lレンジ。1速に固定。セカンドよりも、さらに低速でハイパワーにしたいときに使用。エンジンブレーキの効きが最高。

OD（オーバードライブ）

OD機能がついているクルマは、オンにすれば高速走行時の燃費がよくなる。下り坂でエンジンブレーキを効かせたいときなどは、ODをオフにする。

PレンジとNレンジ以外では、ブレーキを解除するとゆるやかに進む「クリープ現象」が起こるので、エンジン始動時や、「P→D」「D→R」といったシフトチェンジは、ブレーキペダルを踏んでから行う。ロック解除ボタンを押さなくてもチェンジできるケースでは、逆に押さないほうが間違えにくい。

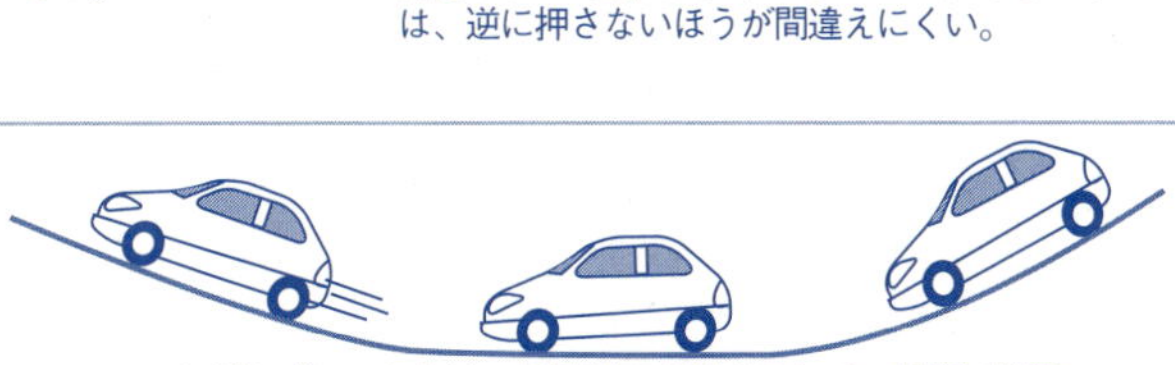

エンジンブレーキとは、低速ギアを選ぶことで、加速に制限がかかること。下り坂では、フットブレーキに頼りすぎず、エンジンブレーキを使うことが必要（84ページ参照）。

ハンドル操作の基本

ハンドル操作は簡単だと思われがちですが、おかしなクセがついたままの人も多いようです。大きなカーブでもすみやかにハンドルが切れるように練習しておきましょう。

●ハンドルの持ち方

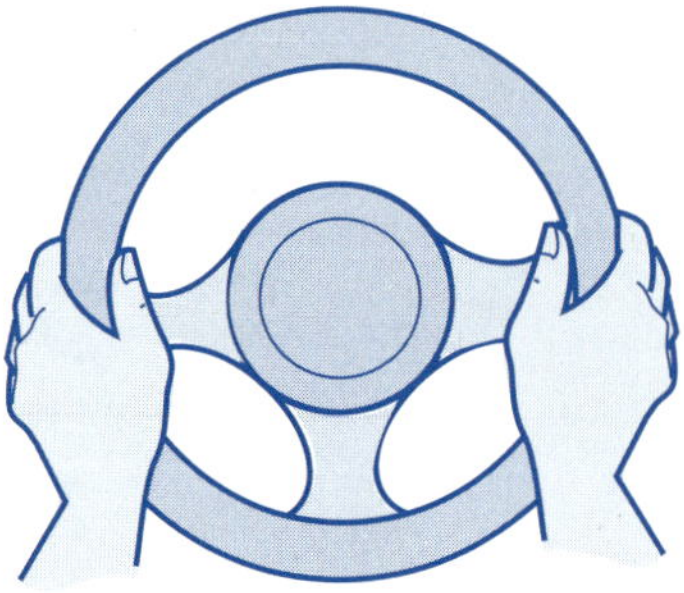

基本型（9時15分）

以前は「10時10分」の持ち方が推奨されたが、最近は、操作スイッチ類との位置関係もあり、「9時15分」が基本型。ハンドルの持ち替えにも瞬時に対応できるように、手は軽くおく程度。親指は軽く添えるくらいにする。ハンドルの内側に入れてきつくにぎったりしないこと。

●ハンドルの回し方

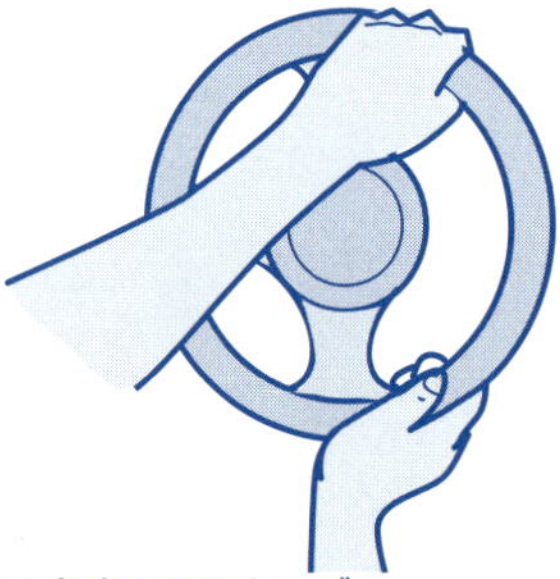

やや角度のあるカーブ

45度以上回すような右カーブの場合、右手でハンドルを引くように回し、左手は添える程度。ここでキープしたりさらに回すようなときは、左手を12時の位置にして、こちらをメインに持つ。

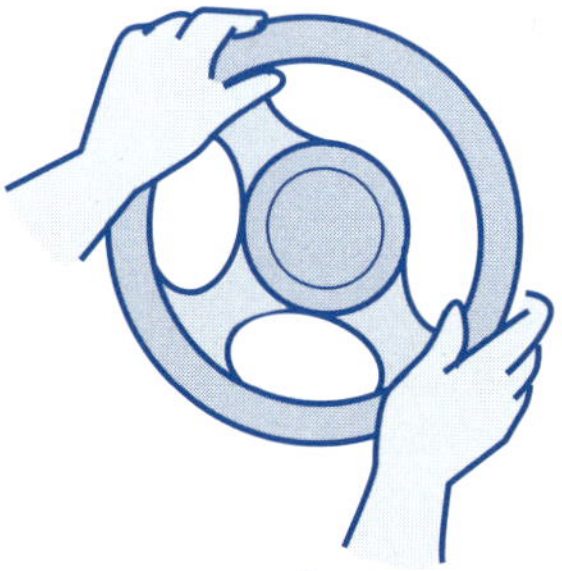

ゆるやかなカーブ

ハンドルを30度くらい回す程度のゆるやかなカーブなら、「9時15分」の箇所を持ったまま、普通にゆっくりと回転させる。

急なカーブ（短時間で小さなコーナーを回る）

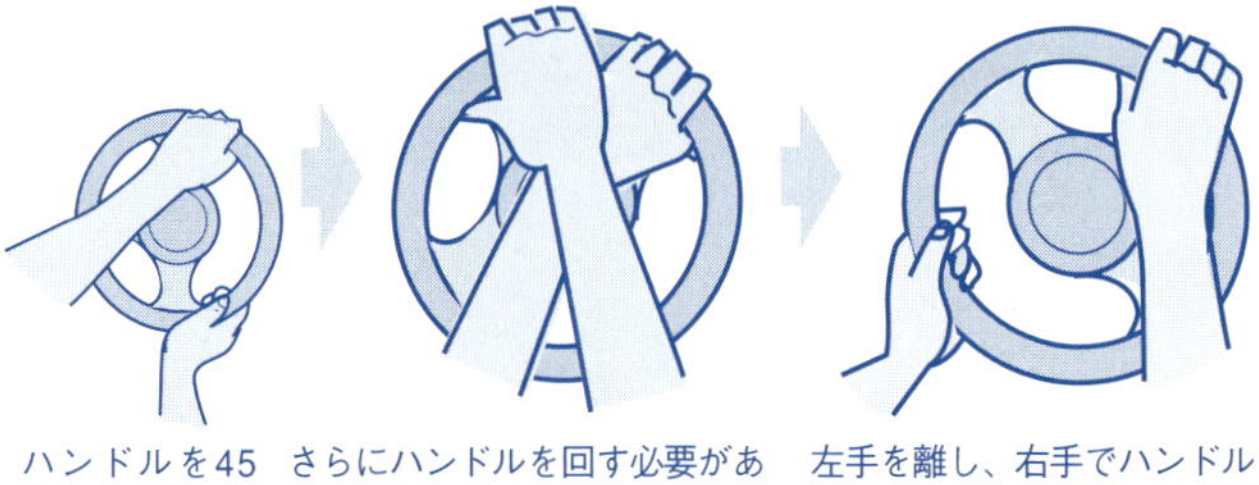

ハンドルを45度くらい回した状態。

さらにハンドルを回す必要があるときは、腕をクロスさせる。まず、6時の位置にある右手を離し、左手で回しながら11時あたりをつかむ。このときに、右手のほうに力を入れる。

左手を離し、右手でハンドルを引くようにして回す。右手が6時のところまで下がったら、左手を再び12時の位置に置き、メインに。さらに回すときは同じ繰り返しになる。

よくわかる
図解
クルマの仕組み

ブレーキの使い方の基本

クルマを運転するなら、正しいブレーキ操作は必須条件です。止まりたいときにきちんと止まれるよう、正しいポジショニングやブレーキの種類などを把握しておきましょう。

●的確な減速をする

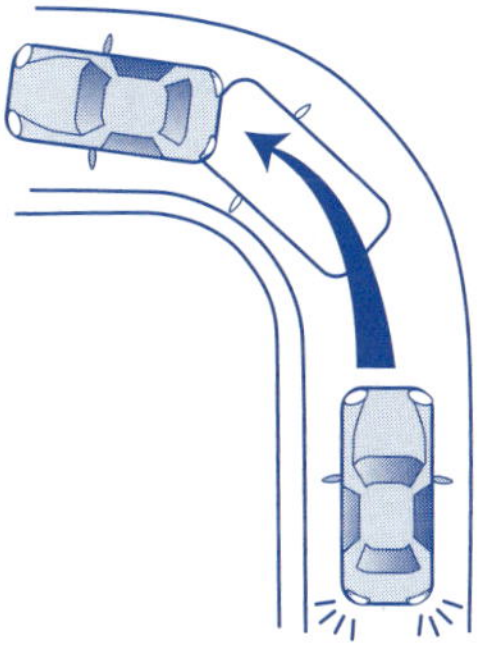

カーブの直前で

減速しないと曲がれそうにないカーブの直前では、ブレーキを踏んで十分にスピードを落とす。カーブの途中でブレーキを踏むのは厳禁だ。

●基本的な足のポジション

指のつけ根付近の、踏みやすく、力を入れやすい位置を探す。カカトを床につけたほうが微調整しやすく腰への負担も少ない。ただし、つけないほうが踏みやすい人はそれでも可。

つま先の指の部分で踏むと、力が入りにくいし、ズレやすい。

土踏まずで踏んでいると、すべりやすい靴底の場合、はまってしまう可能性がある。

●ポンピングブレーキとは

ポンピングブレーキの目的と必要性

ブレーキを効かせるために、油圧をたくさん送れるポンピングブレーキが必要だった。	現在のブレーキ性能では不要
急ブレーキ時にタイヤがロックして制動距離が長くなるのを避け、ロックを解除するための操作としてポンピングブレーキの必要があった。	ABSを備えたクルマでは不要
後続車の追突を避けるために、ブレーキランプを点滅させる必要性がある。	余裕があれば、ポンピングブレーキを使う

ポンピングブレーキ（一気に踏み込むのではなく、何度か踏むブレーキ）が必要なのは、後続車に注意を促すような場合。ただし、余裕があれば、という程度。

●エンジンブレーキとは

下り坂でフットブレーキを使いすぎると、ブレーキが効かなくなる。このような場合に、低速ギアを使って加速を制限することをいう（84ページ参照）。

●ABSとは

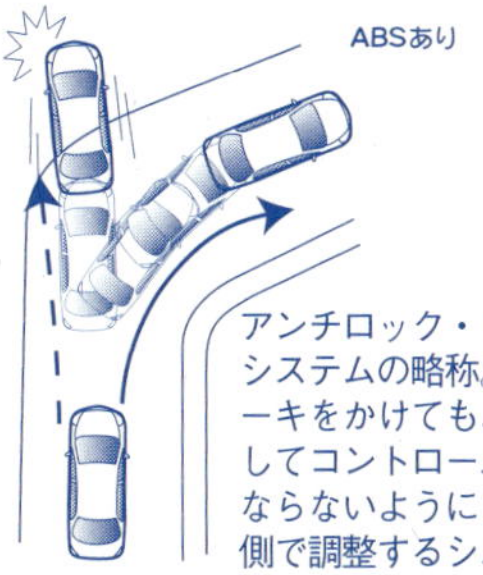

アンチロック・ブレーキシステムの略称。急ブレーキをかけても、ロックしてコントロール不能にならないようにクルマの側で調整するシステム。

よくわかる
図解
クルマの仕組み

クルマを動かす前にすること

クルマをスタートさせるとき、忘れずにチェックしたい項目があります。気持ちがゆるんだまま走りはじめると、事故につながることもあります。

①クルマの周囲を確認

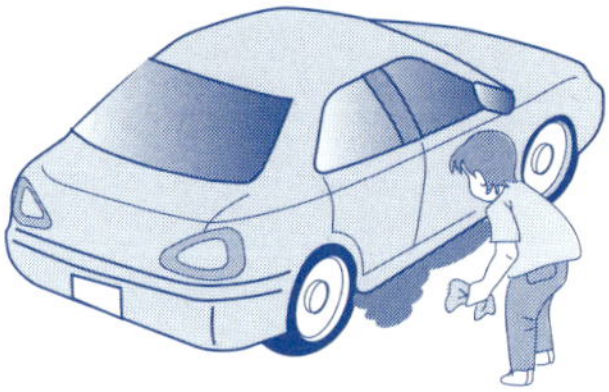

クルマの周辺に、何か事故につながるものがないか、子どもが遊んでいないか、などをチェックする。

②シートの調整

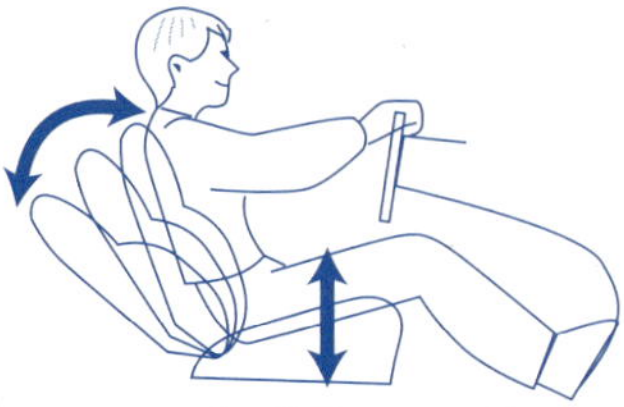

シートの前後の位置などを調整する。前方が見やすく、ペダルやハンドルを操作しやすい位置に。

③ハンドルの位置合わせ

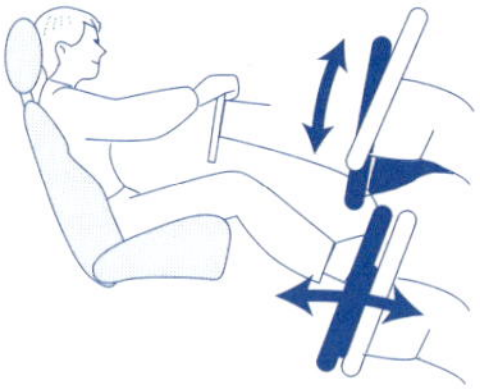

車種によっては、ハンドルの高さなども変えられる。ハンドルを軽くにぎって肘が90度になるくらいに。

④ミラーの調節

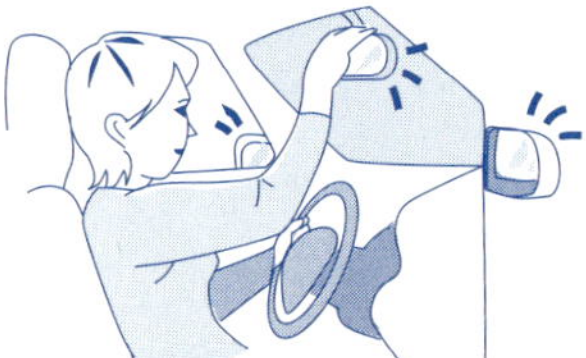

ルームミラーとドアミラーを調整する。体を起こして行うと、運転姿勢のときに見え方が違ってしまうので注意。

⑤計器類の確認

クルマに異常がないか、計器類をチェックする。燃料計や水温計、警告灯などを中心に。

⑥ブレーキの確認

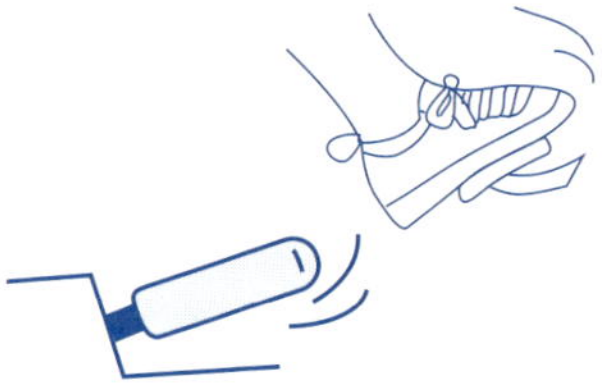

ブレーキの効き具合をチェックする。踏みごたえや、サイドブレーキを引いた感触などはいつも通りか。

⑦ライトの確認

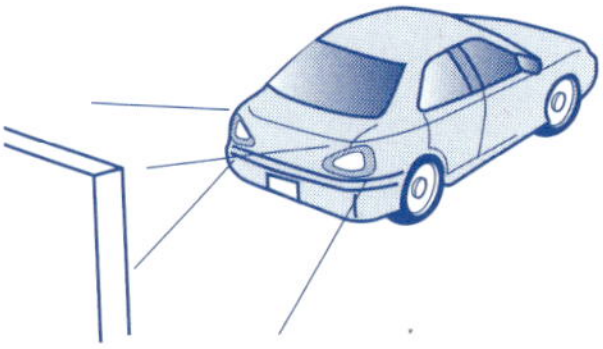

ブレーキランプやテールランプが点灯するかをチェック。壁があれば、そこに当ててみればすぐにわかる。

⑧シートベルトの着用

最後にシートベルトを着用する。シートベルトの位置を調整し、首にかからないようにする。

クルマを離れる前にすること

クルマを離れるときは、止める場所などに注意しましょう。うっかりすると、止めたクルマが事故原因になることもあるのです。もちろん、盗難にも気をつけましょう。

①停める場所に注意する

駐停車禁止エリア以外にも、止めると危ないエリアは多数ある。特に坂の途中は、上りも下りも危険なので避ける。

見通しの悪いカーブの先やトンネル内なども、事故を誘発する原因となるので止めないこと。

②駐車中の安全確認をする

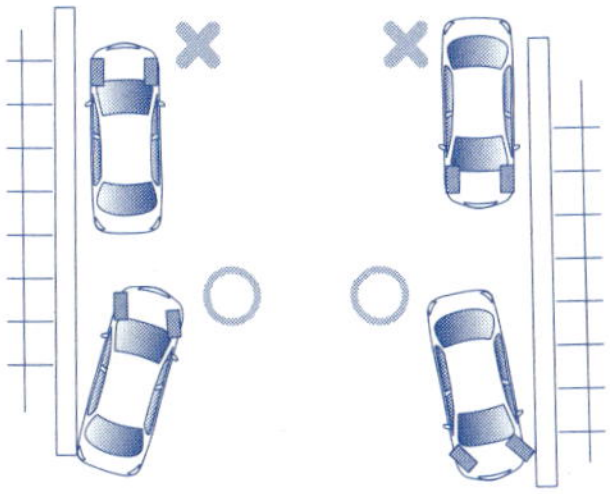

多少でも傾斜のある道に止めるときは、クルマが動き出さないように、タイヤの向きを斜めにしておく。

傾斜があっても平地でも、駐車するときは必ずシフトをパーキング（Pレンジ）に入れ、サイドブレーキを引いておく（寒冷地で凍りつく恐れがあるときは引かない）。

③防犯対策を忘れない

盗難を避けるためには、貴重品を車内に残さないことがいちばん。おいて行くときには、外から見えないようにしておく。高価なカーナビなどにも注意。

クルマの大きさや間隔を確認する

自車の車幅や、ノーズ（クルマの先端）やテール（クルマの後端）がどのくらいなのかを感覚的に知っておくと、ギリギリまで寄せたり、車間距離をとったりといったことが容易になります。

①ドライバーの座席から見て、フロントウインドウ下端の中心の延長線上が、左前タイヤのラインの延長線上になる。

②右前ウインドウの角に停止線を合わせれば、ボンネットの先端が停止線にピタリと合う。車種によって多少異なるので、その誤差については自分のクルマで確認しておく。

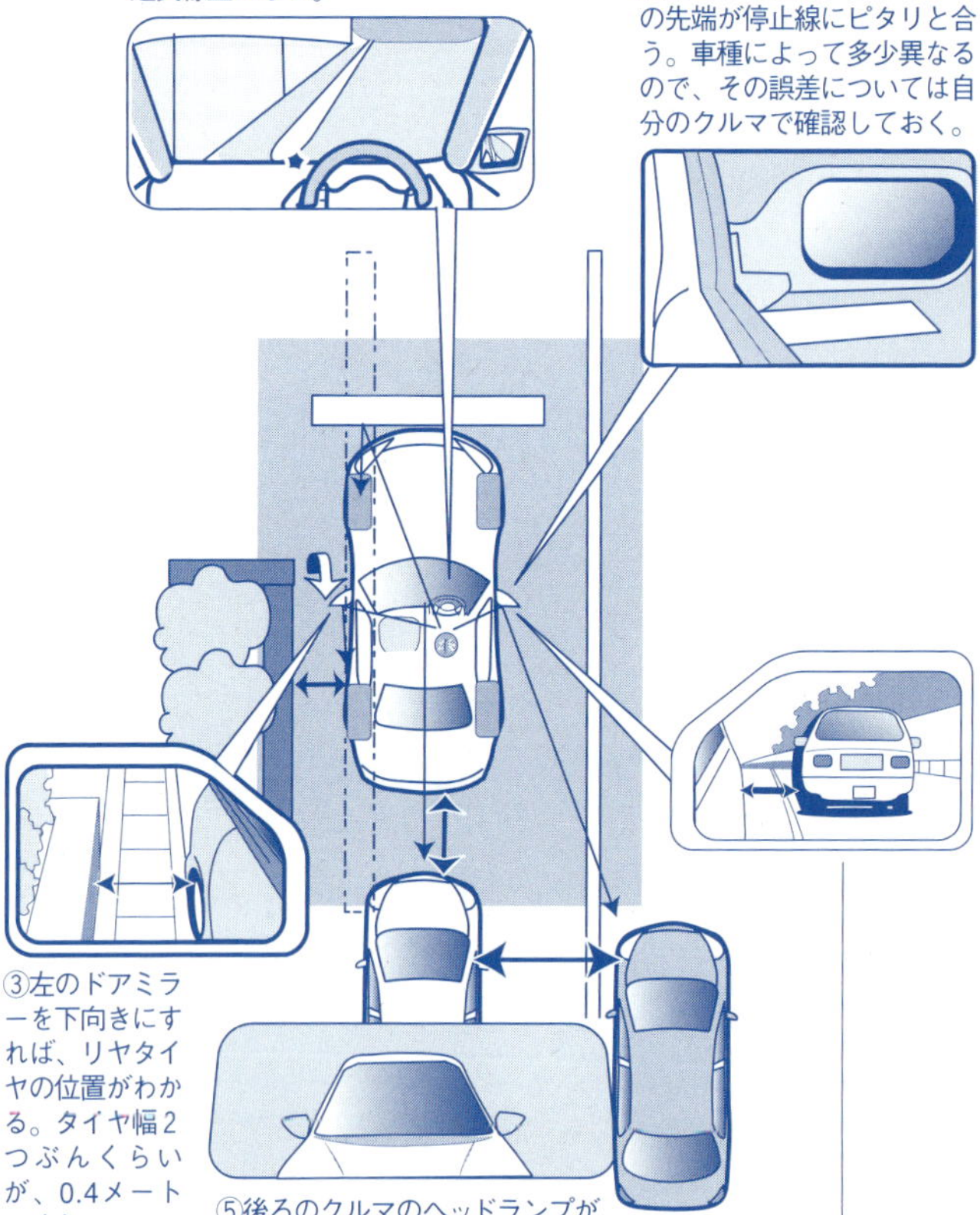

③左のドアミラーを下向きにすれば、リヤタイヤの位置がわかる。タイヤ幅2つぶんくらいが、0.4メートルくらい。

⑤後ろのクルマのヘッドランプが、ちょうど見えなくなったくらいの位置が、車間距離１メートル程度。

④ミラーの向きは、地面がミラーの下側2分の1強を占めるように調整すると、右後方のクルマや障害物との距離がわかりやすい。自車と、他のクルマや壁などとのあいだに地面が見えていれば、そのまま進んでもぶつからない。走行中なら、右側のクルマとは1.5メートル以上の間隔があると理想的。

※上の図解はあくまでも一例。自車でどう見えるかを知っておくのが大事。

第1章

あなたの〝苦手〟をズバリ解決！

初心者は、車庫入れや縦列駐車など、ある特定の技術に苦手意識を感じる人が多いようです。

しかし、チェックするポイントを覚えてしまえば、さほど難しくはありません。

ここでは、代表的な「苦手」テクニックを取り上げて、そのコツを解説します。

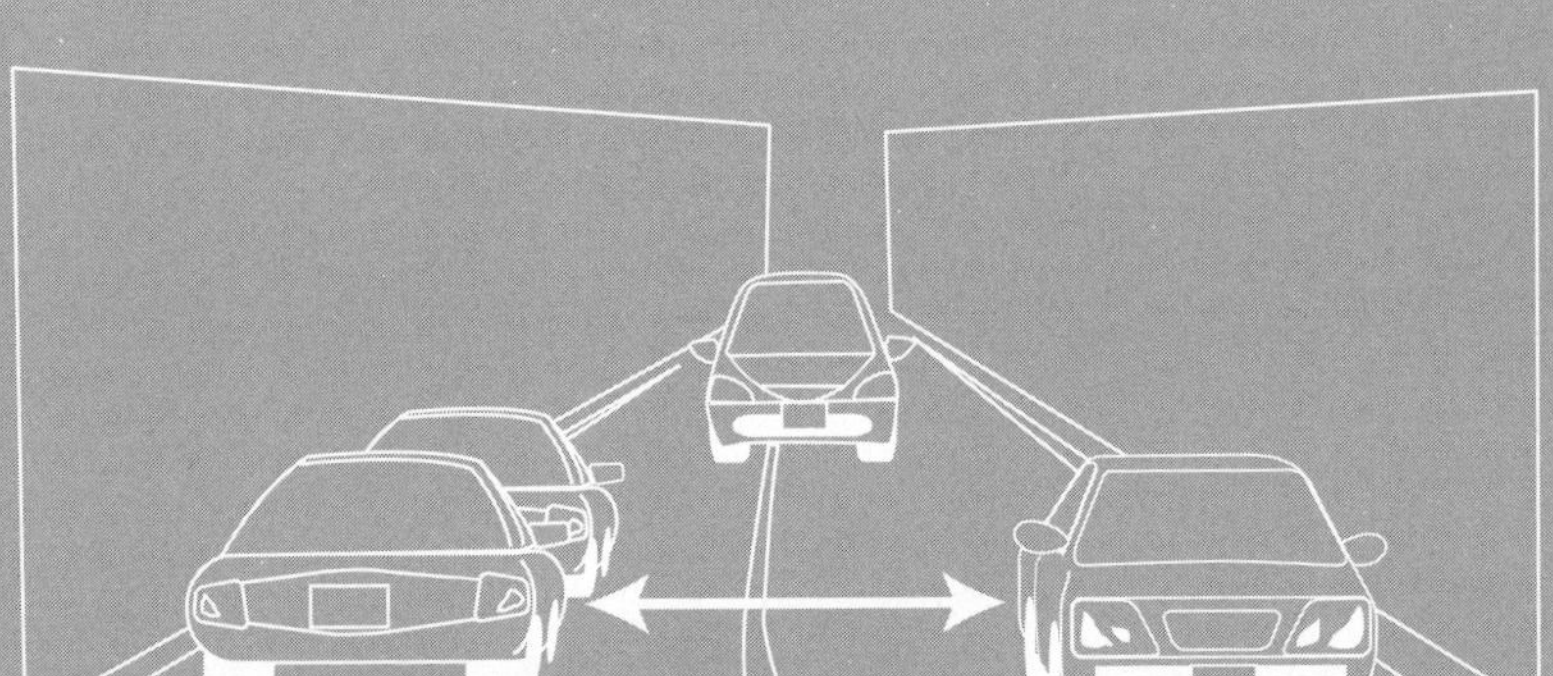

Q 縦列駐車が上手にできません。何かコツはありますか？

A ハンドルを切りはじめるタイミングとミラーの利用がポイントです

縦列駐車は、初心者ドライバーにとって、もっとも苦手なテクニックのひとつでしょう。しかし、街中にかぎらず、縦列駐車をしなければならない場面は必ずあります。そんなときに慌てないように、「なぜ失敗してしまうのか」「どうすれば成功するのか」について、説明しておきましょう。

まず縦列駐車の失敗には、大きく3種類あります。

①横のクルマにぶつけたり、こすったりするケース

②路肩側の歩道に乗り上げたり壁にぶつかったりするケース

③接触はしないものの、何度も切り返しを繰り返し、結局は入り切れない、というケース

①の場合、ハンドルを左へ切るのが早すぎるのが原因です。左隣のクルマと自車の運転席が横に並ぶくらいのタイミングでハンドルを切れば、ぶつかることはありません。また、左へ切るタイミングがよくても、ハンドルを右に切りはじめるタイミングが早すぎると、やはり隣のクルマにぶつかることがあります。外輪差（40ページ参照）でボディの前方が左に大きく振れることに気をつけなければなりません。

②の場合、ハンドルを左に大きく切りすぎて、元に戻すのが遅いのが原因。左側の窓から、横のクルマの後ろ角が見えた時点で、ハンドルを右に切りましょう。

③のケースは、ボディ前方が右に振れたままなのに前進時に左へ寄せようとしているためです。バック時に左へ寄せつつボディも路肩に平行にします。

失敗する原因がわかれば、成功のコツはすぐ理解できるはず。各ステップの注意点を以下で説明します。

失敗例 1

横のクルマに接触!

隣のクルマとの間に
空間がないとぶつかる

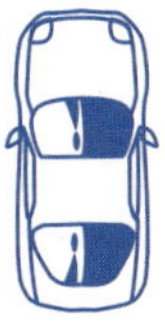

ハンドルを左に切るのが早すぎると接触する。サイドミラーをよく見て、隣のクルマとの間隔を確認。また前後のクルマのあいだが短いとき、早く右へハンドルを切りはじめると、クルマの左フロントをぶつけることも。

失敗例 2

路肩側の壁に接触!

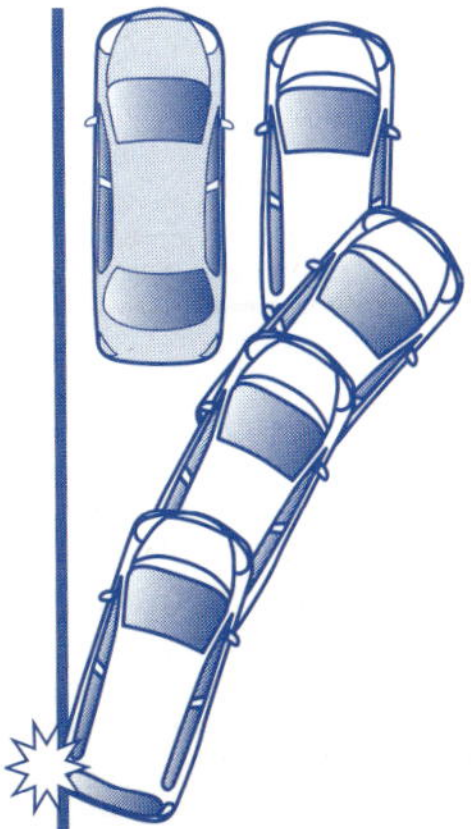

ハンドルを左へ
大きく切りすぎ、
右に戻すのが遅い!

壁に向かって深い角度で入りすぎたり、ハンドルを戻す（あるいは右に切る）タイミングが遅いことなどが原因。

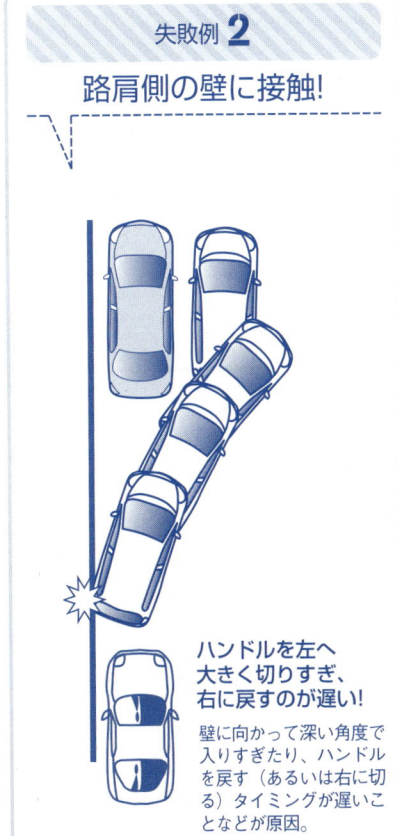

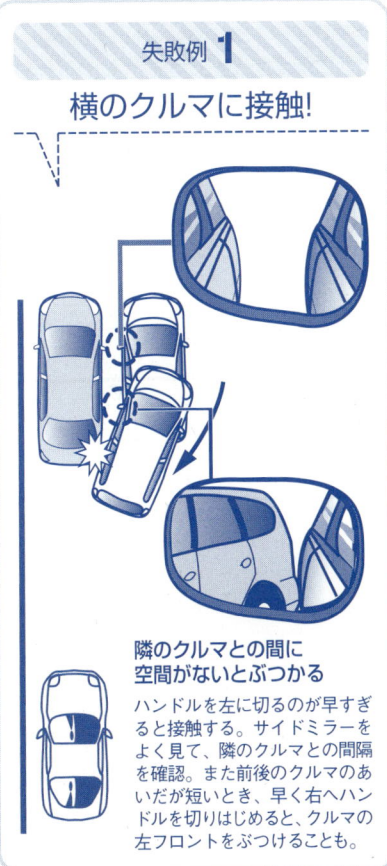

26ページでは、縦列駐車の失敗の原因を挙げてみました。このような失敗を避けるために、縦列駐車全体の手順を4つのステップにわけて図解します。各ステップごとに以下のような点に注意しましょう。重要なのは、

①物理的に駐車できるかどうかの判断
②隣のクルマにこすらないためのミラーの利用
③ハンドルを右に回すタイミング
④バックをやめるタイミングと、そのときのハンドルの状態

サイドミラーやルームミラーを上手に利用してこの4ポイントをクリアできれば、もうマスターできたも同然です。

さらにちょっとしたコツをつけ加えるなら、いちばんバックした時点で、はじめから左側にピッタリと寄せる必要はない、ということです。バックして止めたときに、クルマ半台分くらい左のスペースが空いていても、「前へ出てバックで寄せる」を繰り返していけばいいのです。

慣れないのにいちどに左端まで寄せようとすると、前ページの②の失敗例のように、路肩側の壁などにぶつけがちなので、注意しましょう。

STEP 1 ハンドルを左へ回してバック

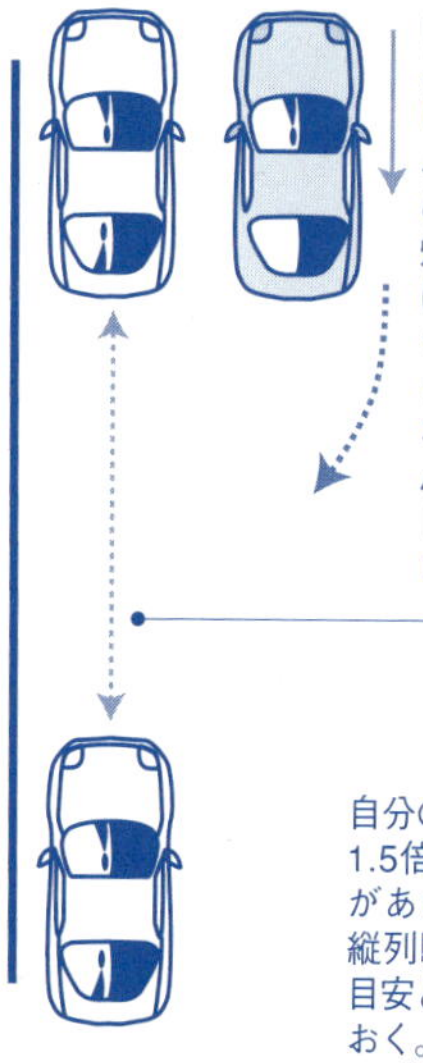

自分が駐車したいスペースの、前方に駐車しているクルマに並べて止め、ハザードを点灯させてバックをはじめる。左隣のクルマと車体の長さがだいたい同じなら、運転席が並んだくらいでハンドルを左へ切りはじめる。

自分のクルマの約1.5倍のスペースがあいていれば、縦列駐車できる。目安として覚えておく。

STEP 2 サイドミラーを確認してさらにバック

ここで左のサイドミラーをチェック。左下のミラー図のように、横のクルマとの間に少しでもあきがあれば、このままバックしてもぶつからない。もし、右下のように重なっていたら、ストップして最初の場所に戻ってやり直す。

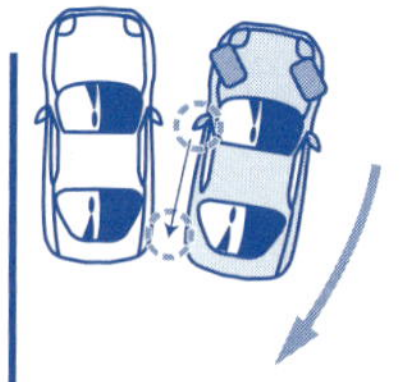

横のクルマとの間にスペースがあれば、このままバックしてもぶつからない。

自分のクルマと隣のクルマが重なって見えた場合、このままではぶつかる。

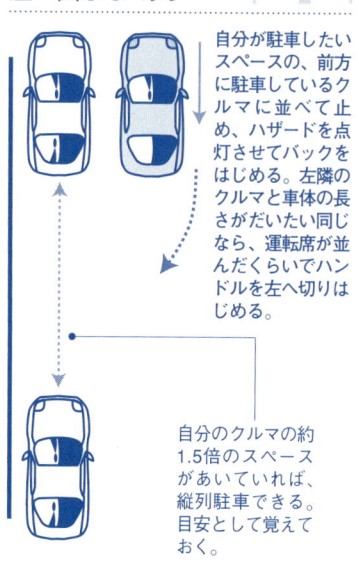

縦列駐車の手順

ハンドルを右に切ってバックする　STEP 3

クルマの向きが45度程度になったら停止。ハンドルを元の位置に戻して、自車の助手席の窓を確認。隣のクルマの後ろ角が見えるようなら（下図）、ハンドルを右に回してバック。

ハンドルを右に切りはじめるのは、隣のクルマが図のように見えてから。もし、まだこのような位置に見えないなら、ハンドルをまっすぐにしたまま少しバックする。

バックしながら左へ寄せる　STEP 4

ルームミラーやサイドミラーで後ろのクルマとの間隔を確認しながら、いっぱいまでバック。このとき列より右側へはみ出していても、前方にスペースがあれば、いちど前に出て、バックしながら左サイドに寄せていけばいい。

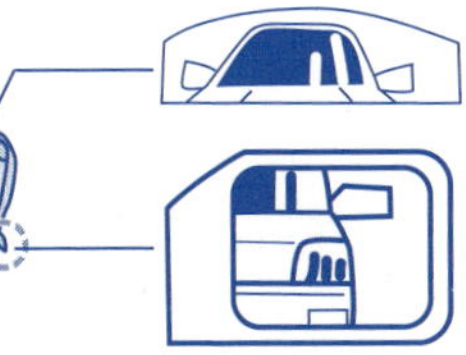

車種によって差はあるが、ルームミラーやサイドミラーで、後ろのクルマが上の図のように見えるまでバックしても大丈夫。自分のクルマの距離感をつかんでおこう。

いちどでキレイに収まらなくてもOK

クルマを左の縁石に寄せて止めたつもりでも、まだ左側が大きくあいている場合も……。こんなときでも焦らず、少し左に幅寄せをすればいい。前後の距離が短いときはやや難しいかもしれないが、次ページや、42ページの切り返しを参考にしてほしい。

Q 壁や縁石ギリギリまで幅寄せするときの注意点は？

A ドアミラーを利用して、後ろのタイヤを見ましょう

通常の縦列駐車については、前の項目で説明しましたが、難しいのは、壁などにギリギリに寄せて止める方法です。

状況によっては、右側に寄せる場合もありますが、ここでは左側に寄せるケースに限定して説明します。というのも、左側に寄せることのほうが圧倒的に多く、また運転席の反対側にあたる左側に寄せるほうが難しいからです。

壁などがあると怖いのは当然ですが、通常の縦列と同じように、左のサイドミラーに注目します。ミラーを動かして、左後方のタイヤとボディが見える角度に調整するのがポイント。通常の走行中なら、巻き込み確認などのために、ミラーに映す位置はもっと高くしますが、幅寄せの場合は、積極的に見やすい角度に調整してみましょう。

ただし、縁石と壁では少し状況が異なります。縁石であればタイヤのギリギリまで寄せられますが、壁の場合は、タイヤが無事でもボディが壁に当たってしまう可能性があるからです。このようなときの目安として、タイヤと壁との間に、もうひとつタイヤが入るくらいに余裕をもたせておくのがコツです。もちろん、サイドミラーで、ボディと壁とのあいだがあいていることを確認しながら操作します。

縦列駐車をするには、前進よりもバックのほうが簡単です（32ページ参照）。これはギリギリの幅寄せや、車庫入れでも同様（40ページ参照）。前進のほうが見えやすいように思われがちですが、バックのほうがハンドリングしやすいのです。

バックで寄せる

サイドミラーを動かして、左後方のタイヤとボディが見えるようにする。壁ではなく縁石などであれば、タイヤが重点的に映るようにするといい。

ミラーを見ながら ゆっくりと左にハンドルを切る　STEP 1

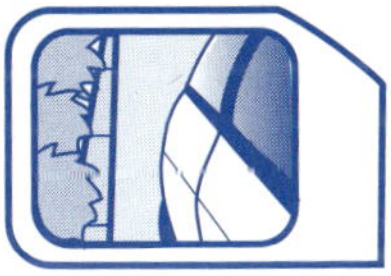

縁石から50センチほど離れた位置に縦列駐車をしたが、さらにギリギリまで寄せて停めたい、という状況。ハンドルを左に回して、ゆっくりとバックをする。

車体と縁石のあいだに 地面が見えることを確認　STEP 2

縁石に斜めに近づいていくので、タイヤが当たらないよう注意する。ボディと縁石のあいだに地面が見えていれば大丈夫。ギリギリのところでハンドルを戻して、やや右に切る。

タイヤと縁石のあいだの地面が見えなくなったら行きすぎなので、前進してやり直す。左が壁の場合、ボディをこすらないように、さらにタイヤの幅1つぶんくらいの余裕が必要だ。

クルマが縁石と 平行になっていることを確認　STEP 3

クルマと縁石のあいだに地面が見えていることを確認しつつ、クルマが平行になった時点でハンドルを元に戻す。これでギリギリに寄せられたはずだ。

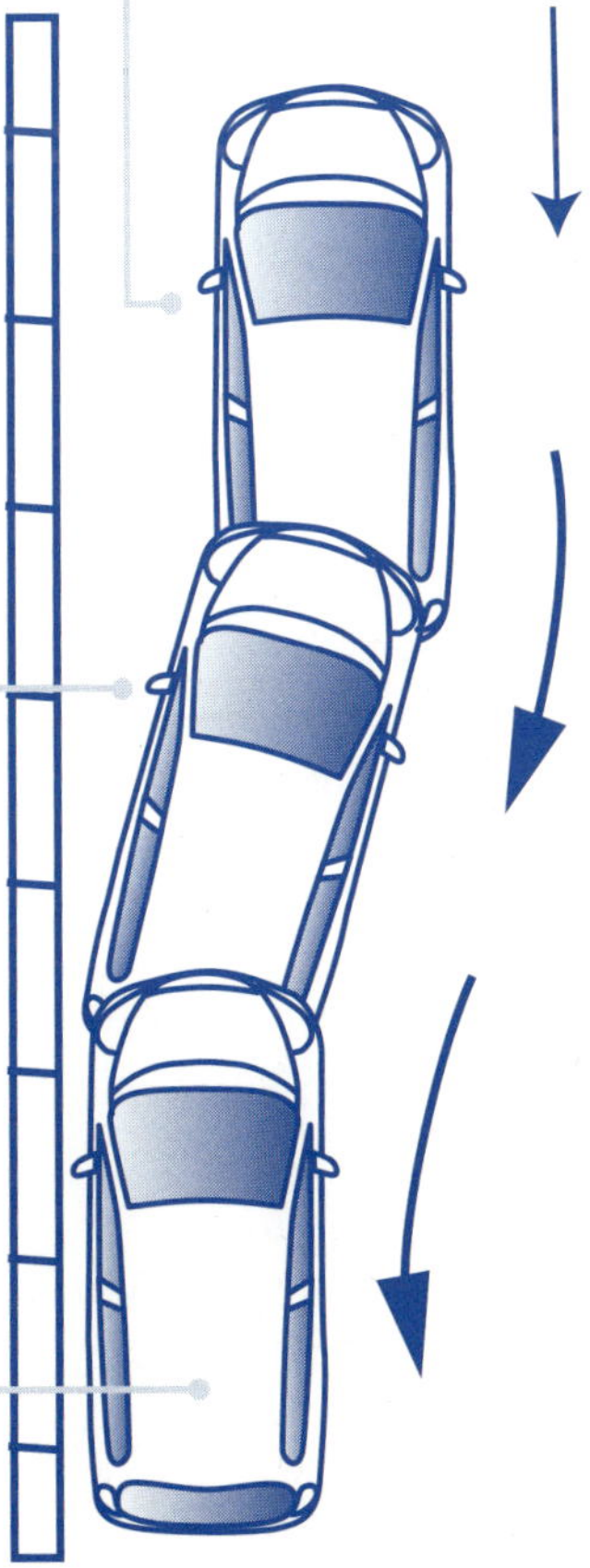

縦列駐車の基本はバックなので、前進で入れることはほとんどありません。ただし、「前進しながらなるべく左端に寄せる」という状況は、ときどき出会うことがあります。たとえば、「住宅地の狭い交差点で後ろから緊急車両が来たとき」や「狭い道や駐車場の入口などでのすれ違い」などです。

　バックで寄せる以上に難しいので、十分に気をつけて行いましょう。

　前進で寄せるのが難しいのは、

①前進時にハンドルを切っても、ボディの回転軸が後方にあるので、後方が壁に寄りにくい（寄せるのに距離が必要）

②ボディの左ノーズ（左先端）の正確な位置が、運転席からは意外とわかりにくい

といった理由からです。

　そのため、前進で寄せる場合は、「距離がかせげるときは、ゆるやかな角度で近づく」「ノーズを壁に当てないように、少し早めにハンドルを切り、すぐにハンドルを戻してタイヤを壁に平行にする」といったことに注意すれば、壁に当ててしまうといった失敗は防げます。

　慣れてきて、壁との距離感がわかるようになれば、左に切り込む角度を少しずつ深くすればいいでしょう。

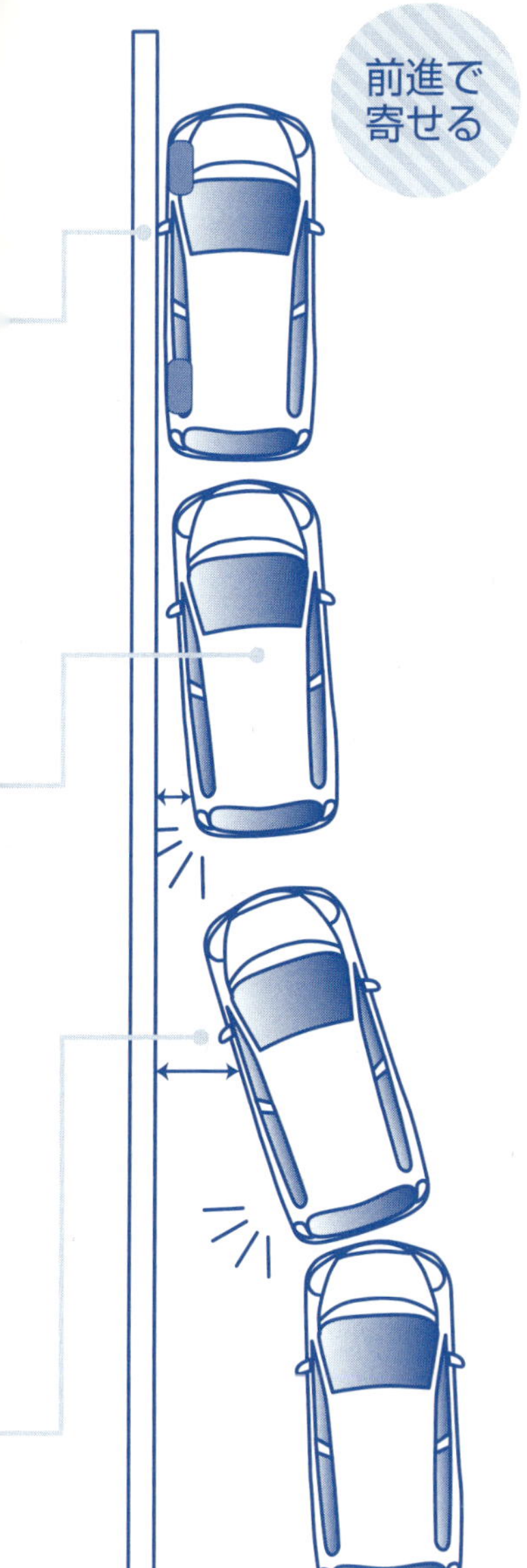

前進で幅寄せすると、ギリギリでハンドルを切ったつもりでも、かなり壁から距離がある。ここから、左ノーズと壁との距離を少しずつつめていく。

前進幅寄せの練習法

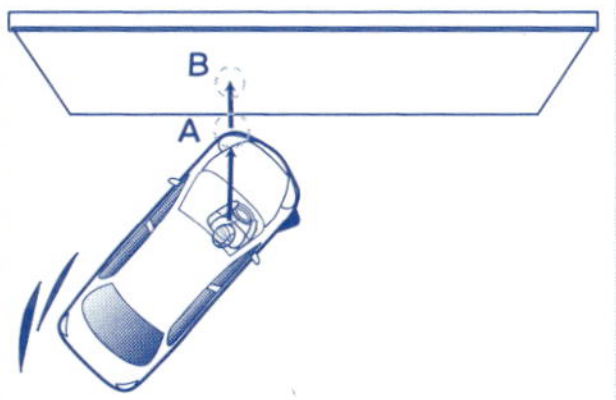

前進幅寄せのコツは、左ノーズ位置と壁との距離感をつかむこと。A点とB点を見つめながら、壁に斜めに近づくと、ぼやけて見えたB点がだんだんとクリアに見える。その見え方で、距離がわかるようになる。

ドアミラーを下げて左後ろのタイヤを確認する STEP 3

ハンドルを徐々に戻し、余裕があれば、ドアミラーを下げて左後ろのタイヤ位置を確認してみるといい。バックでの幅寄せに比べると、壁とのすき間は少し広めになってしまう。もっと寄せる必要があれば、さらにゆるやかに前進して幅寄せするか、あるいは切り返しでバックを利用する。

左前タイヤがギリギリにきたらハンドルを元に戻す STEP 2

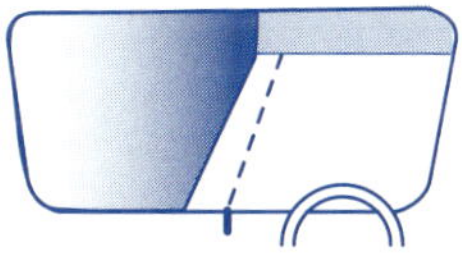

左ノーズが無事にクリアしたら、ハンドルを元に戻しつつ、ゆるやかに壁に近づく。左前タイヤの位置が、壁ギリギリになったら、ハンドルを少し右に切って、ボディを壁と平行にする。

左ノーズが壁にかかったらハンドルを切る STEP 1

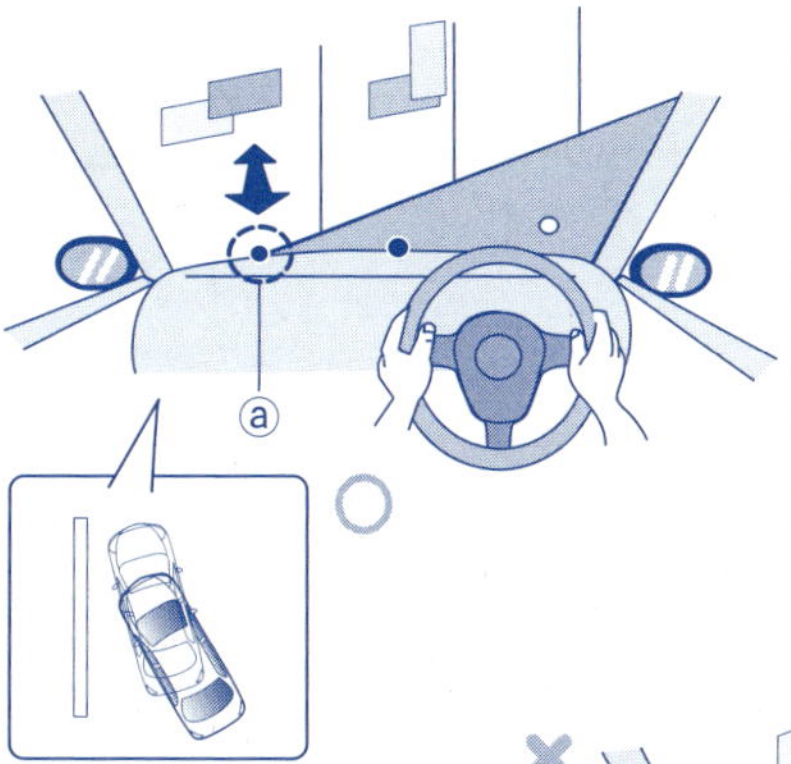

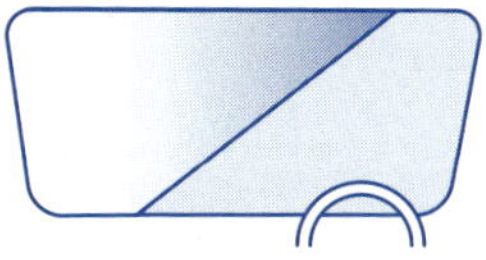

壁に向かって斜めにゆっくり前進する。運転席から見て、左ノーズⓐが壁と道路の境目に重なって見えたときにハンドルを右に切る。切りすぎると壁から離れていくので、タイヤは壁と平行に保つ。

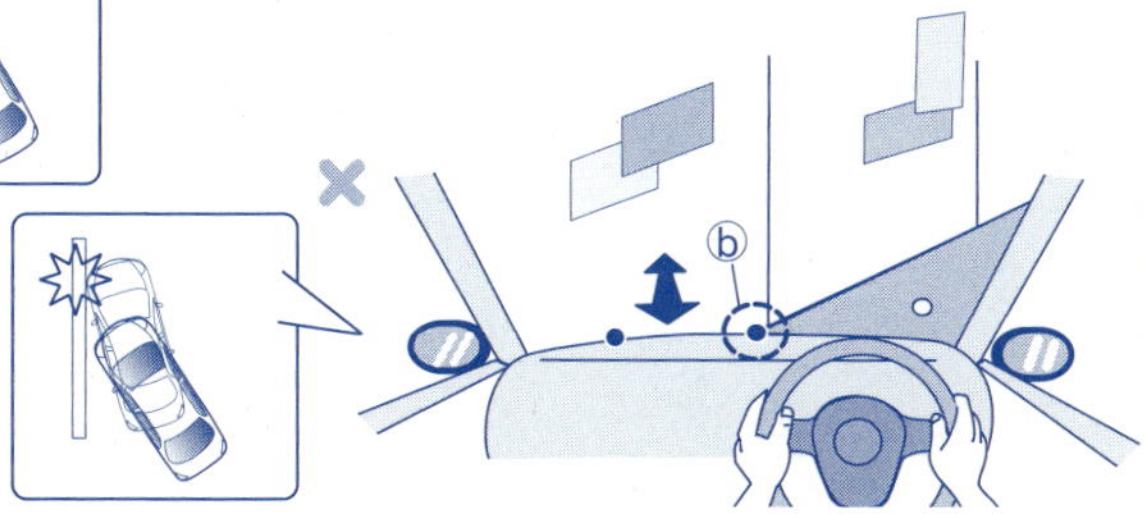

ノーズ中央ⓑが、壁と道路の境目に来てしまったら、壁に近づきすぎ。ここからハンドルを切っても、壁にぶつかる可能性大。

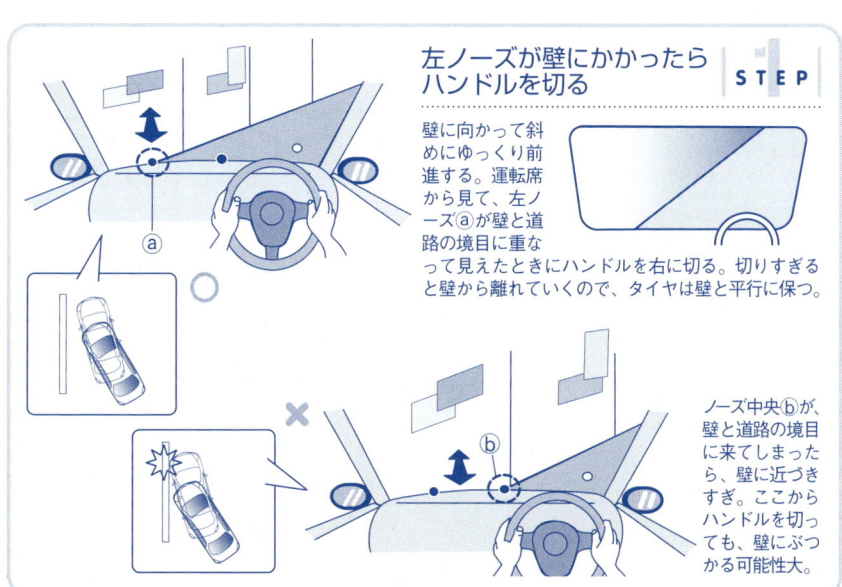

Q 車庫入れがとにかく苦手です。どこに注意すればいいですか？

A ぶつかる可能性のある3か所だけ注意しましょう

車庫入れは、初心者には難関中の難関ですが、慣れてしまえば難しいものではありません。

「自宅の車庫にだけは入れられるけど、よそへ行くとできない」という人も多いようですが、おそらくこれは「壁のこの模様のところで止めて、門柱がここに見えたらこのくらいハンドルを切れば入る」という、その場所だけに通用する覚え方をしているためでは？

ぜひこの機会に、いろいろな場所で応用できるやり方を覚えてください。

車庫入れで失敗するのは、主に左ページに挙げた3つのポイントです。

これらのポイントを同時にチェックする必要はありません。順番にひとつずつクリアしていけばいいのです。いちどクリアした場所は、後から再び危険になることはありません。たとえば、「左後方がクリアできた後、右後方に気をとられているうちに、左後方がぶつかった」ということは、通常ではありえません。落ち着いて順番に行ってください。

それから、無理にいちどで入れようと考える必要もありません。あとで切り返しについても説明しますが（42ページ参照）、うまく入れられなければ、切り返しを利用して何度でもやり直せばいいのです。要は、ぶつかりそうなときには確実に予測して、やり直せばいいだけなのです。

なお、モニターにクルマの背後を映し出すバックカメラをつけるのもひとつの手です。

では、実際の細かい手順について、次のページから説明していきましょう。

失敗例 1

左後方が接触！

ハンドルを切るのが早いと
左隣のクルマにぶつける

ハンドルを切りはじめるのが早かったり、ハンドルを切る量が多すぎたりすると、ボディの左後方を左隣のクルマに当ててしまう。ここが、第1のクリアすべきポイント。

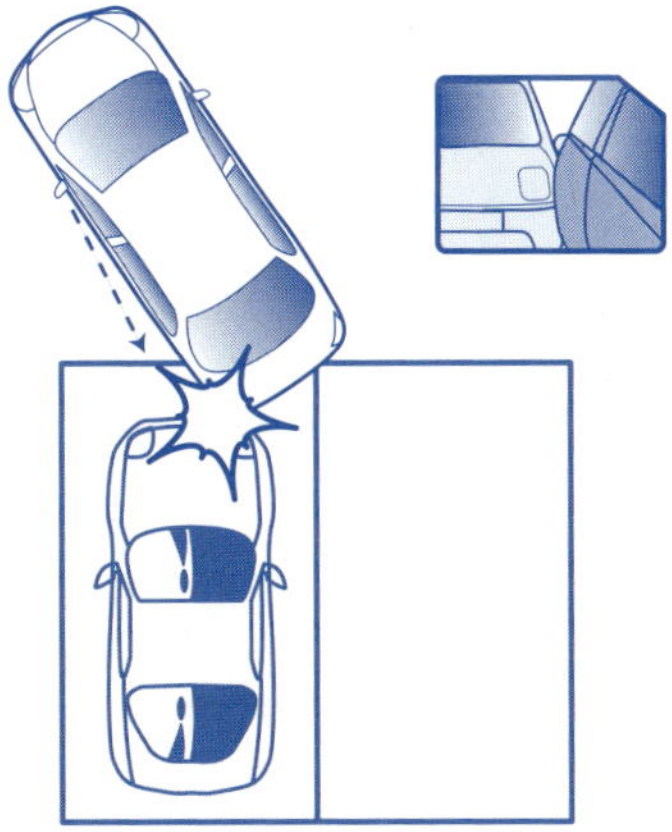

失敗例 2

後部が接触！

ハンドルを切るのが遅いと
右隣のクルマにぶつける

ハンドルを切りはじめるのが遅いと、ボディの後方が右隣のクルマの前面に当たってしまう。これが第2のポイント。

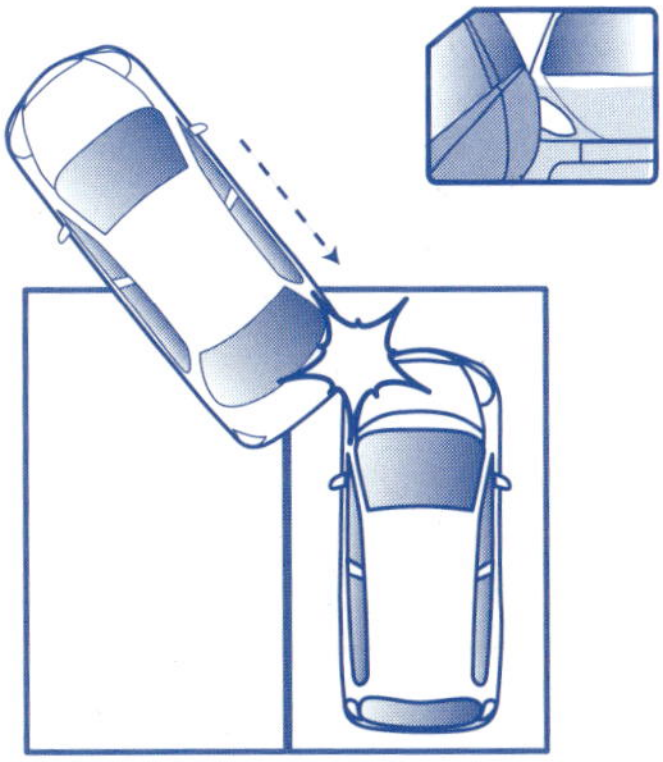

失敗例 3

右後方が接触！

曲がり方が足りないと
右後方をぶつける

ハンドルを切る量が足りない場合、あるいは、切りはじめるのが遅かった場合は、ボディの右後方が右隣のクルマの側面に当たってしまう。

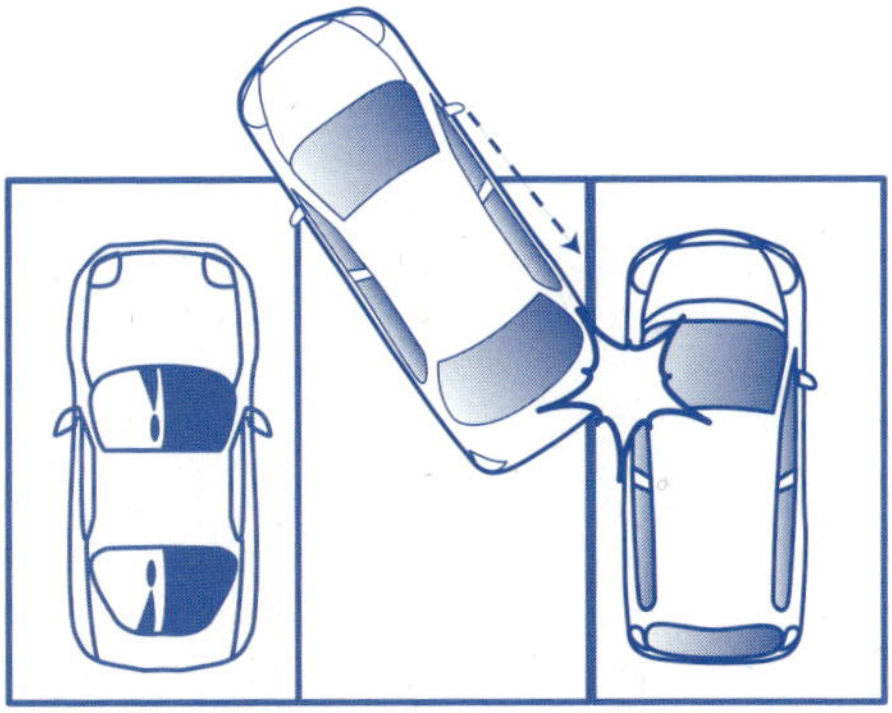

左方向への車庫入れ

日本は左側通行なので、左方向への車庫入れは、右方向に比べて頻度が高くなります。左方向への車庫入れが難しいのは、最初のチェックポイントであるボディ左後方が、運転席と反対側で見えにくいためです。

まず最初に止める位置ですが、どんな場合にも共通するポイントは、次の3つです。

①可能ならボディの前方を少し右に振っておく

②なるべく左側をあけておく

③右側にクルマや壁があるときは、右にも十分なスペースをとっておく

①②は、車庫入れの準備として曲がりやすくするためのコツで、③については、ボディの右側面を傷つけないためのコツです。バックのときは、リアタイヤを中心にしてボディの前方が大きく振れるように回転するので（外輪差）、あまり右端に寄せておくと、後ろに気をとられているうちに右前方をぶつけてしまう、ということが起こりうるからです。

クルマを正しい位置に止めたら、ウインドウをあけて準備します。手順は左ページを参照してください。

STEP 3

右後方の確認はドアミラーおよび窓から顔を出して

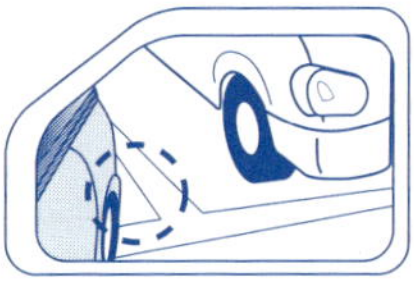

右後方が右隣のクルマにぶつからないかをチェック。ドアミラーでわからないときは、窓から顔を出して確認。図の丸の部分が狭いと、隣のクルマにぶつかってしまう。少しでもぶつかりそうなら、いちどクルマを止めて、ハンドルを逆に切りながら前進してやり直す。

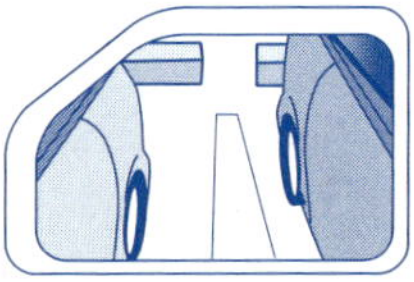

クルマがうまく入って平行になれば、このように白線が見えるはず。この直前くらいに、ハンドルを元に戻す。

STEP 4

後ろをぶつけないために隣のクルマのハンドル位置を参考にする

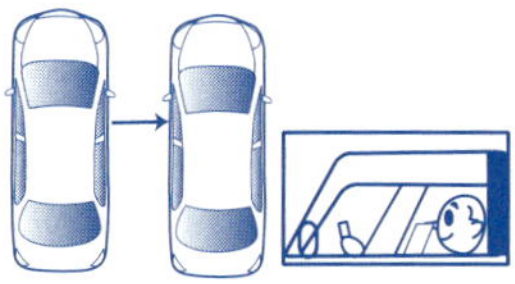

ゆっくりと後ろに下がるが、タイヤ止めがある場合は安心してバックしてOK。無いときは、下がりすぎに注意。隣のクルマのハンドル位置を目安にするといい。

左方向への車庫入れ

できるだけ左側をあけて止め ウインドウで切りはじめを確認　STEP 1

曲がりやすいようになるべく左側をあけて、前部を右に振って止める（タイミングとしては、運転席が左隣のクルマの右ノーズに来たときに、ハンドルを右に切って、ボディが45度くらいになったら止める）。まっすぐバックをしながら、自車の後部席左ウインドウの真ん中あたりに、左隣のクルマの右ノーズが見えたら、ハンドルを左いっぱいに切る。

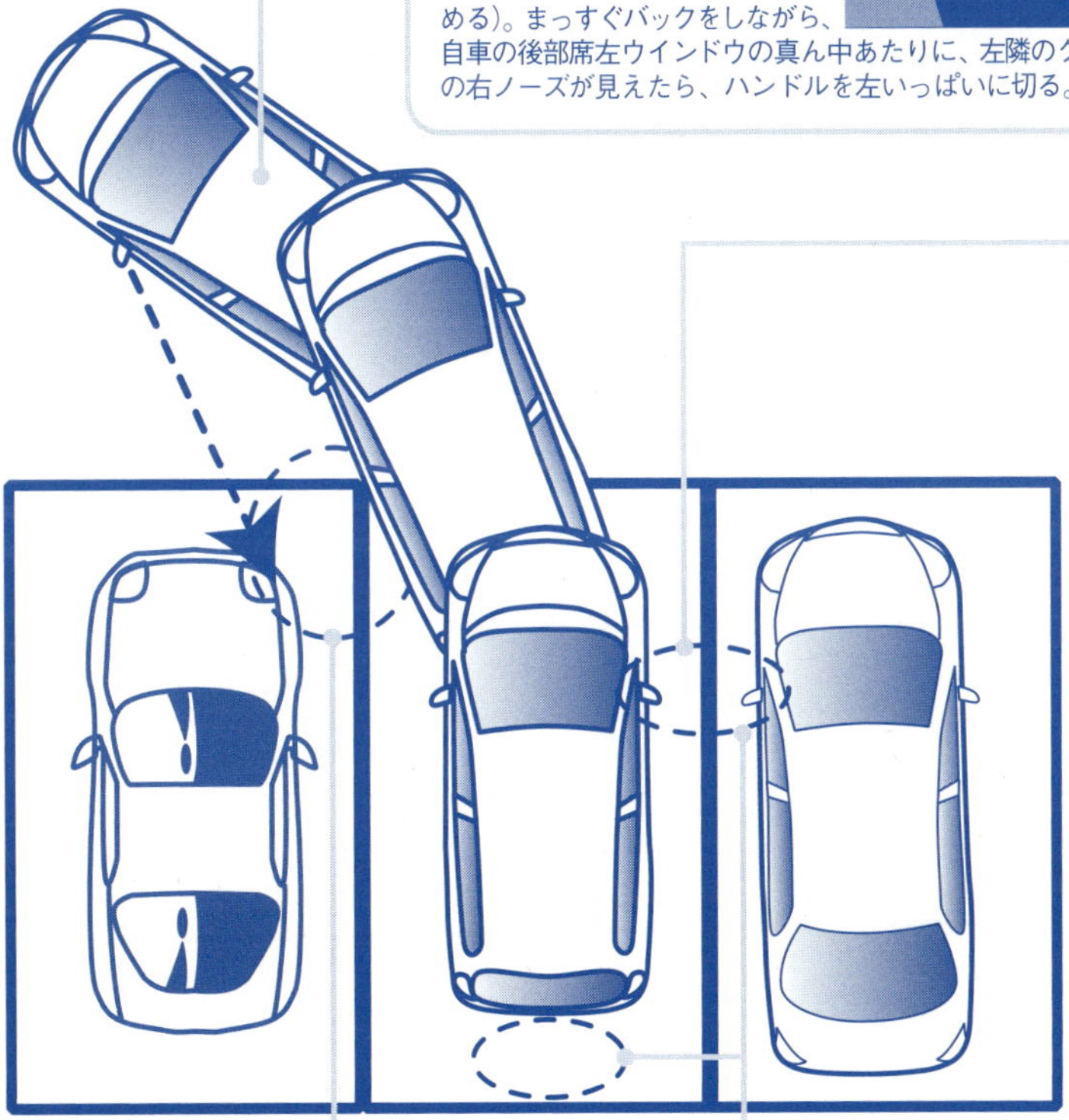

左のドアミラーで ぶつからないことを確認　STEP 2

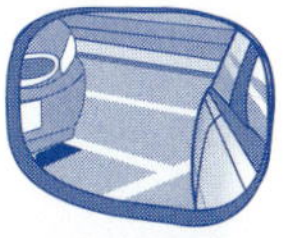

ここがもっとも重要なポイント。ドアミラーで隣のクルマとの間隔を確認する。助手席のウインドウからは、すぐ近くまで迫っている気がしても、ドアミラーを見れば、まだ余裕があることがわかる。

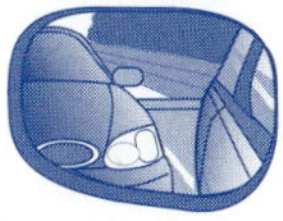

左のように自車と隣のクルマとの間に地面が見えているかぎり大丈夫。少しでも隣のクルマの前にかぶさるとぶつかる。

右方向へのバック

右方向へのバックは、左方向と比べると、カーブの内側が運転席側になるので、やや見やすくなります。慣れてくれば、ドアミラーだけでもチェックできるようになりますが、最初はウインドウをあけて、直接見たほうがいいでしょう。

直接見るときは、見やすく、操作しやすい態勢をとることが大切。上体をしっかりひねり、窓から顔を出します。じっくりと行うときは、たとえば、右腕をドアの窓枠に乗せて、左手だけでハンドルを操作する、という方法もあります。

運転席側の右側ははっきり見えるので、こちら側で右隣のクルマとの間隔を調整しておきます。そうすれば、左隣のクルマとの間隔はおのずと適切になるはずです。

これはもちろん、きちんとした駐車場で、1台分のスペースが白線で描かれているケースのことです。ギリギリ1台分の幅しかないようなスペースに入れるときには、普段以上に、左後方に注意をしなければなりません。

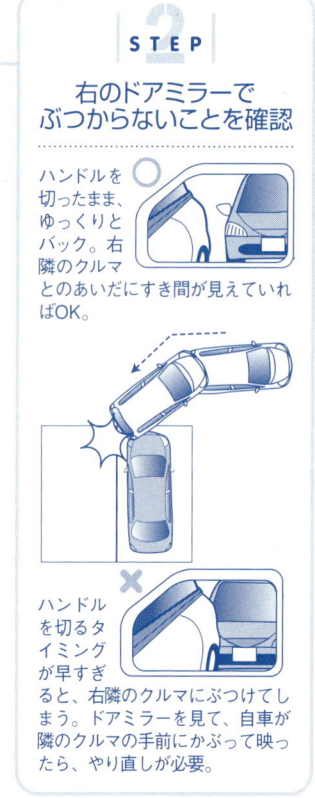

STEP 1

2台隣のクルマ付近に止め ハンドルを右に切ってバック

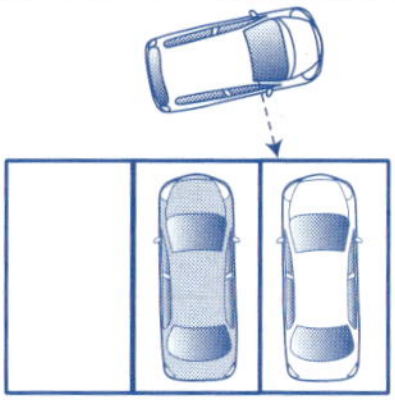

駐車スペース2台隣のクルマがウインドウから見える位置に、右側をあけて止める。ここから、ハンドルを右いっぱいに切ってバックを開始。

STEP 2

右のドアミラーで ぶつからないことを確認

ハンドルを切ったまま、ゆっくりとバック。右隣のクルマとのあいだにすき間が見えていればOK。

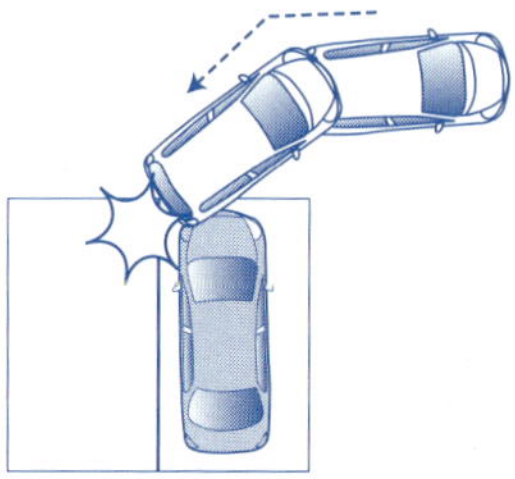

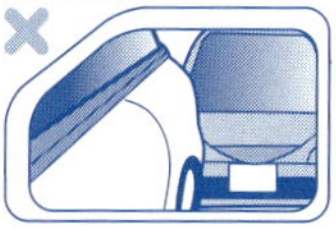

ハンドルを切るタイミングが早すぎると、右隣のクルマにぶつけてしまう。ドアミラーを見て、自車が隣のクルマの手前にかぶって映ったら、やり直しが必要。

右方向への車庫入れ

STEP 3 左のドアミラーで隣のクルマとのすき間を確認する

○ 自車ボディの左後方が、左隣のクルマとぶつからないことをドアミラーで確認する。すき間が見えているうちは大丈夫。

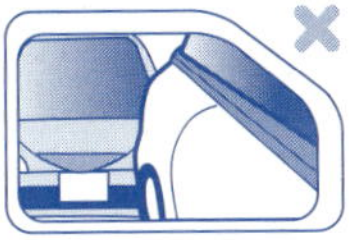

× 自車ボディが、左隣のクルマの手前にかぶって見えたら失敗。いちど止まって、ハンドルを左に回しながら前進してやり直す。

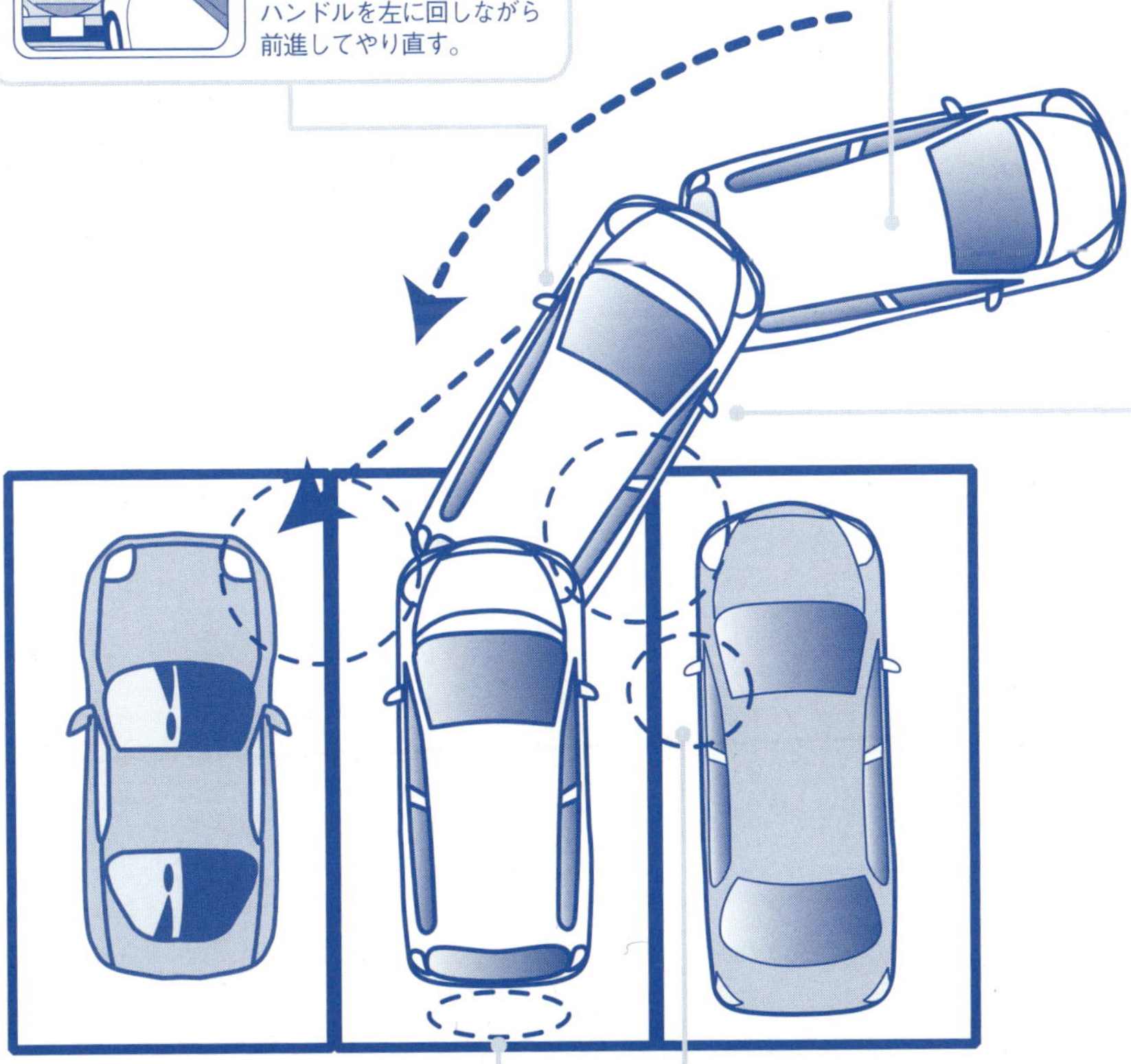

STEP 4 タイヤ止めがないときは隣のクルマを目安にする

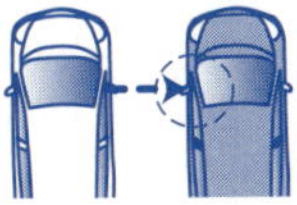

ボディがすっかり入ってからのバックは、右方向のバックと同じ。余裕があれば、左右のスペースを両方のドアミラーを利用して、駐車スペースの中央に入っているか確認する。

前方への車庫入れ

車庫入れや縦列駐車をするときは、バックで行うほうが楽にできる、と前にも述べました。車庫入れのときには特にそれが顕著です。

前進で入れるのを避けたほうがよいのは、

①バックで出ることになり、交通量の多い道では後方確認が大変

②クルマの前方は障害物を無事に通過できても、後ろが通れるとはかぎらない（詳しくは下欄を参照）

という2点が主な理由です。

そのため、通常の車庫入れはバックで行いますが、状況によっては、頭から入れざるをえない場合もあります。

典型的な例としては、駐車場などの狭い入口を通過しながら発券機などにピタリとつける場合。一見簡単そうですが、意外とラインどりが難しく、左ページのようなケースでは車体の左をこすったり、曲がり切れないというミスが多く見受けられます。

ポイントとしては、斜めに横切るようにして曲がるのではなく、直角に近いラインを目指すことです。

前輪と後輪とではタイヤの通過ラインが違う

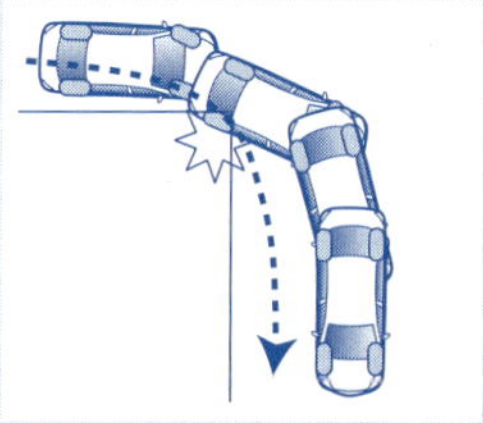

前進で車庫入れ

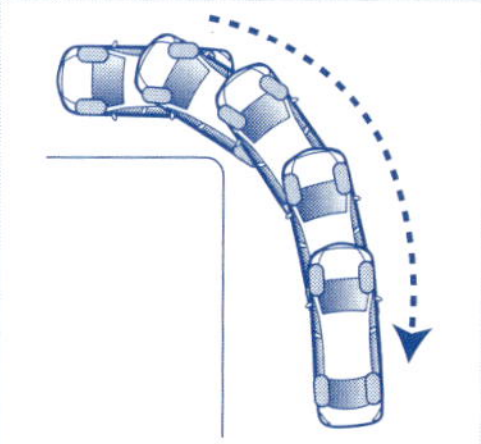

バックで車庫入れ

バックの場合、リヤタイヤが先に進むが、フロントタイヤは、そのラインよりもカーブの外側を通る。そのため、「おしりが入ったら頭も入る」といわれている。これを「外輪差」という。

前進の場合、フロントタイヤが先に進むが、リアタイヤは、そのラインよりもカーブの内側を通る。これが、左折のときに注意する「内輪差」である。

また、バックと前進では、カーブのときのボディの回転軸の位置が異なるため、ボディの振れ方が大きく変わる。

バックの場合、リヤタイヤ付近が回転軸となり、ボディのフロント部がカーブの外側に大きく振れるような曲がり方をする。いっぽう前進の場合、回転軸の位置は前輪からかなり離れたところになるため、ゆるやかにしか曲がることができない。バックと前進ではこのような違いがあることを知っておくといいだろう。

失敗例 1

カーブを曲がり切れない

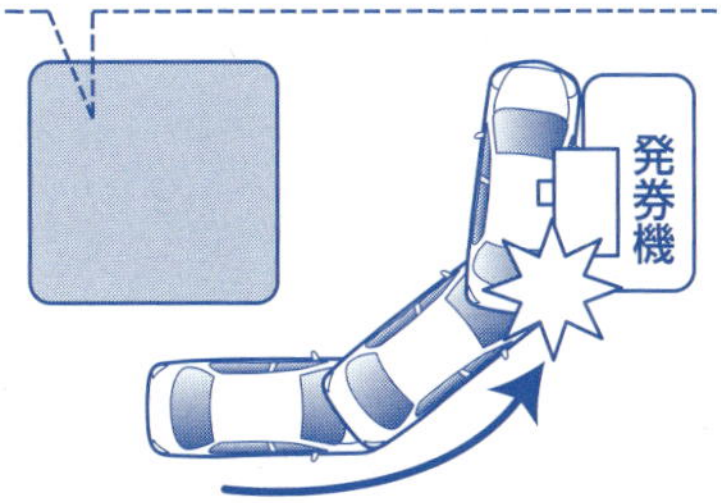

①ハンドルを切るタイミングが遅い、②スピードの出しすぎ、③ハンドルを切る角度が小さすぎる、といった理由で曲がり切れないケース。

失敗例 2

発券機から遠すぎる

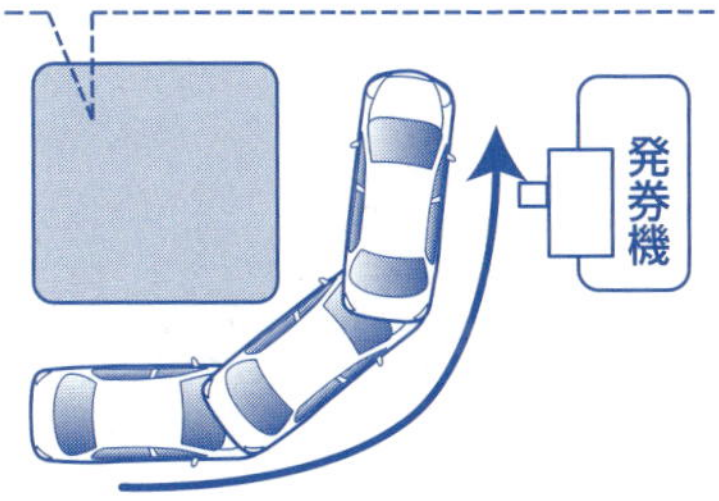

「失敗１」の事態を避けようと早めにハンドルを切りすぎて、発券機から遠すぎる場所に止めてしまうケース。

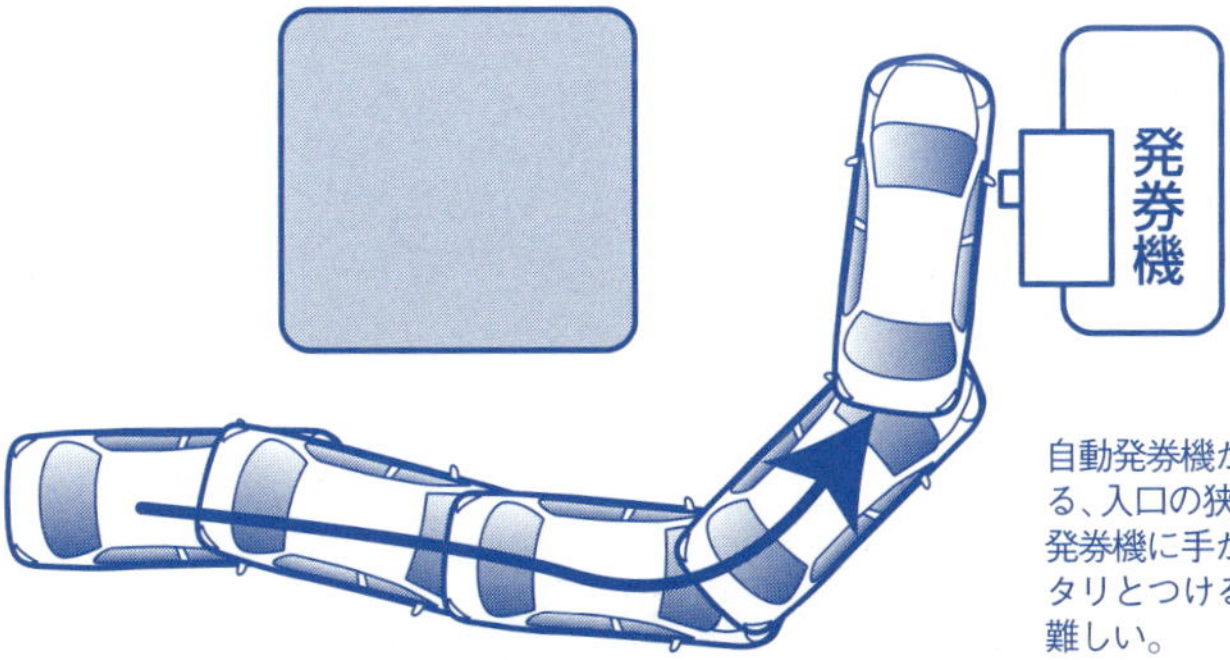

自動発券機が設置されている、入口の狭い駐車場では、発券機に手が届く場所にピタリとつけるのは、意外に難しい。

STEP 1 入口中央付近まで進んだ後でハンドルを切る

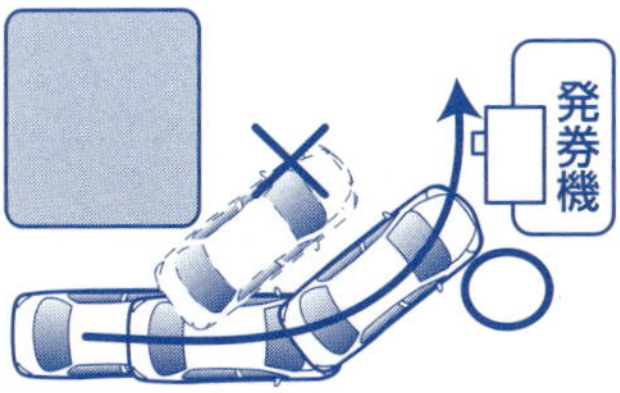

通常の左折よりも、少し遅くハンドルを切る。入口の道路の中央くらいまで進んでから切りはじめるといい。ただし、十分にスピードを落としておかないと曲がり切れないので要注意。

STEP 2 可能なら少し右にふくらんでから左折する

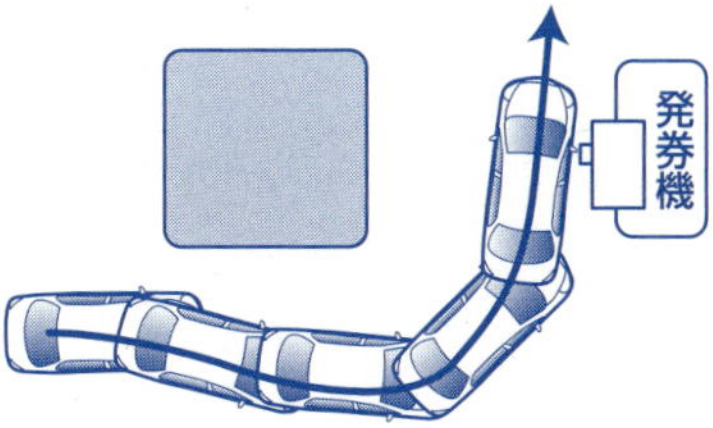

右側のスペースに余裕があれば、少し右にふくらんだほうが左折後に車体を平行にしやすい。ただし後続車がある場合は、事故誘発の危険性もあるので、あまり大きくふくらまないこと。

Q 切り返しをしていると混乱してしまいます……

A いちどで曲がりきれないカーブや小さな方向変換に有効です

「切り返し」という言葉は何度も聞いたことがあるでしょう。しかし、「どういうときに使うのか、今ひとつよくわからない」という人も多いかもしれません。すぐに思い浮かぶのは、教習所で習った「狭いクランクでの切り返し」ではないでしょうか?

まず「切り返し」とは、「ある方向へ切っていたハンドルを、元に戻すだけでなく、そのまま反対方向に切ること」です。進行方向を変えるタイミングで切り返しをすれば、クルマの角度（方向）を変えることが可能になり、この小さな角度の変化によって、狭くていちどでは曲がれないカーブが通れたり、クルマを平行移動できたりするわけです。

切り返しを何度もやっているうちに、「今、ハンドルをどちらに切っているのか」「次に進むとクルマはどちらに曲がるのか」「そもそも自分は車体をどちらに向けようとしているのか」といったことがわからなくなり、混乱してしまう人も多いようです。

しかし、切り返しが自在にできるようになれば、車体の向きを自由に変えることができますから、狭い道も、難しい車庫入れも、怖れることはありません。ぜひ、ここでマスターしてください。

具体的なポイントは44ページで解説しますが、事前の心がまえとしては、とにかくラインどり（コースどり）をイメージすること。左の図に代表的な切り返しの例を挙げていますが、これらのラインを意識することで、「今、ハンドルはどっちに切っているのか?」や「次はどちらにハンドルを回すべきか」といったことがクリアになるはずです。

切り返しを使う典型例

クランク

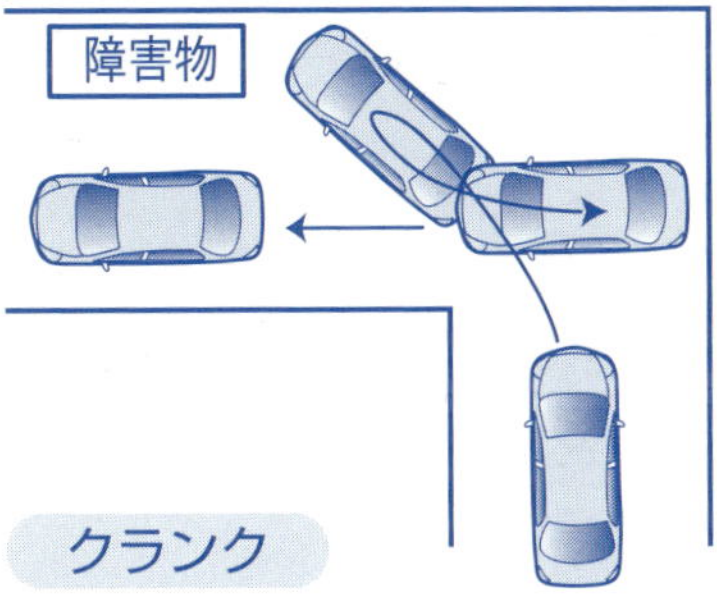

狭い道で曲がり切れないときに行う。いちどに曲がるには道幅が狭すぎるときなど、切り返しによって通れることが多い（次ページ参照）。

車庫入れ

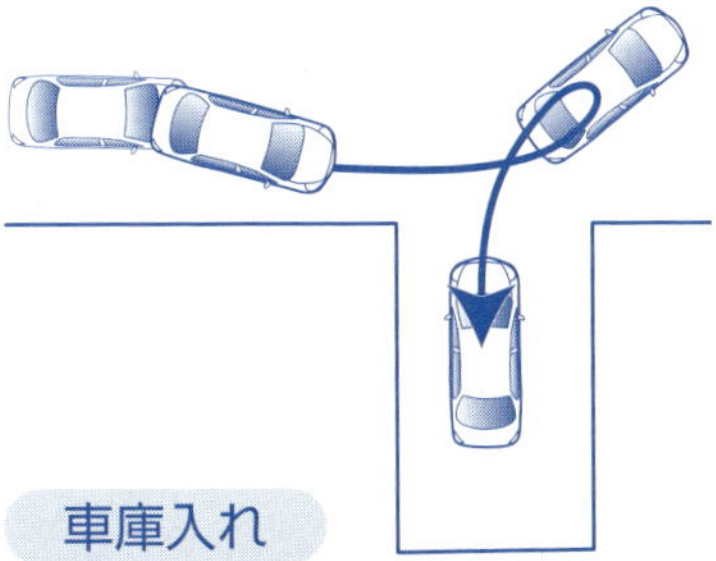

車庫入れのときに道幅に余裕があれば、少し頭を振ってボディを斜めにしてから入ると楽。このラインどりも、切り返しを利用している。

平行移動

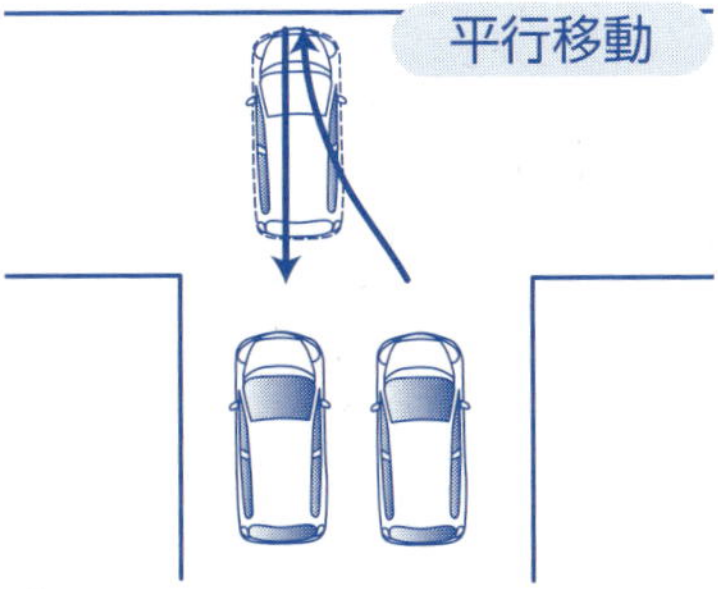

車庫入れなどでねらった位置よりもやや左右にズレてしまったときは、平行移動して戻す。切り返しを上手に使うこと。

切り返しとは？

小さな方向変換も

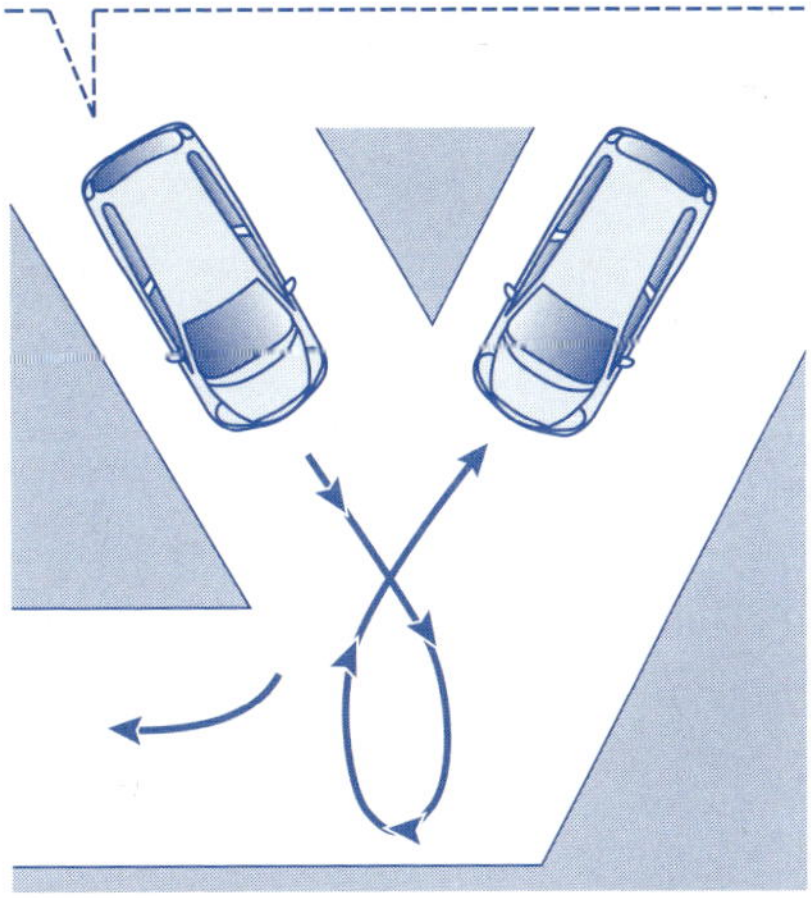

小さく方向転換をするときには、切り返しを使う。図のように、いちどで右への細いカーブが曲がりきれないときは「前進時にハンドルを右へ切り、バック時に左へ切る」を繰り返せば、少しずつ車体の頭が右方向へ振れていく。

大きな方向変換も

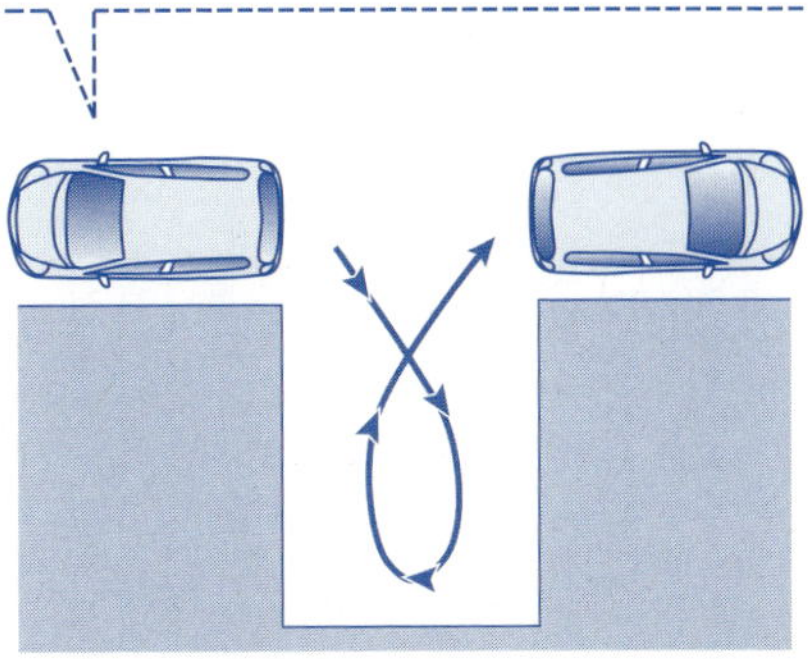

180度の方向変換も切り返しの一種。この場合のラインどりも、上とほぼ同じだ。

住宅地の狭い道は、電柱があったり路上駐車があったり、もともと通行しにくいものです。こんな道で急なカーブに出くわしたら、なおさら大変です。

しかし、このようなケースでも、切り返しがマスターできていれば、怖がることはありません（もちろん、クルマの大きさによっては、物理的に通行できない道もあります）。

左ページのような道を行く場合、とにかくカーブの前でしっかりとスピードを落とすことが基本。減速によっていちどで曲がれる、ということもあります。

次に、「曲がれないので切り返しをする」という判断が必要になります。後続車があるときなどは特に、「切り返しなどせずにいちどで曲がりたい」と考えがちですが、無理をして右ノーズをぶつけてしまっては意味がありません。右ノーズの正確な位置は、意外とわかりにくいものなので、ギリギリまで挑戦しようとせず、少しでも危ないと思ったら、早めに切り返しをします。

「切り返し時は、とにかくハンドルを反対方向に切ればいい」と教わった人もいるかもしれませんが、「こういうラインどりをしたいから、右（あるいは左）に切る」と意識したほうが、早く上達するはずです。

左の例でいえば、「反時計回りの円弧を描くようなラインでバックをする。そのためにハンドルを右に切る」と、少しでも思い描くことです。

ところで、切り返しのためにハンドルを切るのは、〝タイヤが完全に止まる直前〟にするのが理想ですが、慣れないときは、いったん止まってからでもかまいません。パワーステアリングではない時代には、ハンドルが重くて回せない、タイヤによくない、といった理由から、これが厳禁でした。今のクルマはたいていパワステなので、止まってから回すことは可能です。焦って混乱するよりは、そのほうがいいでしょう。

STEP 3 バックで止まる直前にハンドルを左に切る

バックしながら、ボディの右後方が壁に当たる手前で止める。後ろをじっくり見たいならドアを開けて見ると確実。

STEP 1 なるべく右に寄って大回りをする

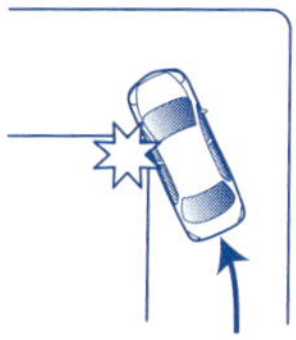

左カーブなら、なるべく右端に寄っておくほうが大きく曲がれて楽。左側を走っていると曲がりにくいうえ、左の角にもぶつかりやすい。

STEP 2 右ノーズがぶつかる前に、切り返しをする

右ノーズ位置はわかりにくいが、図のⓐのスペースが小さいほどぶつかる可能性大。わかりにくいときは、ウインドウから顔を出して見る。

慣れないうちは、ギリギリまで近づける必要はない。また、無理にいちどで切り返しをしなくてもいい。内輪差にも要注意。

切り返しの手順

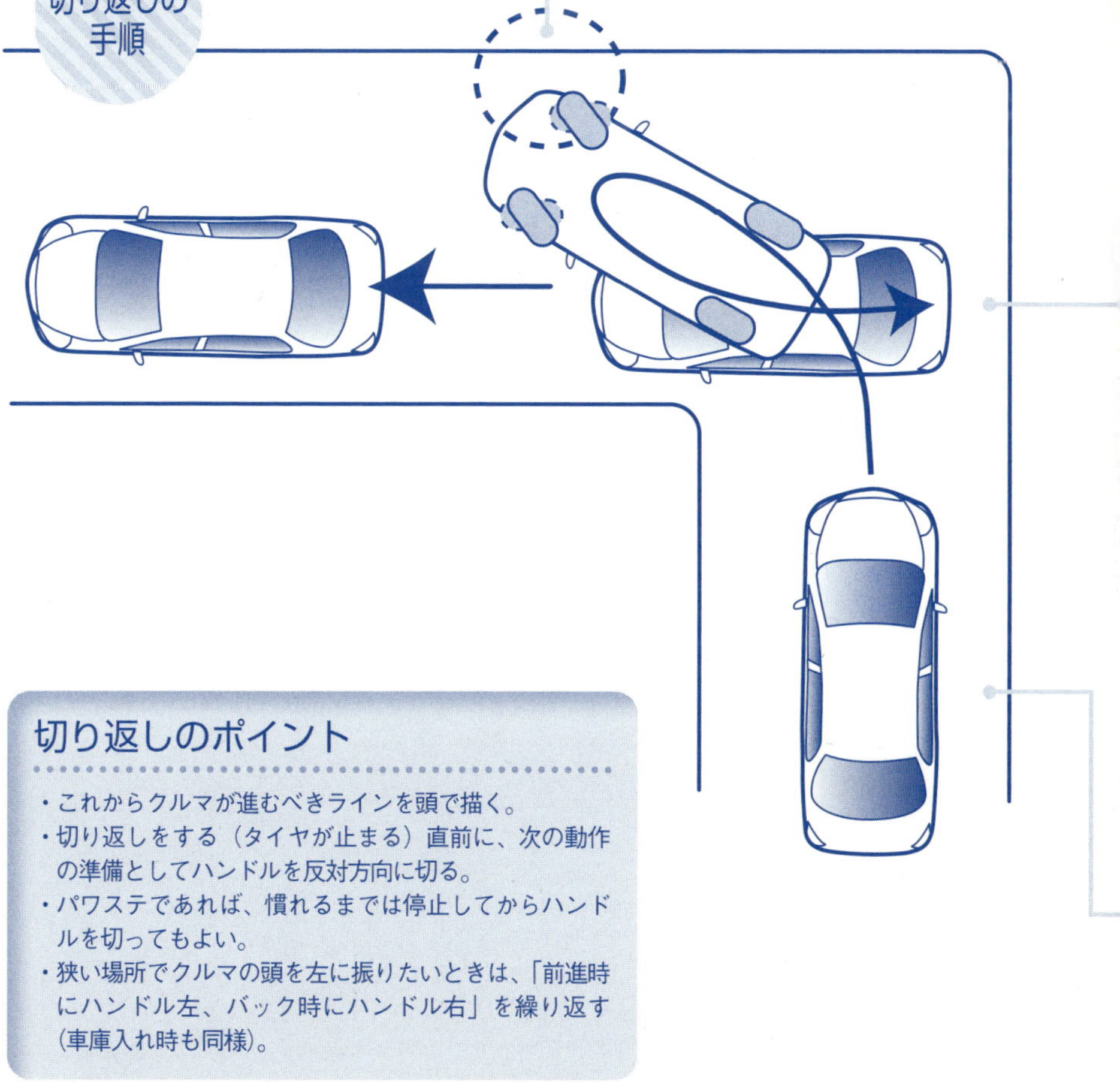

切り返しのポイント

- これからクルマが進むべきラインを頭で描く。
- 切り返しをする（タイヤが止まる）直前に、次の動作の準備としてハンドルを反対方向に切る。
- パワステであれば、慣れるまでは停止してからハンドルを切ってもよい。
- 狭い場所でクルマの頭を左に振りたいときは、「前進時にハンドル左、バック時にハンドル右」を繰り返す（車庫入れ時も同様）。

Q 狭い道でのすれ違いはこすりそうで不安です

A ギリギリでのすれ違いを避け、そうなったときは交互に進みます

住宅地などの狭い道で対向車とすれ違うのは、ドキドキするものです。対向車とこすりたくないし、壁ともこすりたくないし、かといって、止まってしまうと対向車のドライバーから「交互に動け！」と怒られてしまう……。かなり緊張するシチュエーションです。すれ違いのときの注意点はいろいろありますが（48ページ参照）、まず、危なそうなら早めに回避する、というのが賢明。

もっとも簡単な方法は、「広い場所で待つ」こと。見通しが悪い道なら仕方ありませんが、対向車が来ていることが手前でわかるのであれば、そこで待機しましょう。そのほうが、ずっと時間の節約になりますし、後続車がイライラしている場合、可能ならそのクルマにも先に行ってもらえばいいのです。

次に、どうしてもすれ違いが必要になったときは、少しでも広い場所を選びます。対向車のドライバーと意思の疎通ができるかどうか、という問題もありますが、交差点のように多少ふくらんでも大丈夫な場所を選ぶと安心です。

また、道幅に少しでも余裕があれば、左端ギリギリに寄せて、相手に動いてもらう、という方法もあります。前進でギリギリに寄せるのは難しい面もありますが（32ページ参照）、これで待機しているあいだに、相手が勝手に通ってくれるならそれに越したことはありません。

クルマどうしがこすってしまったときは、動いていたほうに多くの責任が課せられるので、じっとしていたほうが無難なのです。

ギリギリの状況にならないために

少し広い空間で早めに待機する

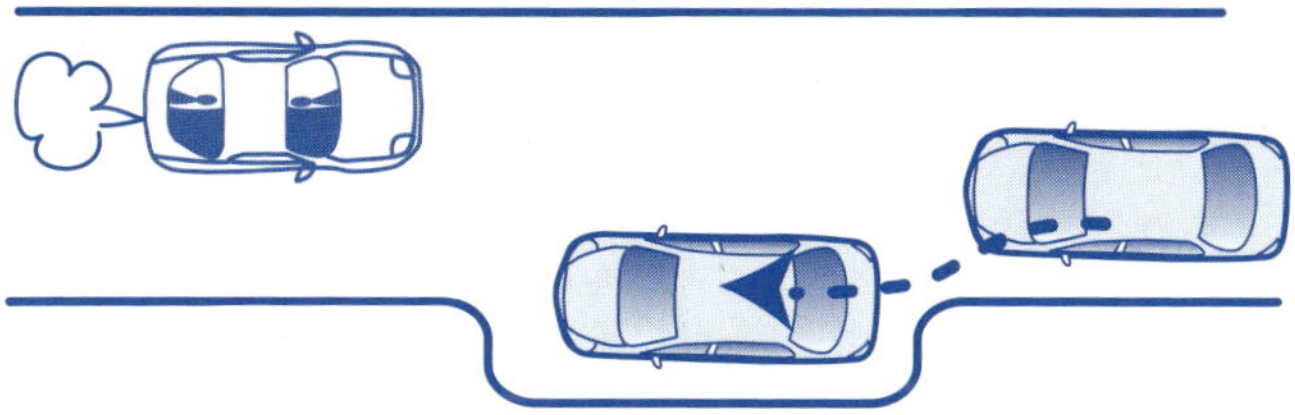

かなり遠くに対向車が見えても、狭い道ですれ違うことになりそうであれば、早めに広い場所を探して待つこと。急いでいるときには焦りがちだが、こうしたほうが結果的に早いこともある。

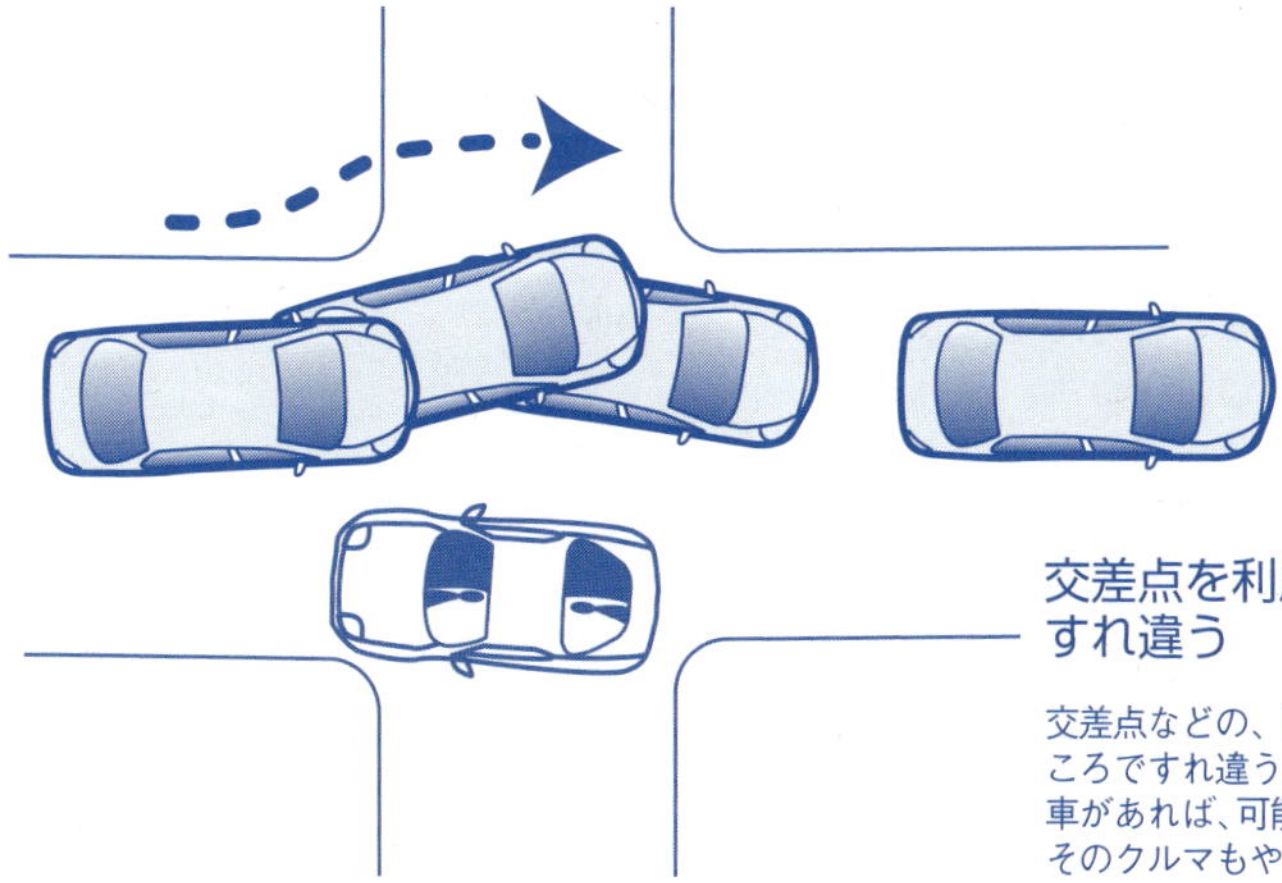

交差点を利用してすれ違う

交差点などの、道幅が広くなったところですれ違うと楽。対向車に後続車があれば、可能な範囲で徐行して、そのクルマもやり過ごすといい。

ギリギリ左側に寄せて待つ

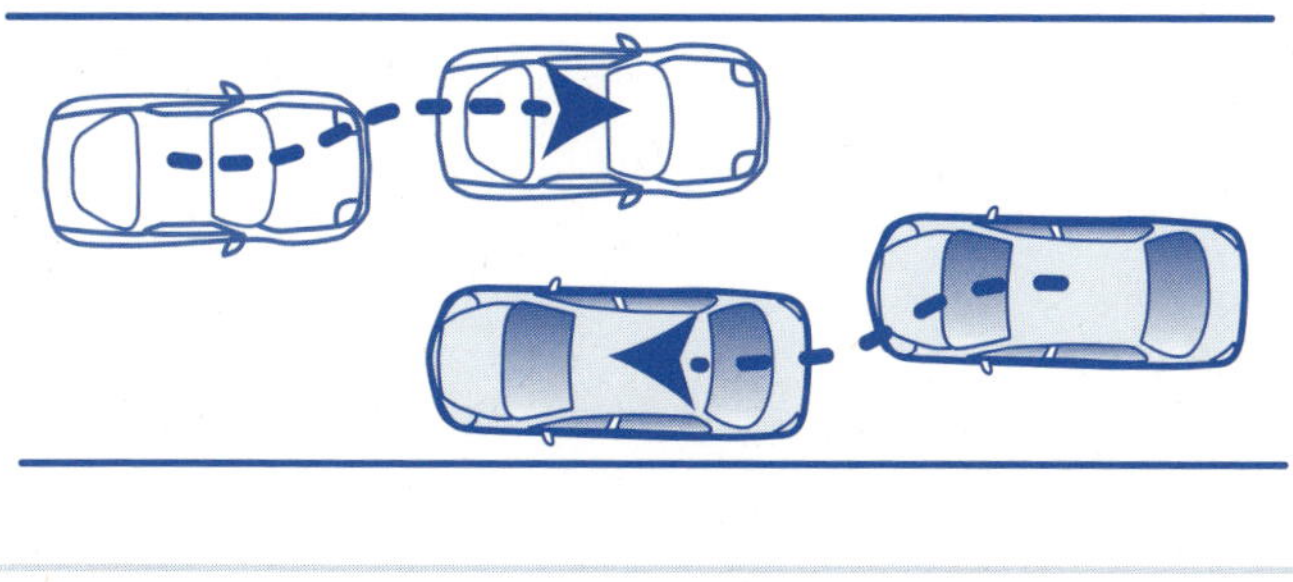

多少でも道幅にゆとりがあるなら、左いっぱいに寄せてやり過ごす。ただし、互いが交互に進まないとすれ違えないような狭い場所のときは、この手段は使えない。

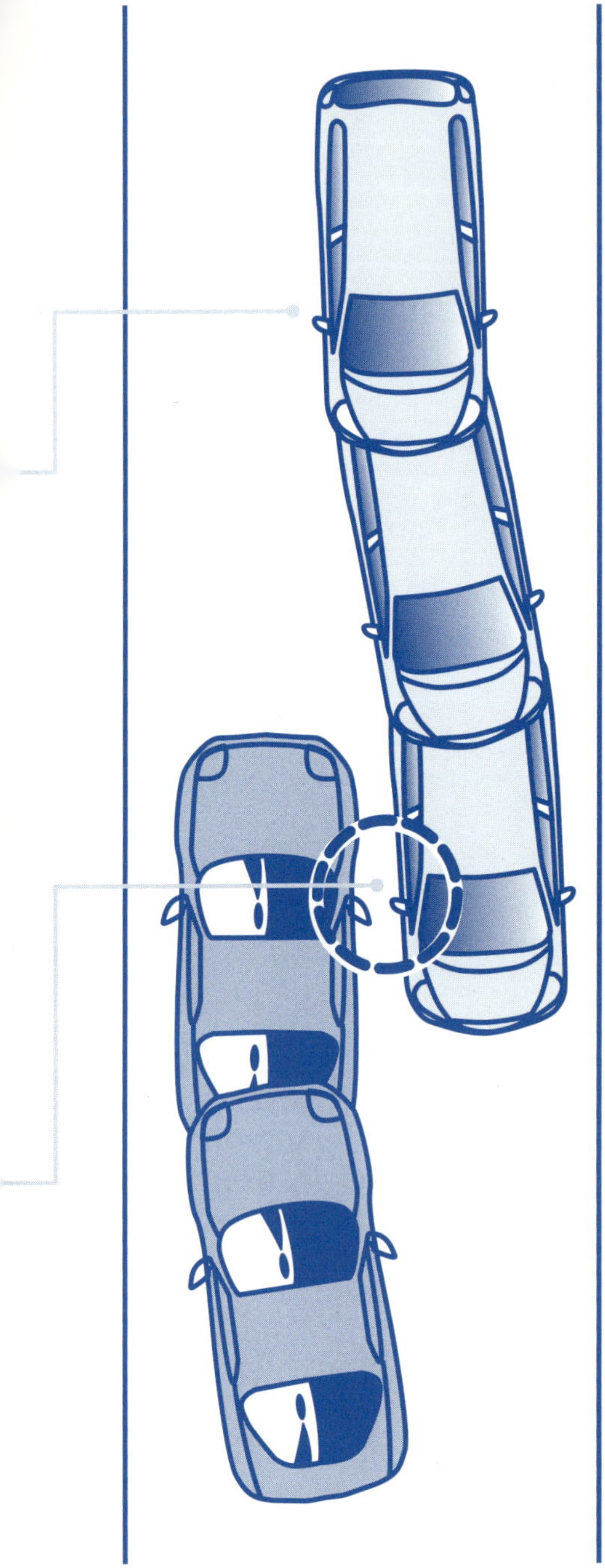

狭い道で、普通にはすれ違えないとわかったときは、退避場所がなければ遠くまでバックで戻るか、覚悟を決めて進むしかありません。進む場合には、物理的にすれ違えるかどうかの見極めも必要です（左ページ参照）。

通れると判断したらギリギリまで近づき、時計回りの弧を描くように少しずつ交互に進みます。

「どうして丸くふくらむのか？　お互いが平行に進むのがいちばんスペースに無駄がないはず」と不思議に思うかもしれませんが、走行中は左側に多少のスペースを確保しているので、これを上手に利用するのです。

まず、すれ違い態勢になるさい、ほんの少しずつ左に寄せます。このとき**①ハンドルを少しだけ左に切る**わけです。次に、お互いが平行になってすれ違うのですが、このときは**②ハンドルは元に戻した状態**です。

最後に、リヤタイヤ付近がすれ違うときに、**③ハンドルを軽く右に切ります**。これは、ボディ後方を左に振ってお互いのリヤ部を離すため。

以上の①〜③のハンドル操作を行うことによって、弧を描くようなラインになるわけです。

狭い道でのすれ違い方

車幅の感覚をつかむ練習

常に左前タイヤの位置確認

自分のクルマの車幅感覚を、日ごろから養っておくのは大事なこと。左タイヤの位置がどこかわかれば、ギリギリまで寄せる操作もしやすい。

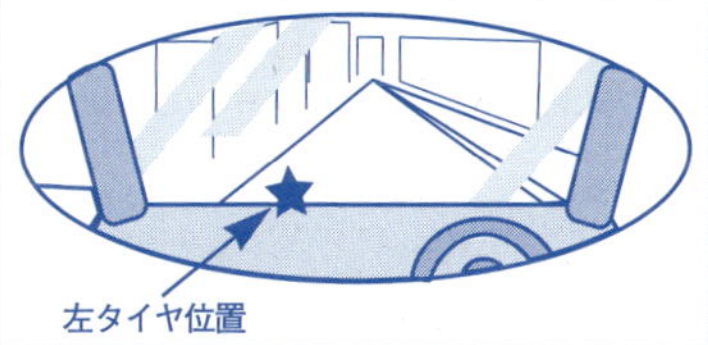

運転席から見て、フロンとウインドウのセンターあたりが左前タイヤの位置になる。自車の位置を確認のうえ、シールなどを貼っておく手もある。

狭い道で車幅確認

右折車が止まっているときや、路上駐車のクルマが右端にあるときなど、ゆっくり通って行けるかどうかを確認。路肩が低い縁石なら、多少乗り上げてもクルマに損傷はないが、ボディの傾きに注意。

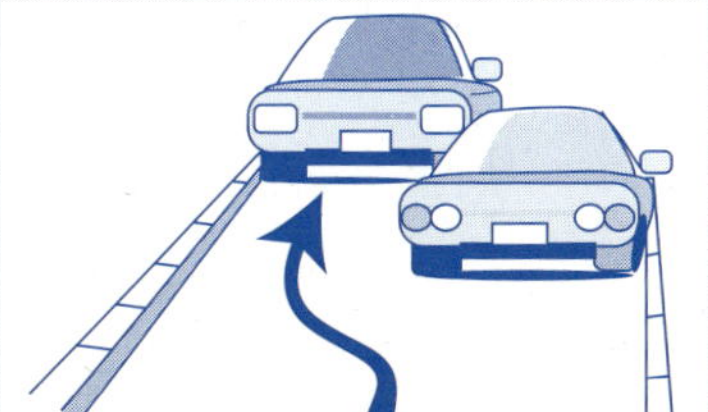

STEP 1 対向車と道幅をチェックする

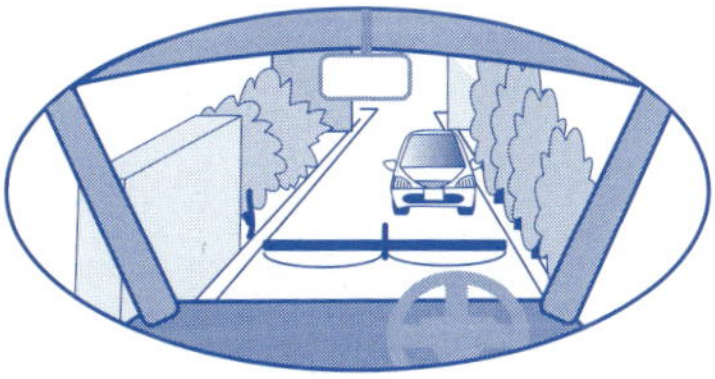

対向車と道路の幅をチェックする。車種にもよるが、対向車が道幅の半分以下であれば、通れる可能性大。

STEP 2 ドアミラーが接触しないか

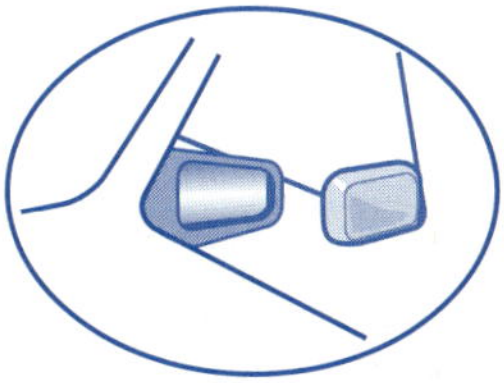

すれ違いのはじめのときに、ドアミラーが接触しないかをチェックする。ここがぶつからなければ通り抜けられる。ただし、ギリギリでドアミラーがこするようなら、ドアミラーをたたむことで通過できることもある。これは上級者向きだ。すれ違い態勢に入ってからハンドルを左へ切ると、ボディ後方が右へ振れてぶつかってしまうので厳禁。

Q 路上駐車などで道が狭いとき、通れるかどうかの判断方法は？

A 路上駐車のクルマや対向車の幅を参考にします

狭い道を通れるかどうか、慣れないうちは判断するのがなかなか大変です。

前のページでは、対向車とのすれ違い方を中心に説明しましたが、これ以外でも、

①単に道が狭い場合
②右折待ちのクルマの左サイドを通る場合
③路上駐車のクルマの横をすりぬける場合

など、通過可能かどうかの判断を迫られるケースはたくさんあります。

いずれの場合も、目安にしたいのは、

①他のクルマが直前に通れたかどうか
②他のクルマ（対向車や路上駐車のクルマなど）の横幅が、道幅の半分以下かどうか
③自分の車幅感覚

などです（左ページ参照）。もちろん、他のクルマの幅を参考にするときには、それらが自分のクルマの車幅に比べてどうか、ということに注意しなければなりません。

以上のことを考慮して、「通れそうにない」あるいは「通る自信がない」と判断したら、無理に進む必要はありません。

たとえば、右折待ちのクルマの左サイドの空間がギリギリの幅で、とても通れそうにないと思っているのに、「後続車にクラクションを鳴らされたから」という理由だけで無理に進む必要はないのです。右折車が進むまで待てばいいだけのこと。無理をして右折待ちのクルマに傷をつけても、後続車は何の責任もとってくれません。

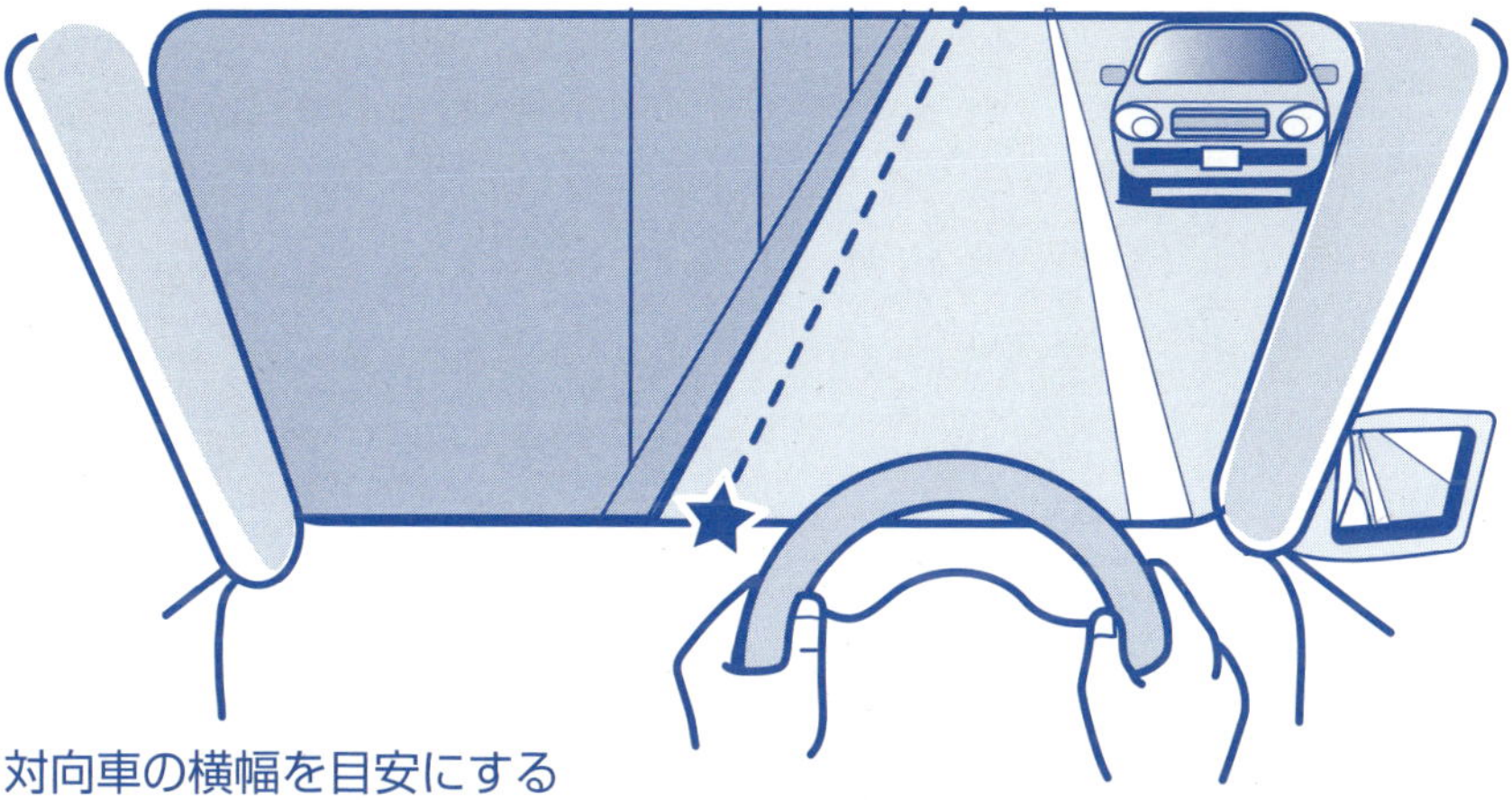

対向車の横幅を目安にする

路上駐車のクルマがあれば、その車幅を参考にする。道幅がその2倍以上あれば、通れる可能性は大。左側が壁の場合、壁をあまり見つめないように気をつける。自車のタイヤ位置は常に意識すること。

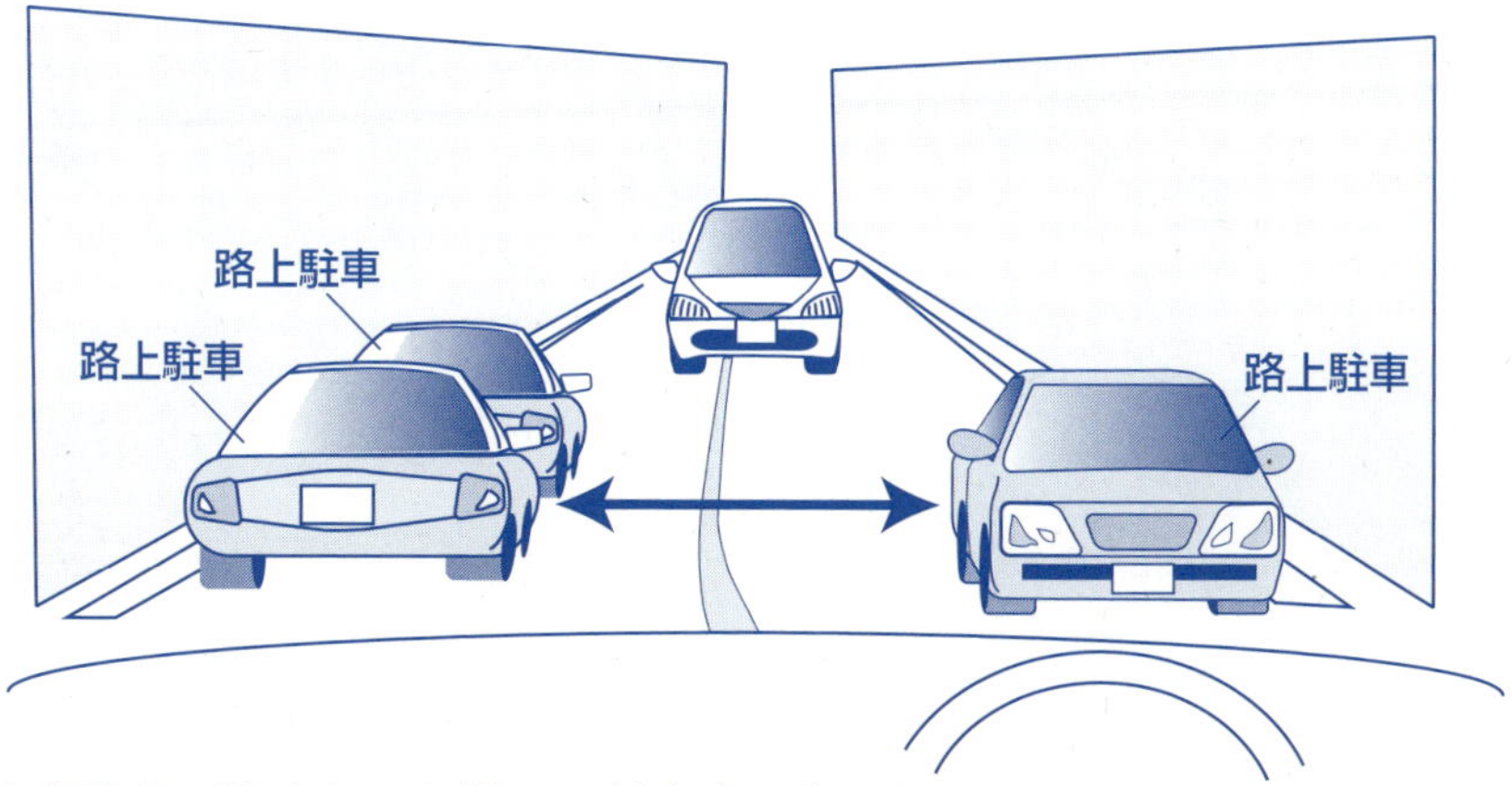

路上駐車で狭くなった道は　対向車を先に行かせる

対向車や先行車が通り抜けられたのであれば、通れる可能性は大きい。対向車に譲るなどして、他のクルマの状況を参考にする。また、路上駐車が片側だけの場合は、車線をはみ出さずに走行できるほう（つまり、路上駐車のない側）が優先。自車線にクルマが止まっているなら待つこと。

Q 行き止まりの道でバックが必要なとき、長い距離を戻るコツはある？

A 体をひねって右手でハンドル操作をします

通常の運転をしていれば、バックを使うのは車庫入れや縦列駐車程度です。しかし、住宅地の狭い道を進んだ挙句、行き止まりになったような場合、バックで長い距離を引き返さなければなりません。これがきちんとできなければ、身動きがとれず、大変なことになります。

バックが難しいのは以下のことが主な原因です。

①後ろがよく見えないこと
②ハンドルを切る方向を混乱しがちなこと
③カーブ時の車体の振れ方やタイヤの通過位置が、前進時とは異なること

①については、左ページの図のように、左手を助手席にかけて体をひねって見るようにする、というのがポイントです。

②については、「バックも前進も同じ。右に曲がりたければ右にハンドルを切る」というアドバイスをよく耳にします。しかし、慣れないうちは、体をひねって後ろを見ると、左右の感覚が狂いがちです。たとえば、バックをしながら左に曲がりたいとき、体が半回転しているために、「自分が進みたいのは右」というような錯覚を起こしてしまいます。

これを克服するには「慣れ」が必要ですが、とりあえずは左右を考えず、「曲がりたい側にハンドルを回す」と覚えておくといいでしょう。

③については、やはり慣れるしかないのですが、「ハンドルを切ったら早めに戻すこと」「ハンドルをあまり大きく動かさないこと」などに気をつけましょう。

左右ではなく、「行きたい方向」へハンドルを切る

「右」「左」と意識するのではなく、「自分が行きたい側へハンドルを回す」と覚えておくと混乱しにくい。図でいえば、「矢印の方向へ行きたいから、矢印の側へハンドルを回す」ということ。

バックは視界が狭く、左右も混乱しやすい

当然だが、フロントガラスを通して前を見るよりも、視野は狭くなる。さらに、左右どちらに曲がるかを混乱しやすい。

バックのときの姿勢

バック時に広い視野を確保するには、上半身をしっかりひねり、左手は助手席の後ろに回す。ハンドルを持つのが右手だけになるので、ハンドルの12時の位置にそえると操作しやすい。

バックミラーを見ながらバックする方法も

細かいハンドル操作が必要ではなく、とにかくまっすぐにバックすればいいようなときは、通常の運転姿勢で、バックミラーを見ながら進む方法もある。この場合、さらに視野が狭くなるので、飛び出しなどには十分に注意する。

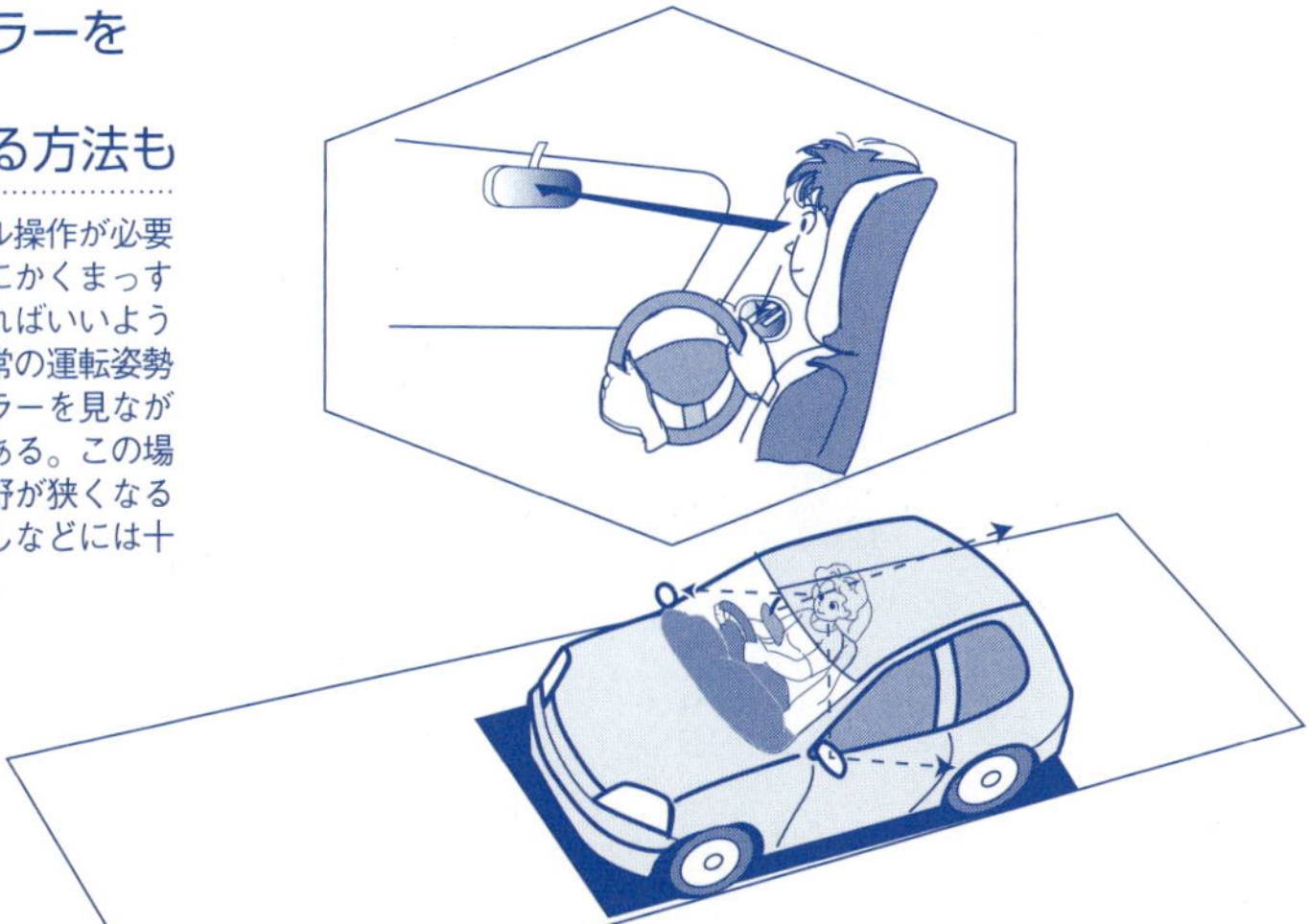

上手になるには空き地で練習

●パイロンを並べて車庫入れ

発泡スチロールなどで
できたブロックでもよい

駐車場での車庫入れを想定して、パイロンを他車に見立てる。これなら当たっても大丈夫。逆に、軽く当ててみて、どのくらいでぶつかるのかを実体験しておくのもいい。パイロンは一部の100円ショップなどでも購入可能。

●ライトを利用して距離をつかむ

ヘッドライトの向き（光軸）や
フロントのランプ類もチェックできる

夜、壁に近づきながら、ライトの照射角を見つつ、ギリギリまで寄せる練習をする。エンジンルーム（ボンネット）が長いクルマは、特にノーズ（クルマの先端部分）の位置がわかりにくいので要チェック。

リアのブレーキランプも
チェックできる

バックしながら、前進時と同様に、テールライトが壁につくる光の円の大きさを参考に、ギリギリまで寄せる。このとき、ブレーキランプに異常がないかの確認もできる。

少しでも運転が上手になりたいなら、無人の空き地や駐車場などで練習してみましょう。車庫入れや縦列駐車は、パイロンや段ボール箱を他車に見立ててやってみます。またクルマの前後をギリギリまで壁に寄せる練習は、夜にライトを照らしながらやると、わかりやすいでしょう。ライトの円が最小になったときが、ギリギリまで寄ったときです。運転席から壁がどのくらいの位置に見えるかを覚えておくのです。

第2章

運転中の〝こんなときどうする?〟

初心者が一般道を走っていると、
いろいろな場面でとまどったり、ヒヤッとしたりします。
モタモタしていて他のクルマにパッシングされ、
焦ってしまうことも……。
この章では、そうした代表的な場面を取り上げて解説しています。

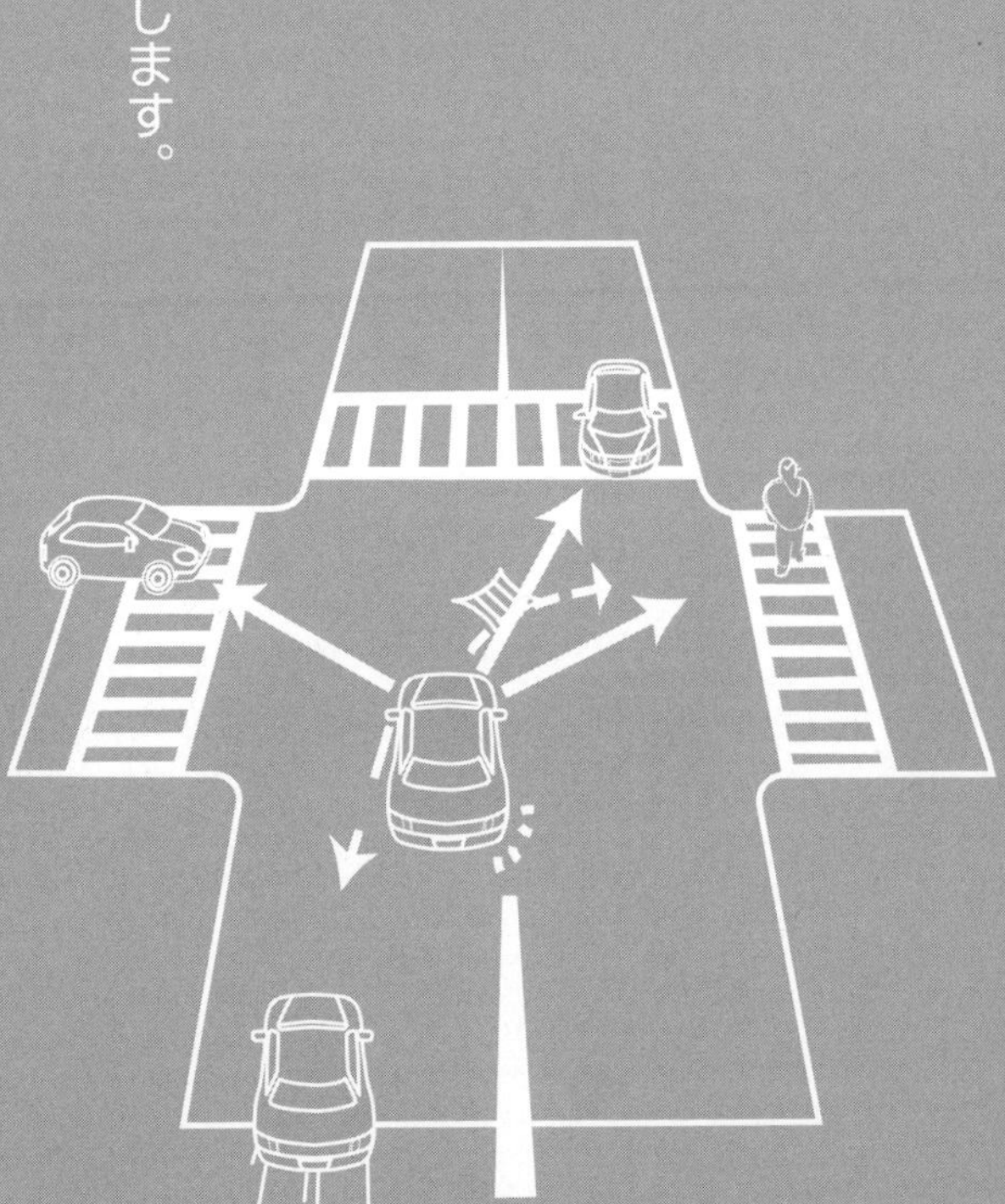

Q 交差点内に取り残されないか不安。行けるかどうかは、どこで判断する？

A 渋滞時は、車体の入れるスペースを確認してから進みます

交差点を渡れるかどうか、判断に迷うときがあります。普通に直進する場合でも、交通量が多くて渋滞していると、交差点内に進入して取り残されないか不安になり、躊躇《ちゅうちょ》した経験はあるでしょう。

交差点で判断に迷う代表的なケースは、

①信号が黄色に変わったときに進んでよいのかどうか

②渋滞時に、交差点内に進んで取り残されないか

といった場合です。

まず①のケースでは、進めば途中で信号が変わって取り残されるのが怖いし、止まれば後ろのクルマに追突されるのでは……という不安があります。

ここで大事なのは、「信号は交差点への進入の可否を示すもので、いったん交差点内に入ったら、途中で信号が変わってもすみやかに交差点を出なければならない」ということです。ある程度の流れがあるなら、歩行者に注意しながらも、途中で止まることなく出てしまうことが大切なのです。また、普通程度にクルマが流れているときには、黄色になった瞬間に進入しても、途中で取り残される心配はありません。

つまり①については、交差点に進入せずに止まれるなら止まり、手前では止まれそうにないなら進入して通過するのが正解です。もちろん後続車の追突にも注意します。

②の場合は、前のクルマやその前のクルマの流れ方を見て、流れがすぐ止まってしまいそうなら、交差点に進入するのを控えて待ちます。そして、交差点の先に自分のクルマが入るだけのスペースがあくことを確認した後に進入してください。

①流れている場合

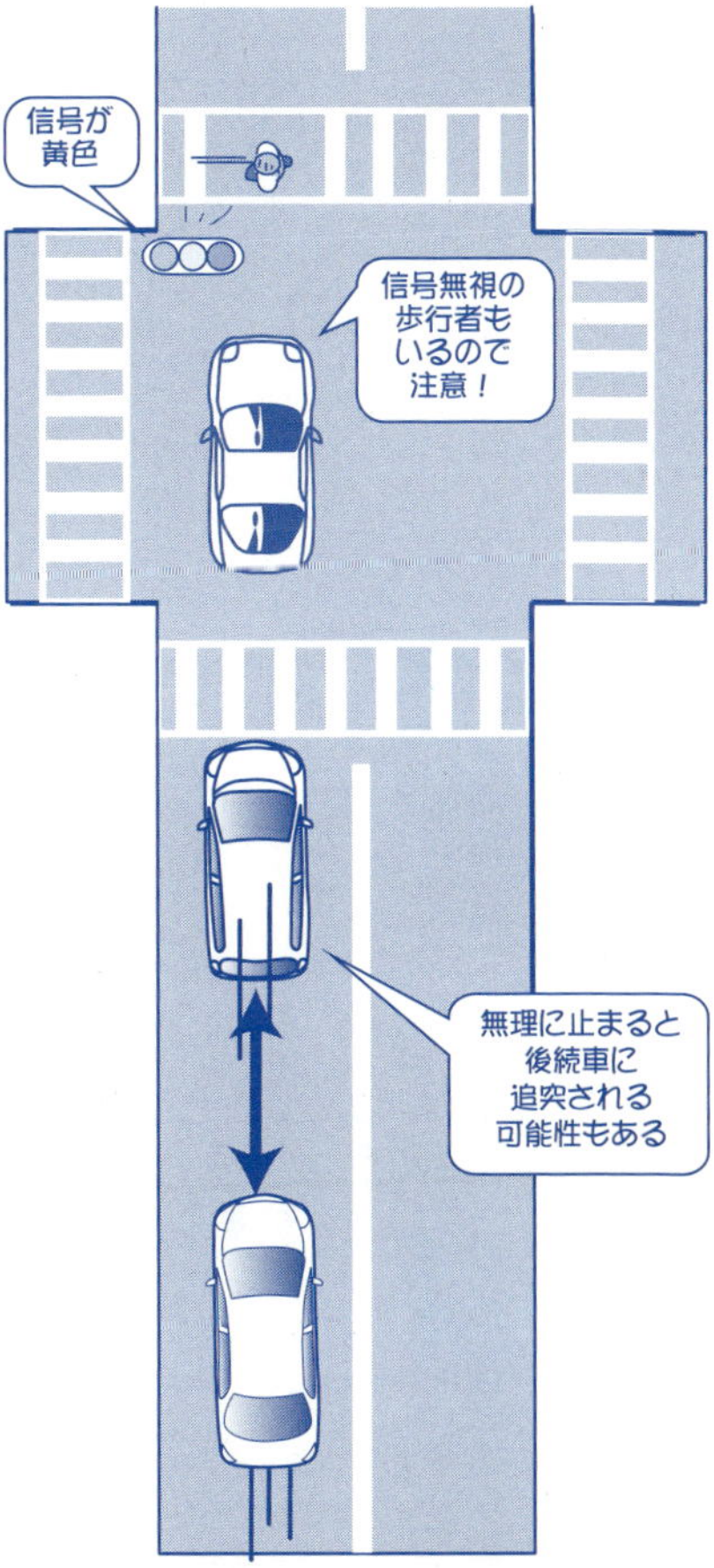
信号が
黄色
信号無視の
歩行者も
いるので
注意！
無理に止まると
後続車に
追突される
可能性もある

普通にクルマが流れているときに迷うのは、直前で信号が黄色になったとき。交差点内に入らずに止まれるなら止まるが、交差点内の中途半端な位置にしか止められないと判断したら、通過したほうがよい。ただし、後続車のスピードや車間距離も参考に。

②渋滞の場合

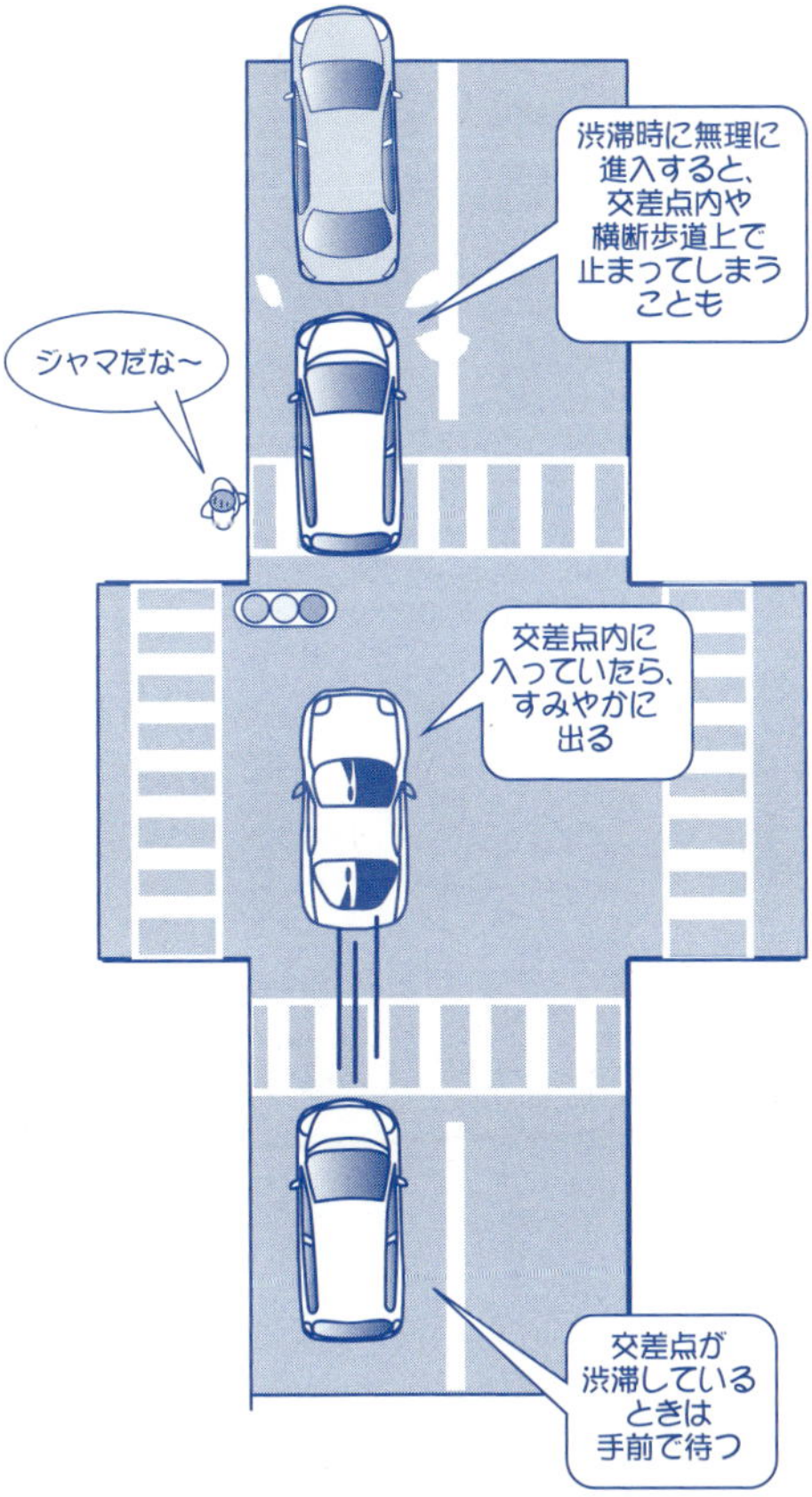
渋滞時に無理に
進入すると、
交差点内や
横断歩道上で
止まってしまう
ことも
ジャマだな〜
交差点内に
入っていたら、
すみやかに
出る
交差点が
渋滞している
ときは
手前で待つ

前のクルマにつられてうかつに交差点に進入すると、真ん中で取り残される危険性がある。交差点の向こう側のスペースを確認してから進入する。

Q 交差点の右折待ちで後続車に怒られた……。行けるかは、どう見極める？

A 自分がどのくらいで右折できるか、イメージするのが重要です

交差点の右折は、初心者には難関です。対向車がなかったり、右折専用の信号があれば問題ないのですが、「交通量が多い」「対向車のスピードが速い」「自車が右折待ちの先頭で後続車も多数」という場合など、けっこう緊張するものです。

無理して進んで直進の対向車とぶつかる……これは最悪のケースですが、後ろからクラクションを鳴らされたり、怒鳴られたりするのも嫌なものです。とはいえ、やはり安全第一ですから、行ける自信のないときに無理に進む必要はありません。

さて、行けるかどうかの判断ですが、これは、「対向車のスピード」「交差点の大きさ」「歩行者の有無」「あたなが右折にかかる時間」といった要素によって異なります。判断には慣れが必要ですが、練習のために、以下のようなことをイメージしてみてください。

①自分のクルマが右折し終わるまでの動きとそれに要する時間

②対向車が交差点に進入するまでに要する時間

この両方を考えてみて、①が②より短ければ進入すればいいのです。結局、ベテランドライバーが「慣れ」といっているのは、こういう判断が瞬時に的確にできる状態のことなのです。

さらに、右折時に対向車ばかりに気をとられて、対向車の陰から飛び出す二輪車や、横断中の歩行者に対して注意がおろそかにならないよう、十分に気をつけてください。特に二輪車は昼間に単独で走っていても、正面から見ると目立ちません。

交差点右折時の注意点

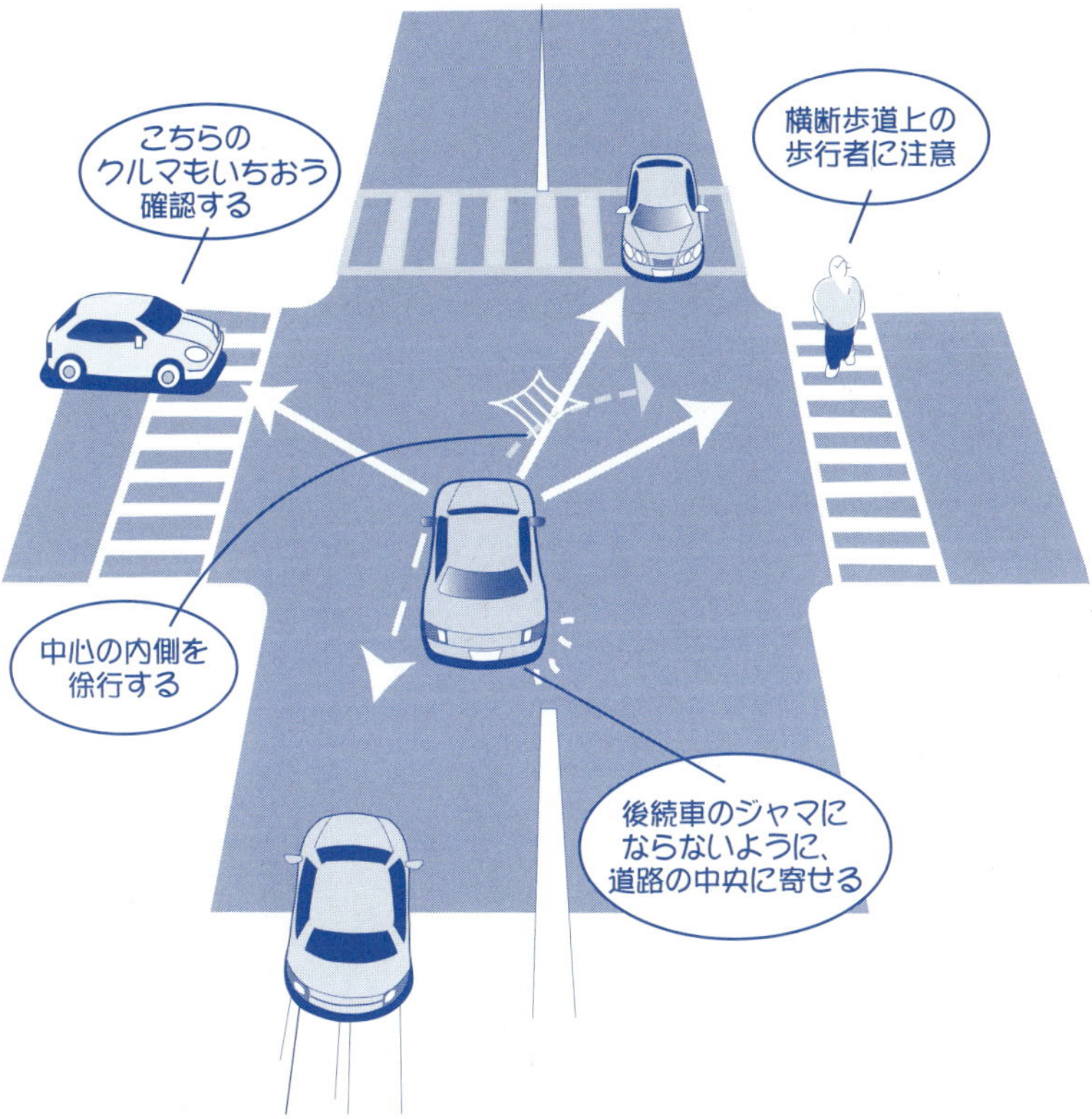

こちらの
クルマもいちおう
確認する
横断歩道上の
歩行者に注意
中心の内側を
徐行する
後続車のジャマに
ならないように、
道路の中央に寄せる

①

右折できるかどうかは対向車しだい

目安として、対向車が①くらいの大きさで40キロくらいのスピードであれば右折可。②の場合は、対向車のスピードがかなり遅かったり、譲ってくれる合図があれば可。③のように見えれば、右折はできないと考えよう。ただしあくまでも目安だ。

②

③

Q 交差点を左折するときのコツや注意点を教えてください

A バイクや自転車を巻き込まないように注意します

交差点での左折は、右折に比べるとずいぶんと楽ですが、別の危険もあります。

主なものを挙げると、

①減速したとき、後続車が追突する危険性
②左折時に、自転車やバイクを巻き込む危険性
③横断歩道上の歩行者と接触する危険性
④右折の対向車とぶつかる危険性
⑤脱輪したり大回りする危険性

などです。

①を避けるためには、まず、早めにウインカーを出すこと。通常は、左折する3秒前か30メートル手前といわれていますが、とにかく減速のブレーキを踏む前に左折の意思表示をしておかないと、追突される危険性が大きいのです。減速はしっかり行ってください。

次に②ですが、この場合もウインカーを早めに出して、なるべく左に寄せてバイクなどを入れないことが重要です。左にしっかり寄せることで、直進や右折の後続車を待たせずにすむ場合もあります。

③については、当然ですが歩行者優先なので、急な飛び出しなども含めて注意します。

④の場合、左折する自車のほうに優先権がありますが、無謀な運転をする人もいるので、いちおう気をつけておきましょう。

⑤に関しては、適切なラインどりをすることが必要になります。縁石に沿うようなラインでハンドルを切りますが、内輪差を考慮して、やや遅めでもちょうどいいかもしれません。カーブの角に自分の体がきたら切りはじめる、というのが大まかな目安です。

交差点左折時の注意点

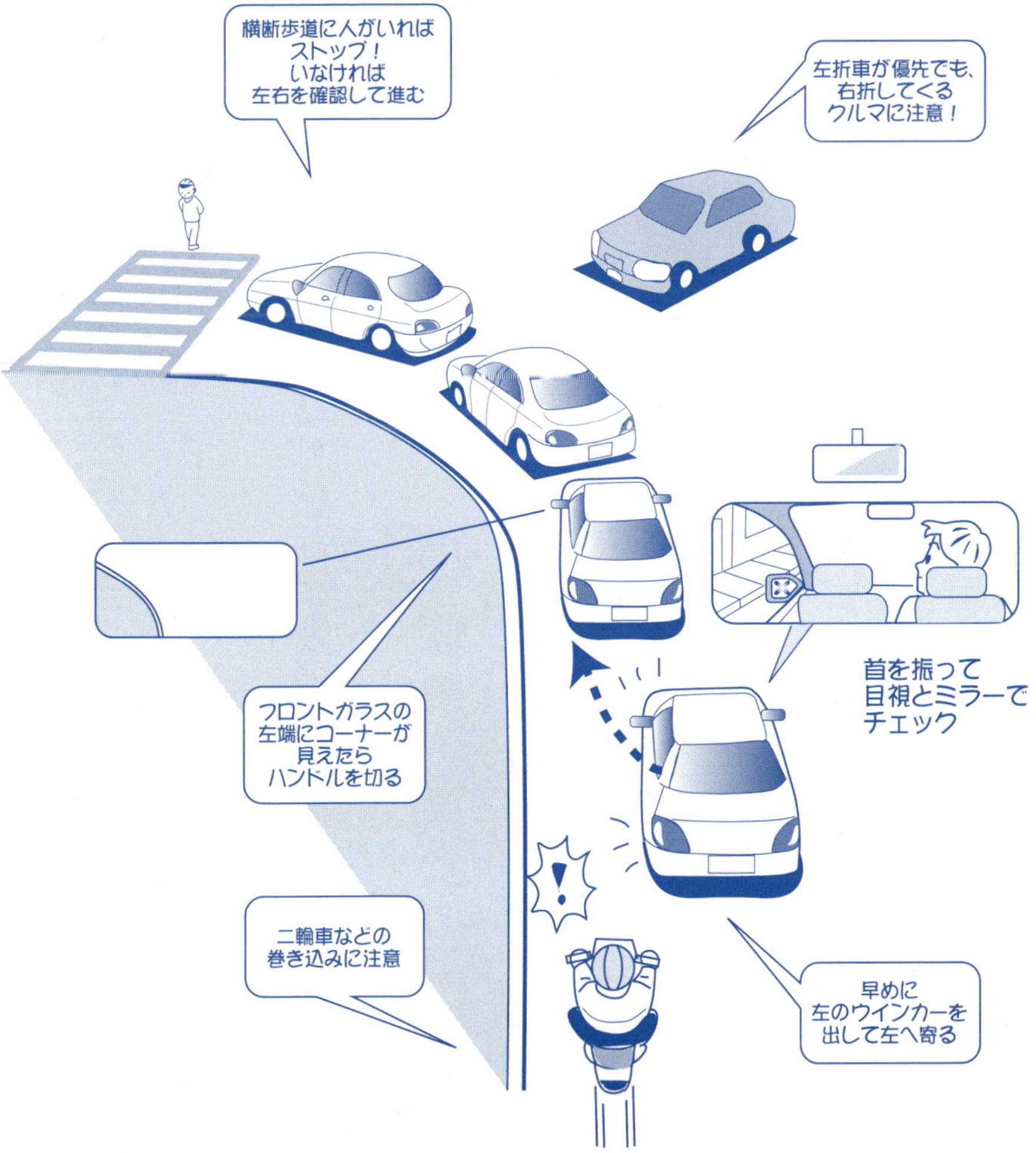
横断歩道に人がいれば
ストップ！
いなければ
左右を確認して進む
左折車が優先でも、
右折してくる
クルマに注意！
首を振って
目視とミラーで
チェック
フロントガラスの
左端にコーナーが
見えたら
ハンドルを切る
二輪車などの
巻き込みに注意
早めに
左のウインカーを
出して左へ寄る

左折のときに左に寄せるわけは……

- バイクや自転車の進入を防ぐため
- 後続の直進車や右折車のジャマにならないため

※狭い道で単純に左折するだけなら、右に寄ったほうが曲がりやすい。

Q 信号のない交差点でヒヤッとしたことが…。注意点などを教えてください

A まず減速して、どちらが優先道路かを確認します

住宅地をはじめ、信号のない交差点というのはたくさんあります。どちらが優先かはっきりせず、出会い頭の衝突事故が多い場所です。

自分の側に、停止線や「止まれ」の標識があれば、交差している道路（以下、交差道路）側が優先なので、必ず一時停止をします。そのような標識がどちら側にもないケースでは、道幅の広い側や交差点内にセンターラインのある道路が優先です。

どちらが優先かよくわからない場合は、左側が優先ということになっていますが、とにかく徐行して様子を見るのが無難。このような道路では、相手も優先だと思い込んでいる可能性もあるので、原則を主張するよりも、とにかく事故を回避しましょう。

また、仮に自分が優先道路でも、相手がすでに進入していれば相手に優先権があります。

住宅地では、民家の塀などによって見通しが悪くなっている場所も多々あります。このような地域では、「何かあったらすぐにブレーキを踏む」という心構えで運転しましょう。

また、カーブミラーも積極的に活用してください。カーブミラーに映った交差道路のクルマのウインカーは、どちらを指しているのか一瞬わからなくなることがあるかもしれませんが、それで焦らず、「こちらに来るかもしれない」くらいに思って、実物を見てから判断すれば十分です。

また、対クルマだけではなく、飛び出しを含め、自転車や歩行者にも注意しましょう。

信号のない交差点の注意点

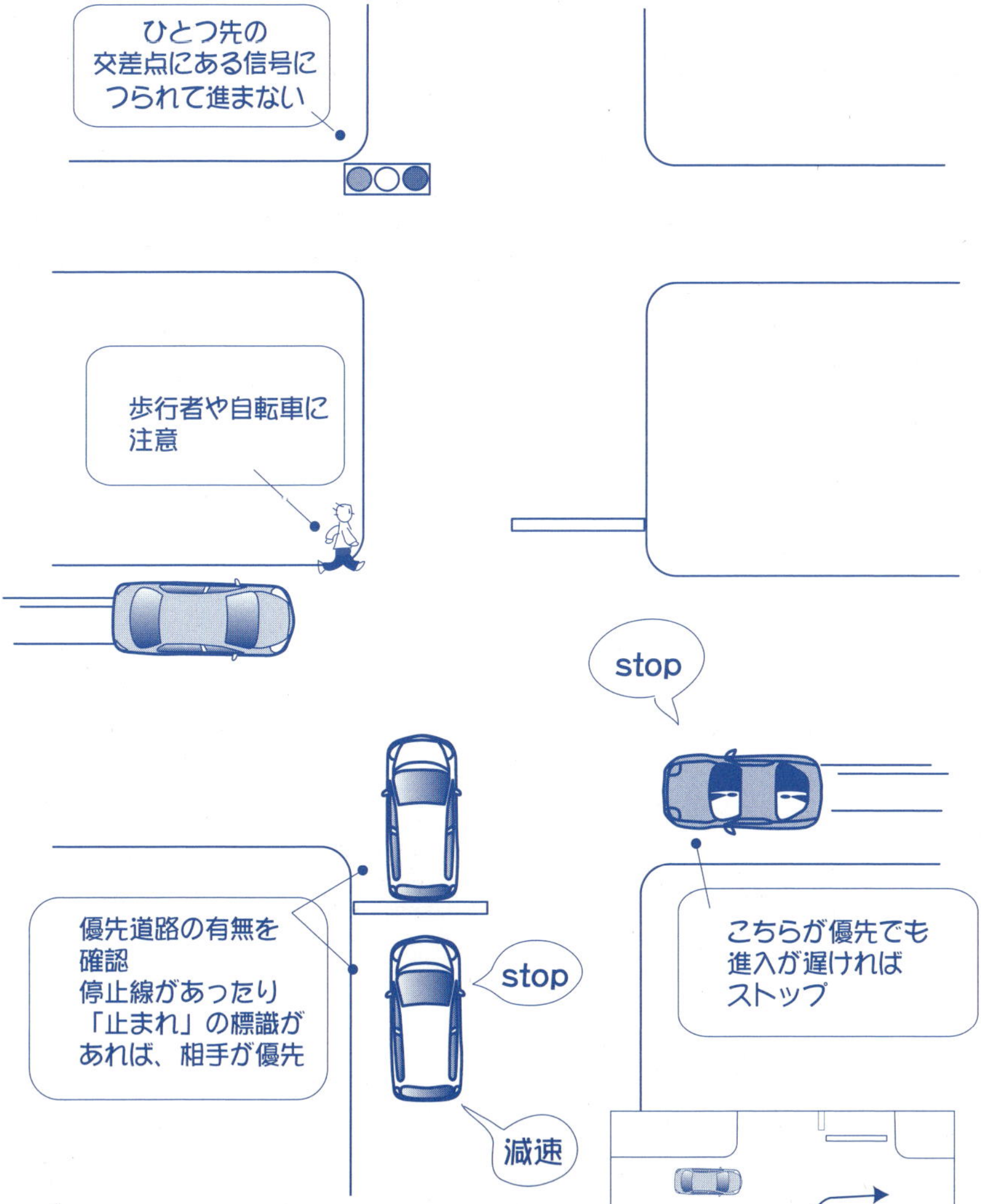

ひとつ先の
交差点にある信号に
つられて進まない
歩行者や自転車に
注意
stop
優先道路の有無を
確認
停止線があったり
「止まれ」の標識が
あれば、相手が優先
stop
減速
こちらが優先でも
進入が遅ければ
ストップ

注意

交差点の中心のマークがないときは？

信号のない交差点で、交差点の中心を示すマークがない場合。右折の待機時には、なるべく道路中央に寄り、交差道路のセンターラインにノーズを合わせるといい。

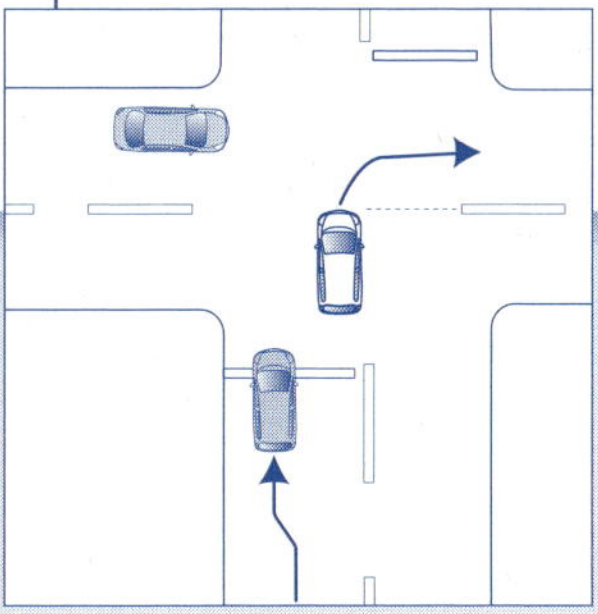

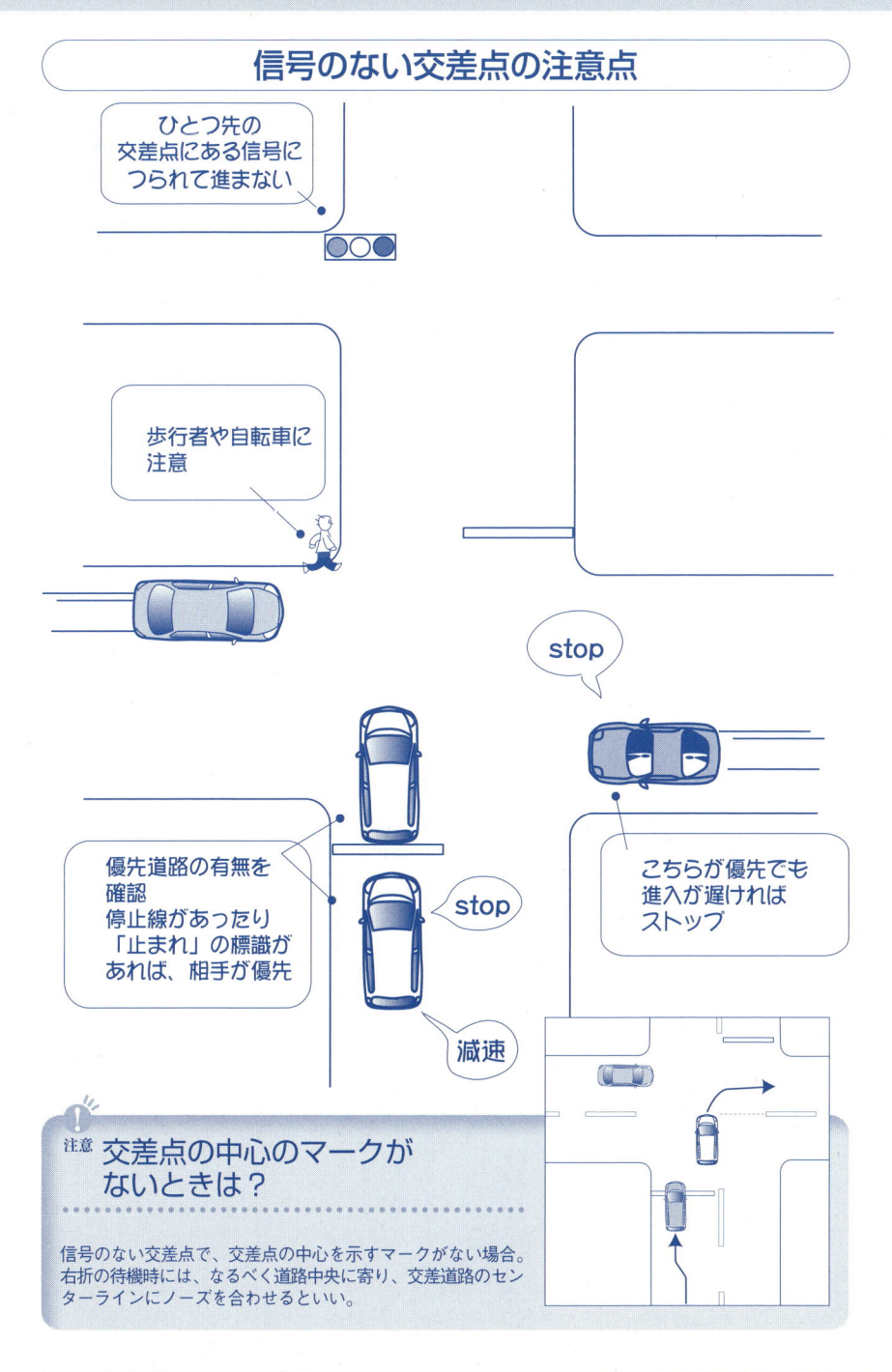

Q 流れが速い道路でタイミングよく車線変更を行うコツは?

A 隣の車線のスピードに合わせるのが大事です

初心者にとって車線変更は、「交差点の右折」などと並んで、かなり緊張するシチュエーションのひとつです。特にクルマの流れが速いときは、そのタイミングがはかりづらいものです。

車線変更をするときは、まず最初に移動車線の状況を見て、スピードやスペースをチェックします。その後のポイントは以下の3つ。

①移動先の車線のクルマのスピードに合わせる

②「このクルマの前に入ろう」ではなく、「このクルマの後ろに入ろう」と決める

③急ハンドルをしない

①については、加速しようとしても、自分の車線の流れが遅くてスピードが出せないこともあります。このような場合は、いったん減速して車間距離を確保したうえで、そのあいたスペースを利用して加速します。とにかく、移りたい車線の流れよりも、さらに速いくらいの速度にしておかないと、上手に車線変更はでません。

②は、どちらと考えても大きな違いはないように思うかもしれませんが、前方のクルマをねらったほうがスピードの調整がしやすく、また後続車にも不快感を与えにくいのです。このねらい方は、渋滞時の車線合流のときも同様なので、覚えておいてください。

③の急ハンドルは、早く次の車線に移ろうとして焦るためか、初心者に多いミスです。「スピードは速く保ったまま、ハンドルはゆるやかに切る」と心がけてください。また、目視で首を振るさい、ハンドルがいっしょにブレないよう、しっかりと固定しましょう。

STEP 1 車間距離をとって スピードアップ

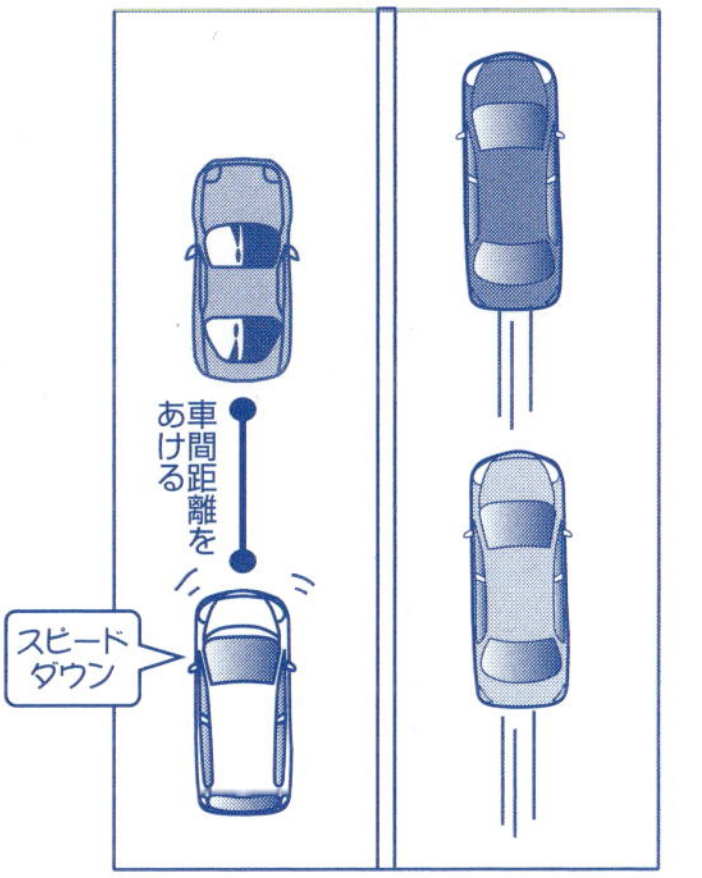

右車線に入れそうかまずチェック。隣の車線のスピードに合わせて加速する。自分の車線のスピードが遅いときは、いったん減速し、前車との車間距離を十分にとってから加速する。

STEP 2 ウインカーを出して 後続車をチェック

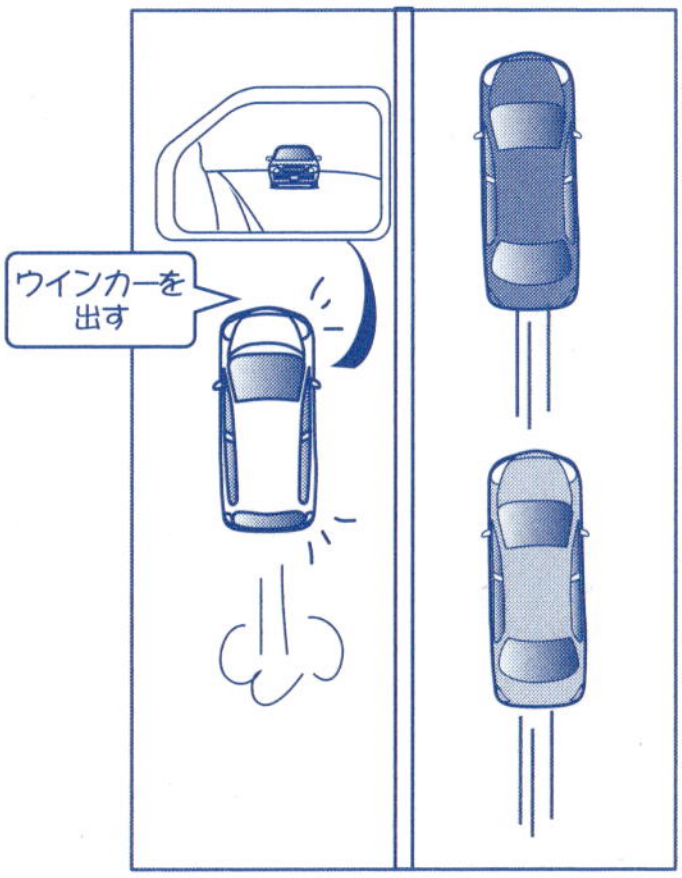

隣の車線のクルマにスピードを合わせつつ、後続車との距離をドアミラーでチェックする。ウインカーを出して、隣のクルマが加速してこなければ、車線の右端に寄せる。

STEP 3 斜め前のクルマの スピードに合わせる

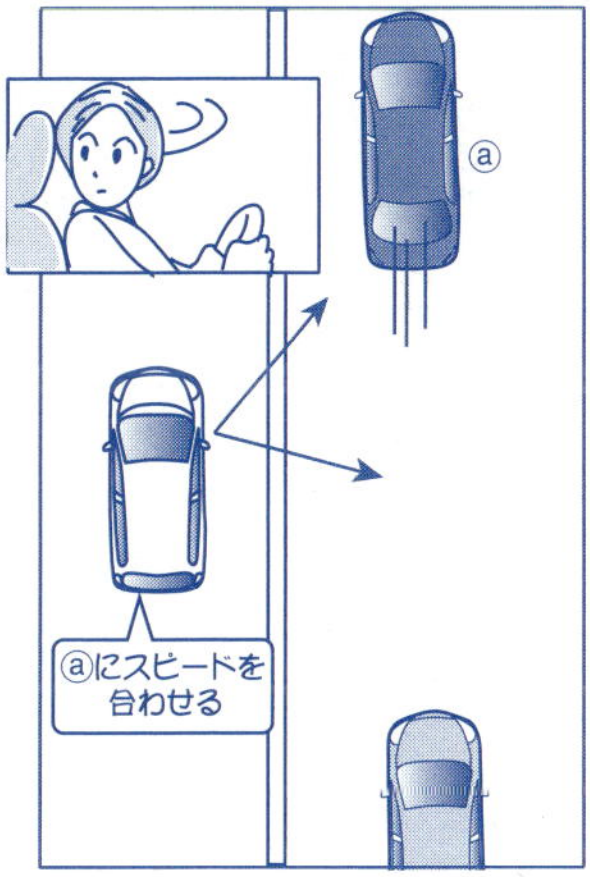

斜め前のクルマの動きとスピードを確認しつつ、首を振って目視で隣のスペースを確認する。また、バイクのすり抜けなどがないか、死角をチェックする。

STEP 4 スペースを確認して ゆっくり移動

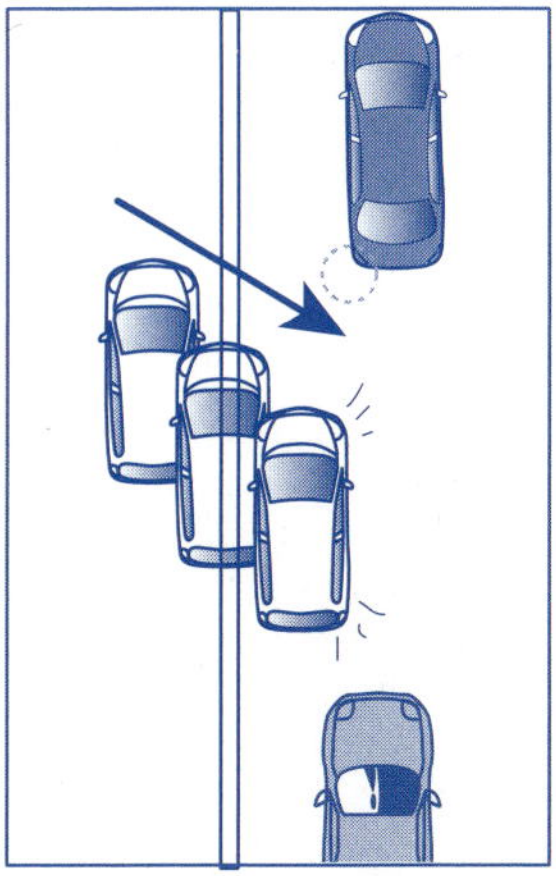

斜め前のクルマのリヤに、自車のフロントを合わせるくらいの気持ちで、ゆっくりと平行移動する。けっして急ハンドルは切らないこと。

Q 交通量のある大きな道に出るとき、タイミングがつかめません

A 車体のノーズを少し出して、流れの切れ目をねらいます

小さな道から、交通量の多い大きな通りに出るとき、信号がないとなかなか出られなくて苦労します。

おそらく一時停止になっていますから、まずは停止線で一度止まります。その後、停止線から少しずつノーズを出して、通行車両のジャマにならない位置で再び止まります。後は、近づいてくるクルマの様子を見つつ、流れが途切れた瞬間をねらい、十分な車間距離があることを確認したうえで、すみやかに大きな通りに出ます。

行けるかどうかの判断は、交差点の右折時（58ページ参照）を思い出してください。

ただし右折では、他車（対向車）と交差するポイントは1か所で、そこさえやりすごせばゆっくりと進めばいいのですが、このケースでは、スピードをゆるめない他車の前を走らなければなりません。「あいたスペースに進入して安心」ではなく、すばやい加速をすることが必要で、自車が大通りの流れに乗れるまでの時間の余裕もみておかなければならないのです。

これを計算に入れておかないと、大通りのクルマが慌ててブレーキを踏むことになります。

クルマの流れがなかなか途切れなくても、焦らずに待つこと。途切れる瞬間は必ずきます。まったく途切れないような道路であれば、信号が設置されているはずです。特に後続車がいないときは、じっくりと待ちましょう。

大きな通りが渋滞中であれば、合流のときのように、会釈などして入れてもらうのも手です。

STEP 1 ウインカーを出して一時停止

一時停止線で止まって大通りの様子を見る。クルマの速度をチェックし、どのくらいの車間距離で出られるか、自分で予想する。

STEP 2 ジャマにならない程度に頭を出す

ノーズを少し出して、大通りのクルマに存在をアピールする。走行のジャマにならないギリギリのところで止めるのがコツ。

STEP 3 車間距離のあるところをねらう

車間距離が広めのところをねらってすばやく出る。行けるかどうかは、自分が大通りに出て流れに乗るまでの時間を想定して判断する。

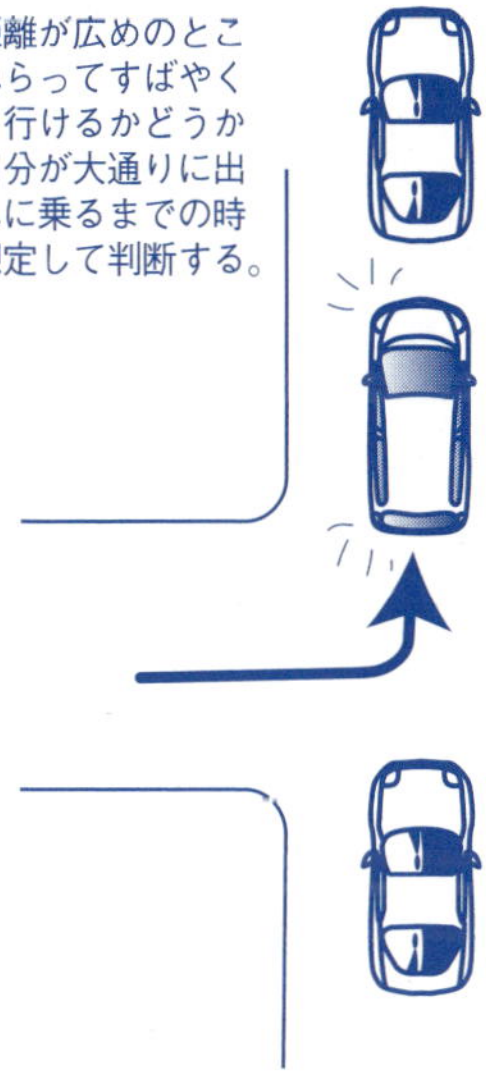

注意 左ウインカーだけで判断しない

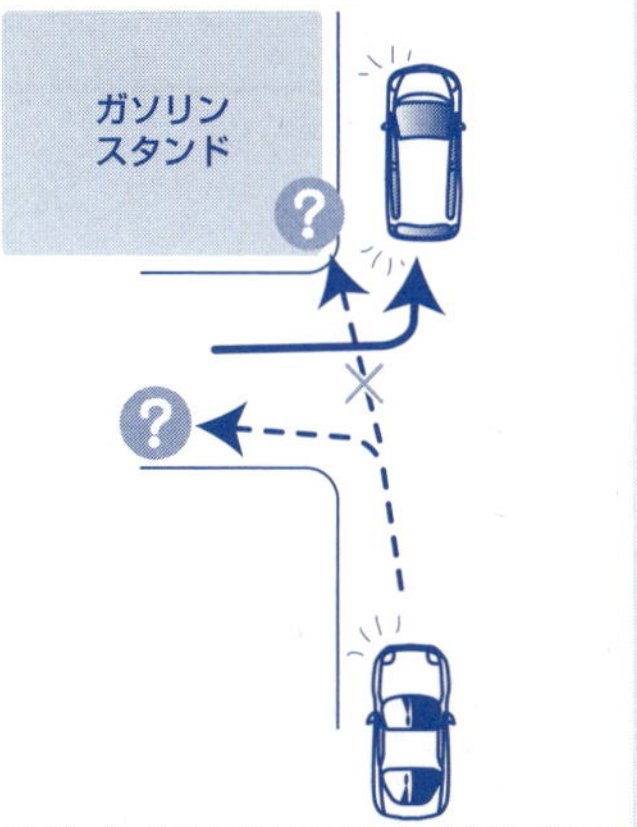

大通りのクルマが左折して来るときは、大通りに出るチャンスでもある。しかし、左折ではなく、コーナーのガソリンスタンドなどに立ち寄る可能性もあるので、早とちりは禁物。

Q 適切な車間距離というのが、まだよくつかめません

A 習った通りの車間距離を保つのは、難しいこともあります

危険を察知してから実際に止まることができる距離を、停止距離といいます。これは速度によって異なりますが、覚えているでしょうか?

- **時速40キロ→20メートル強**
- **時速50キロ→30メートル強**
- **時速60キロ→40メートル強**

が目安です。

原則的には、これよりも長い車間距離をとっておかないと、前のクルマが急ブレーキをかけたときに追突してしまいます。また、雨で道路がぬれていたり、ドライバーが疲れていれば、さらに長めにとっておかなければなりません。そのため、40キロなら40メートル、50キロなら50メートル、などといわれていました。

しかし、実際には市街地の道路で、50キロ走行時に50メートル以上あけられることはまれです。仮にあいていれば、他のクルマにどんどん入られてしまうでしょう。そのため、現実的な数値としては、やや短めにせざるをえない場合もあります。ただし、初心者の停止距離は、ベテランドライバーよりも長くなるので、それを自覚することは大事です。

左ページに距離を測る目安を示していますが、正確な距離が重要なのではなく、「今、前のクルマが急停車をしたら自分は止まれるか」ということをイメージしながら調整することが大事なのです。

慣れないうちは車間距離を多めにとり、自信がついてきたら少しつめ、集中力が低下していると感じたときには多めにとる。このように臨機応変に対応してください。

適切な車間距離

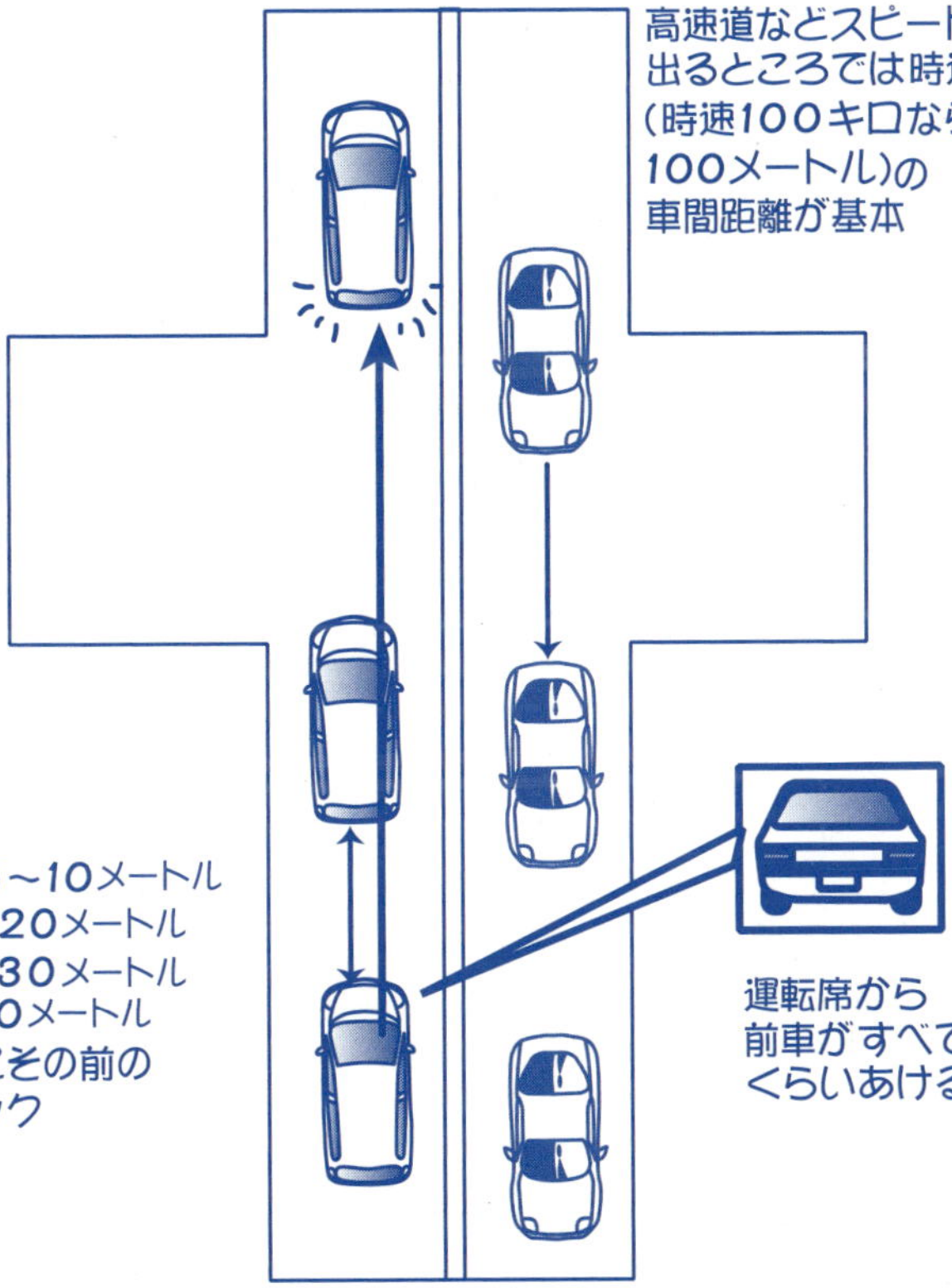
高速道などスピードが
出るところでは時速と同等
市街地の渋滞は5〜10メートル
時速40キロなら20メートル
時速50キロなら30メートル
時速60キロは40メートル
前方車の窓越しにその前の
車の動きもチェック
前車がすべて見える

こんなものを目安にしよう

車体の長さは

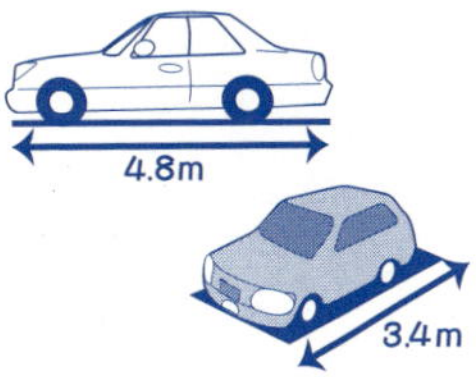

軽自動車の全長は3.4メートルくらい。車種にもよるがミドルクラスの普通車は4.8メートルくらい。

一般道路では

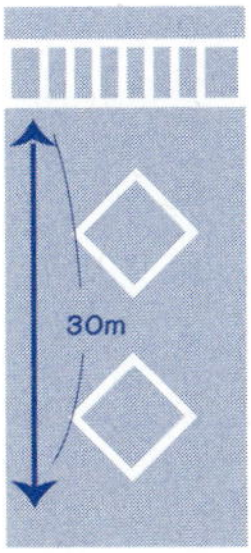

横断歩道ありを示す道路標示は約30メートル手前から。つまり、これが30メートルの目安になる。

高速道路では

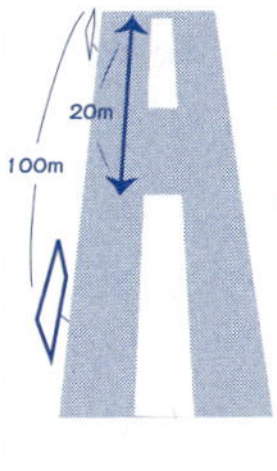

高速道路には車間距離表示板もあるが、道路の白線は5セットぶんで100メートル。ただし、これにこだわりすぎて前方不注意にならないように。

Q たくさんの標識がいちどに表示されていると、焦ってしまいます

A 重要な禁止事項がないか、優先順位の高いものからチェックします

日本の道路標識はドライバーにとってわかりにくいといわれています。それは、

①管理者の違う各種標識が混在している
②設置されている位置や間隔、向きが不適切
③たくさんの標識が同時に標示される

などが主な理由です。

交通標識には、「規制標識」「指示標識」「案内標識」「警戒標識」がありますが、大まかにいうと、規制標識と指示標識は公安委員会（警察）の管轄、案内標識と警戒標識は道路管理者（国土交通省や地方自治体）の管轄です。つまり①の状況なのに各部署の連携が十分とはいえず、まれに矛盾するようなことさえあり、標識がわかりにくい一因になっています。

また、②③については、「これではドライバーから見えにくいのでは？」「走行中にすべてを読みとるのは無理なのでは？」という標識があるのは事実です。ただ、すぐに改善されるとは思えないので、自分なりに注意して読みとるしかありません。

特に③については、瞬時にすべてを読みとるのが無理だと判断したら、「見落とすことで事故や違反に直結する規制標識」を中心にチェックします。たとえば、「車両進入禁止」「一時停止」「制限速度」など。これらはたいてい赤い色をしています。次に、補助標識があれば、「自分は禁止されているのか、禁止から除外されているのか」を確認します。これが意外と混乱するものです。

これらを瞬時に行うには慣れも必要ですが、焦らず、周囲のクルマの様子も見つつ、判断します。

優先順位の高いものからチェックする

1 禁止事項をまず確認

見落とすと大きな事故につながる標識がないかを最初にチェックする。「規制標識」のうちの、特に赤い色が含まれている標識は要注意。

2 車種や時間帯などを確認

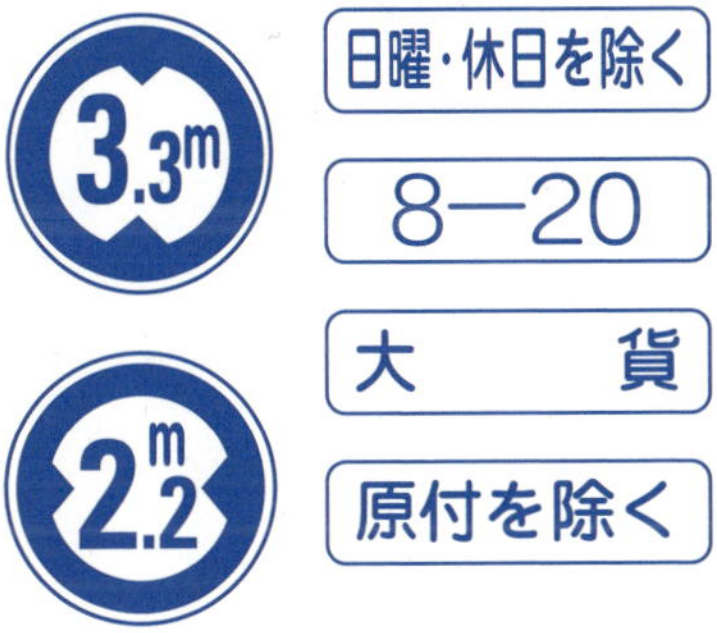

「補助標識」がある場合、車種や時間帯の違いによって、禁止されたり、逆に禁止から除外されたりするのでややめんどう。よく通る道については覚えておく。

3 その他のことを確認

「規制標識」と「補助標識」を押さえたうえで、余裕があれば「警告標識」などもチェック。これらはもちろん大事だが、優先順位は低い。

このようにたくさんの標識がいちどに出てきたら、おそらく混乱するはず。まずは赤い色の「規制標識」をチェックする。

Q 歩行者や自転車の急な飛び出しは、どんなところで起こりやすい？

A 商店街などで、停車中のクルマの前後に注意してください

　歩行者や自転車が怖いのは、急な飛び出しや急な進路変更をするのはもちろん、「クルマの側がよけてくれるはず」「クルマは止まって当然」と思っているからです。

　自転車はかなりのスピードが出るし、ふらついたり車道側に転ぶこともあります。特に、子どもは遊びに夢中になると、何も考えずに飛び出してきます。しかし、このようなケースでも、止まるのはもちろんクルマ側の義務なのです。

　自動車専用道路以外では、どんな場所でも飛び出しは起こりうると思っておきましょう。もちろん、住宅地、商店街、繁華街といった、狭くて歩行者の多いエリアでは、特別な注意が必要です。

　住宅地などでは、小さな道からの人や自転車の飛び出しを想定して走ります。もともとクルマが走るのに適した道ではないので、スピードを出すのは厳禁。状況によっては、ブレーキペダルに足をおいた状態で走るくらいでちょうどいいときもあります。狭い道では、「通らせてもらっている」というくらいの気持ちで、ゆっくりと走りましょう。

　また、商店街や繁華街では、路上駐車のトラックなどで道幅が狭くなり、対向車などに気をとられがちです。しかし、トラックの陰から人が飛び出してくる可能性もあることを忘れずに。バスやタクシーの進路変更、その後の乗降客にも注意します。

　急いでいるときに徐行をするのはなかなか大変ですが、住宅地や商店街はそれほど長くはつづきません。焦らずゆっくり走りましょう。

商店街、繁華街、住宅地は危険がいっぱい

トラックの陰から
人が出てくることも
バスから降りた人が
道に出てくることも！
子どもの急な
飛び出し！
障害物などを
よけたバイクが
はみ出して
くることもある！

子どもの飛び出しには最大限の注意を払う。いきなり飛び出すこともあるので、子どもを見かけたら減速する。ちょっとした空間をすり抜けるバイクや自転車、バスの乗降客やトラックのドライバーにも注意する。

歩道に立つ歩行者にも注意

タクシーの急な
車線変更も起こる
TAXI

歩道に立つ歩行者がタクシーを捕まえようとすると、右車線を走っていたタクシーが急な車線変更をする可能性がある。それらしい歩行者を見かけたら要注意。

これからのことを予測する

スピードダウンと予測運転

とにかく最悪の状況を予測して、もしものときにはクルマを止められるような心づもりで走ること。いわゆる「予測運転」が必要。

Q 雨天の運転が何となく苦手。どこに注意して運転すればいい？

A とにかくスピードを落として急ブレーキなどは避けます

雨の日は、通常よりも慎重に運転しなければなりません。雨天時の運転が危険な理由は、主に３つです。

①ドライバーの視界が悪くなる
②スリップしやすくなる
③歩行者の視界が、傘でさえぎられがち

①は当然のようですが、具体的に視界をジャマするものは、「フロントガラスやミラーについた雨粒」「雨粒で乱反射した対向車のライト」「周囲のクルマがはね上げた水しぶき」「窓の曇り」などです。

窓の曇りはデフなどで除去できますが（１７０ページ参照）、雨粒や水しぶきは、ワイパーの速さを調節するしか対策がありません。雨が降っているときは、ほかのクルマや歩行者が見えにくいことを、しっかりと自覚してください。

②は、特に工事用鉄板や標示白線の上を走るときに起こりがちです。鉄板の上でブレーキを踏むときは細心の注意を払います。もちろん普通のアスファルト上でも、急ブレーキや急ハンドルを行うと、スリップすることがあります。

③については、歩行者がクルマの存在に気づきにくくなるので、飛び出しなどに注意しましょう。また、雨音によって、クルマの走行音が歩行者には聞こえにくくなります。

雨の日の心得としては、速度を十分に落とし、車間距離をあけ、急ハンドルや急ブレーキを避けて、そして普段以上に注意深く周囲を見る、ということになります。運転前点検については、左ページで挙げた項目を参照してください。

特に大事なチェックポイント

- ・バッテリーとブレーキオイルは大丈夫か
- ・ワイパーが動くか
- ・デフロスターが動くか
- ・ライトが点灯するか
- ・ブレーキが効くか

運転前に確認しておくこと

フロントウインドウが曇ったら、デフロスターをオンにする（多くはエアコンも同時にオンになる）。リヤウインドウが曇ったら、リヤデフォッガ（曇り取り用電熱）をオンにする。スイッチの位置はクルマの取扱説明書をチェックしておく。

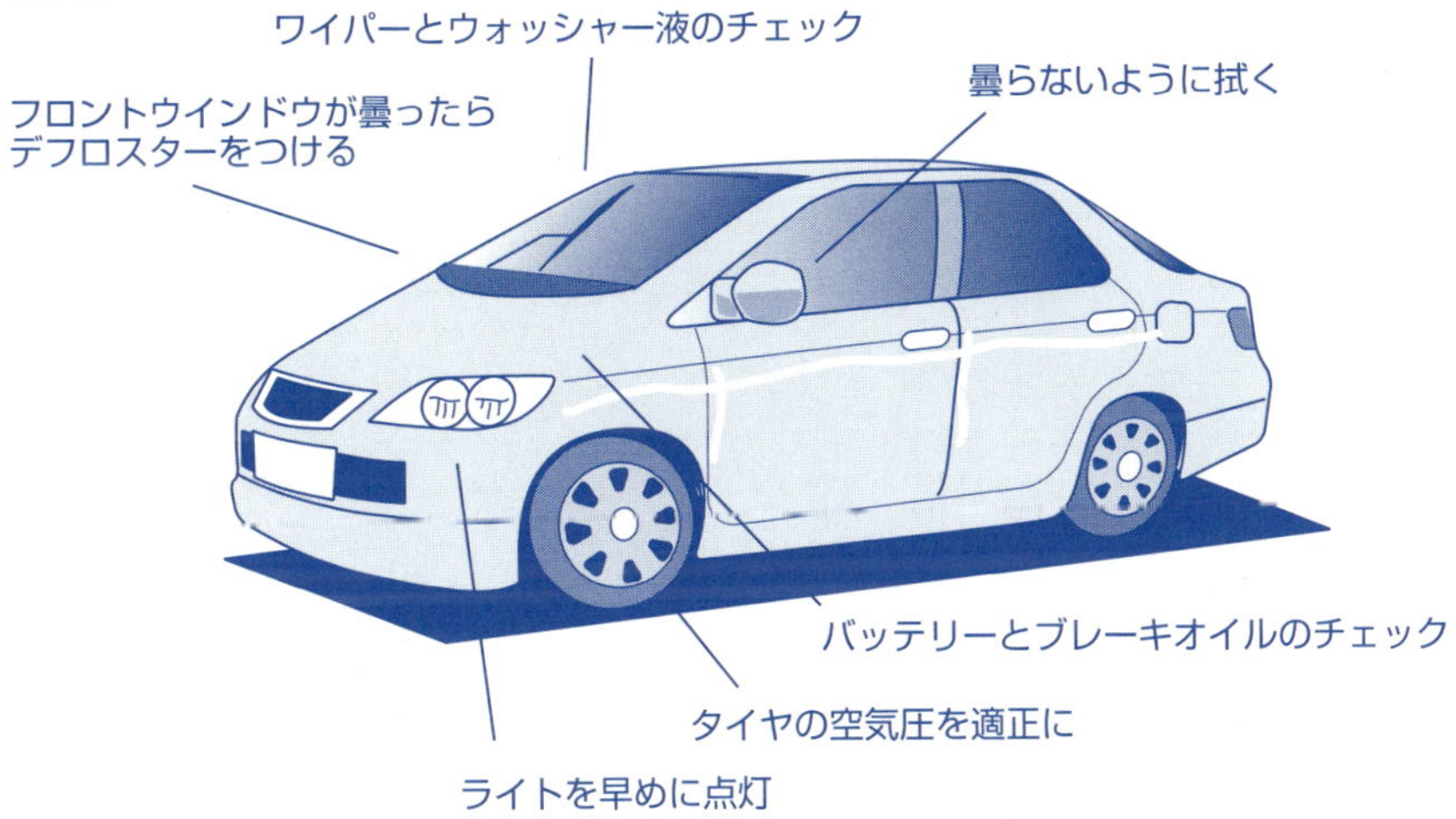

ワイパーとウォッシャー液のチェック
曇らないように拭く
フロントウインドウが曇ったら
デフロスターをつける
バッテリーとブレーキオイルのチェック
タイヤの空気圧を適正に
ライトを早めに点灯

車間距離とスピードに注意

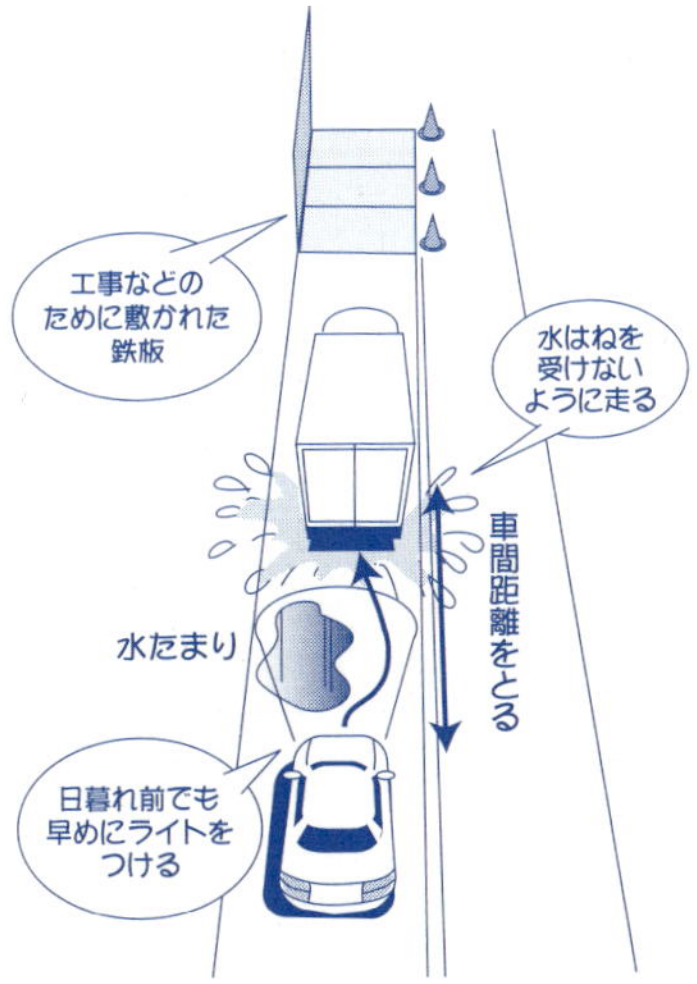

工事などの
ために敷かれた
鉄板
水はねを
受けない
ように走る
車間距離をとる
水たまり
日暮れ前でも
早めにライトを
つける

車間距離は普段よりも多めにとる。目立つ水たまりがあれば、避けるかゆっくりと通過する。避けるときも急ハンドルは厳禁。

急な操作はしない

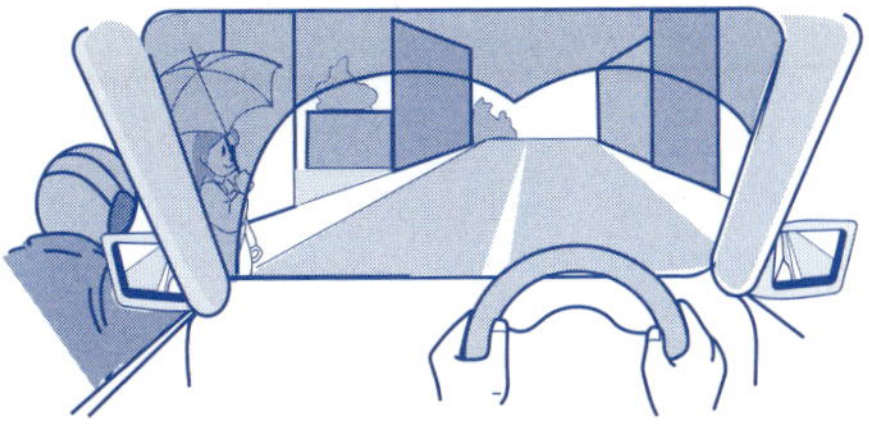

雨の日の急ブレーキや急ハンドルは、スリップして当然。このような事態を避けるためには、早めに判断をして、ゆとりのある運転をすること。雨の日は死角が多くなっていることを十分意識して、ゆっくり走ること。

Q 夜間の運転が暗くて怖いのですが、気をつけるポイントはどこですか？

A ヘッドライトでも見えにくい歩行者に注意します

夜間の運転は、まわりが暗くて見えにくいので、怖くて当然。とはいえ、むやみに恐れるよりも、どんな条件のときに、どんなものが見えにくいのかを知っておき、そこを重点的に気をつけるのがいいでしょう。

まず、無灯火自転車や暗い色の服を着た歩行者などは、驚くほど目立ちません。反射板などをつけていても、ライトの照射角から少しでも外れると、あまりはっきりとは見えません。

特に外灯の少ない住宅地では、道の端の歩行者が見えません。間違って接触しないようにやや道の中央寄りを走り、ライトはハイビームにしておきます。ただし、前のクルマや対向車があるときは、相手がまぶしくなるので気をつけましょう。逆に自分がハイビームのクルマとすれ違うときは、ライトを見つめないよう、少しだけ視線を逸らします。

この方法は、自車と対向車とで挟み込むようにライトで照らすことで歩行者が見えなくなる「蒸発現象」のときにも有効です。ただし、それでくっきりと見えるようになるわけではありません。

ライトは、周囲を照らすだけではなく、自分の存在を知らせる意味もあります。特に夕暮れどきは、「まだライトをつけるほどではない」と思っても、早めにライトを点灯しましょう。

これと同じ理由で、夜の信号待ちのときにもライトを消す必要はありません。これは、バッテリー性能が悪かった時代に定着した習慣のようですが、今ではそんな心配も不要です。夜はとにかく、自車の存在のアピールが大事なのです。

歩行者や動物に注意

歩行者からはよく見えるヘッドライトだが、光が直角に当たるものしか明るく映し出さないので、ドライバーが歩行者に気づかないこともある。

他のクルマのライトに注意

他車のライトを直接見ると、瞳孔が閉じて、直後は周囲が見えにくくなる。対向車のライトを見ないように、視点を正面か、やや左にそらす。後続車のライトがドアミラーに反射してまぶしいときは、ミラーの角度を少しだけ変える。

対向車のライトやビルのライトを
じっと見ないようにする
後続車のライトがミラー
に当たってまぶしいときは少し下げる

存在をハイビームで知らせる

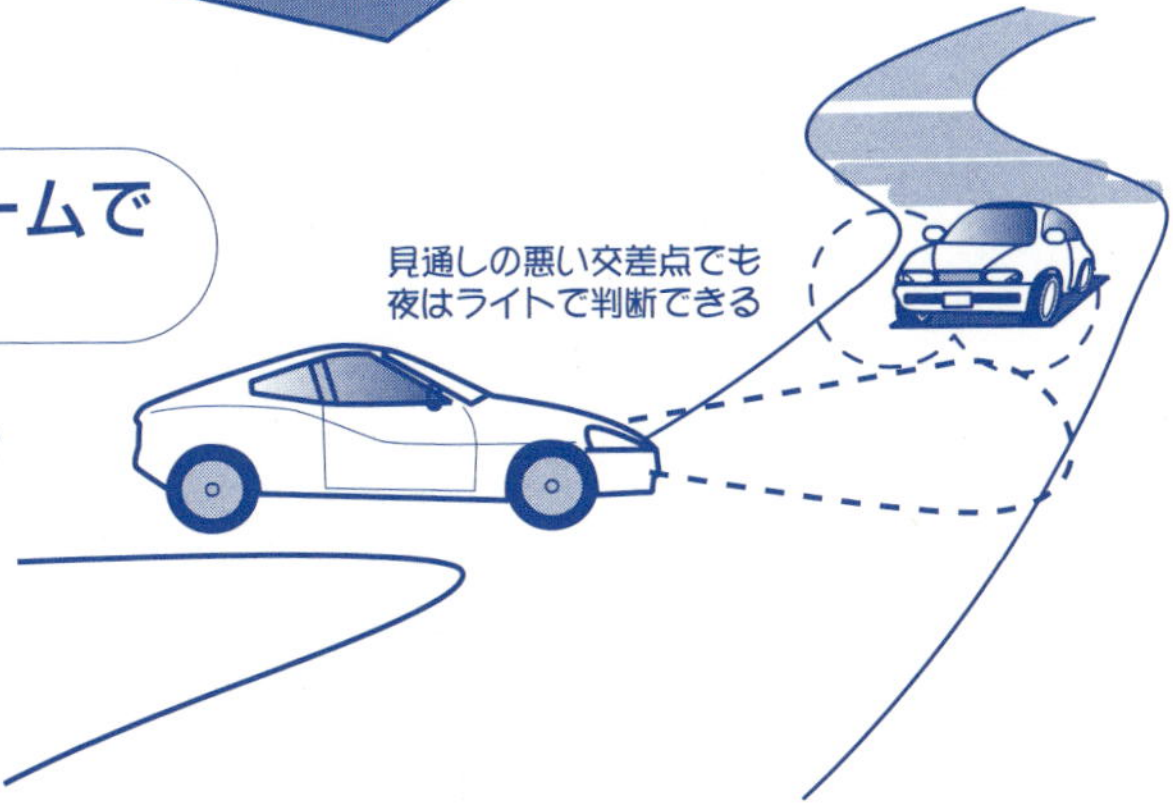
見通しの悪い交差点でも
夜はライトで判断できる

暗い道やカーブの多い場所では、ハイビームにすると遠くまで見ることができ、自車の存在も目立つ。ただし、対向車があるときには角度を下げること。ちなみにハイビームにするには、ライティングスイッチのレバー全体を向こう側に押す（手前に引くタイプもある）。

Q 雨の夜は、雨の昼間や晴天の夜とはどう違うのですか？

A センターラインさえも見えないことがあります

雨の夜の運転は、「雨の昼間」「雨の降っていない夜」などに比べても、危険性が増します。

ウインドウの雨粒で、対向車のライトが乱反射を起こすことは、前にも触れました。雨の夜は、この乱反射にもっとも注意しなければなりません。周囲のいろいろなものが見えにくくなってしまうし、これに、夜の「蒸発現象」（76ページ参照）が加わることで、歩行者を認識するのはますます困難になります。

対策としては、

①対向車のライトがまぶしいときは視点をそらす

②雨粒を減らすため、ワイパーのメンテナンスを怠らず、雨量に適した速度でワイパーを作動させる

といったことがあります。ただし、これで万全というわけではありません。

住宅地や商店街、横断歩道付近などでは、「歩行者や自転車がいるかもしれない」、と常に意識しながら運転することも大事です。

雨の夜には、センターラインや停止線などの、道路にペイントされた標示白線も見えにくくなります。停止線については、信号の位置や標識などから、ある程度推測するしかありません。

センターラインが見えないときは、前を行くクルマを目安にして後をついて走るのも手。もちろん、近づきすぎないように車間距離は十分にとります。そしてテールランプだけを見ず、他にも注意を払います。これは、霧がかかったときなど、見通しの悪いときの運転に共通します。

もっとも見えにくい状況

暗い交差点や三叉路は要注意。他のクルマや歩行者がいないかをしっかりと確認する。クルマの陰にいるバイクなども見えにくい。

前のクルマにつづく

センターラインが見えにくいので、前にクルマがいれば、ラインどりを参考にして、後をついて走るといい。

Q 降雪や積雪時にスリップしないか心配です……

A 準備不足のときは、運転をしないことが重要です

同じ日本国内でも、ドライバーが雪に慣れている地域と、少しの積雪で大騒ぎになる地域とがあります。当然ですが、後者の危険度のほうが高くなります。雪の日の事故原因には次のようなものがあります。

①降雪に対する準備不足
②降雪時の運転経験の不足（技術と知識）
③雪の怖さに対する認識不足と装備への過信

①の準備に関しては、必ずスタッドレスタイヤに交換するかタイヤチェーンを装着します。通常のタイヤのままでは、ブレーキをかけたときにタイヤが横滑りしたり、坂道を上れず立ち往生するような事態を起こしかねません。

②については、実際の経験から得る技術が大切ですが、知識としては左ページを参考にしてください。

そして、この中でもっとも問題なのが③です。準備も経験も不足しているのに、その怖さを知らないばかりに雪道を平気で運転してしまう……これがもっとも危険なのです。雪道は、未経験者の想像以上に簡単に滑ります。

また、雪に強いといわれている４ＷＤ車やＡＢＳ搭載車の事故率がかなり高いという事実からも、装備を過信することの危険性がわかるはずです。

準備ができていないのに雪が降った場合は、別の交通手段に変更しましょう。外出先で降りはじめたのであれば、どこかの駐車場にクルマを預けて帰る、という選択肢もあります。後日クルマを取りに行くのは確かにめんどうですが、事故を起こすことに比べれば、望ましい選択です。

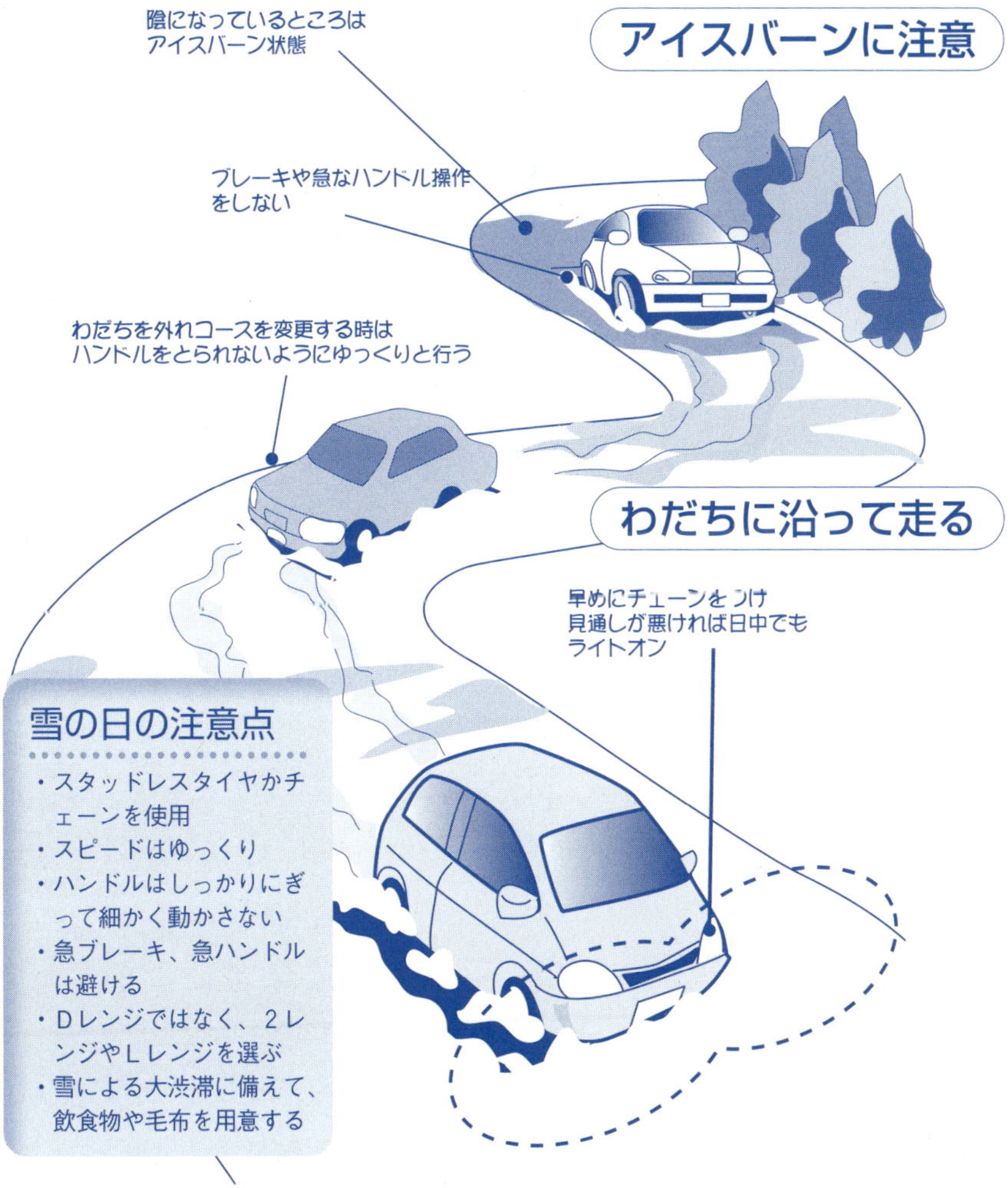
アイスバーンに注意
陰になっているところは
アイスバーン状態
ブレーキや急なハンドル操作
をしない
わだちを外れコースを変更する時は
ハンドルをとられないようにゆっくりと行う
わだちに沿って走る
早めにチェーンをつけ
見通しが悪ければ日中でも
ライトオン

雪の日の注意点

- スタッドレスタイヤかチェーンを使用
- スピードはゆっくり
- ハンドルはしっかりにぎって細かく動かさない
- 急ブレーキ、急ハンドルは避ける
- Dレンジではなく、2レンジやLレンジを選ぶ
- 雪による大渋滞に備えて、飲食物や毛布を用意する

雪の日のタイヤ

チェーン

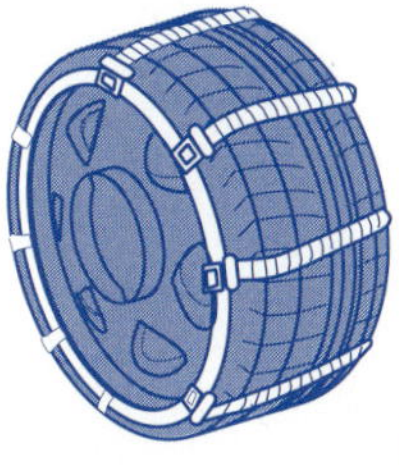

金属製とゴム製がある。トランクに1セットあれば安心。雪がない道には不適なので毎回の着脱がめんどうだが、たまにスキーに行く程度の人や、急な降雪時に便利。

スタッドレスタイヤ

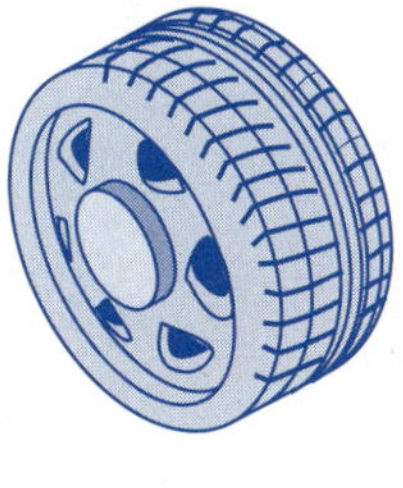

スパイクタイヤが粉塵の原因となるので禁止された後、冬季用タイヤの主流に。通常の道でも走行可能で、冬のあいだは装着したままにするのも可。

※タイヤの種類や、タイヤ交換時のジャッキの使い方については、172～174ページ参照。

Q 霧が出ているとき周囲が見えなくて怖いです

A 前のクルマについてゆっくり走ります

山道を走っていると、突然霧が出ることがあります。濃い霧は視界を極端に妨げ、ヘッドライトをつけても見えるわけではないので、かなりやっかいです。

霧の中で運転するときは、

①ヘッドライトを点灯し、ロービームにする
②徐行する
③前のクルマについて走る
④晴れるまで待つ

といった対策が考えられます。

①のヘッドライトは、点灯してもはっきり見えるわけではなく、むしろ自車の存在を知らせるためにつけます。「遠くが見えなくて怖いから」とハイビームにする人がいますが、これではよけいに見えなくなります。必ずロービームにしましょう。フォグランプのある車種なら、それも同時に点灯させます。

②の徐行は、センターラインを目安にして、焦らずゆっくり走ります。後続車が気になるなら、道を譲って先に行ってもらいます。

③は、前にクルマが走っている場合です。前車のテールランプを見ながら、ゆっくりと後についていけばいいでしょう。ただし注視しすぎるのは危険ですし、前車がミスをする可能性もあるので、信用しすぎないように。

そして、もっとも大事なのが④の「待つ」。待避できるような安全な場所があれば、そこにクルマを止めて霧が晴れるのを待てばいいのです。急いでいるときもあるかもしれませんが、こんなときに焦っては、それこそ事故のもとです。慎重な運転を心がけましょう。

山から降りてきたクルマに注目

これから山道に入るなら、山から降りてくるクルマのライトを見て、霧が出ているかどうか判断。晴れるまで待ったり、迂回路があれば、山道を通らないという選択肢もある。

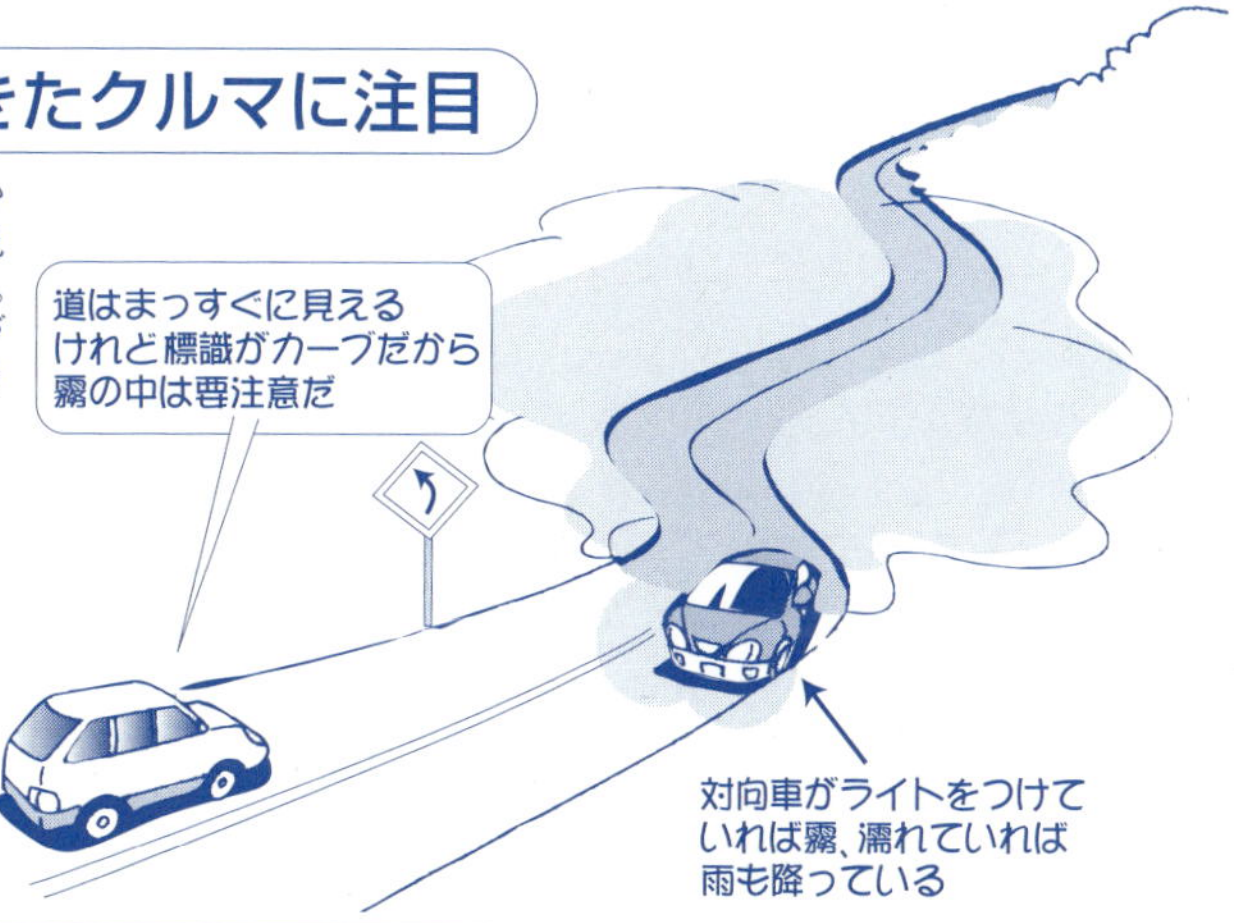
道はまっすぐに見える
けれど標識がカーブだから
霧の中は要注意だ
対向車がライトをつけて
いれば霧、濡れていれば
雨も降っている

前のクルマについて走る

前のクルマのテールランプを目安にして走る。車間距離をしっかりとって、センターラインからも目を離さない。

ヘッドライトはローにする

ヘッドライトの点灯は必須だが、ハイビームにはしないこと。自分も見えにくく対向車も迷惑をする。

霧が晴れるまで待つ

P

センターラインも見えないほどの濃い霧で、怖いと思ったら、霧が晴れるまで待つ。追突されない場所を選ぶこと。

Q 山道など、カーブの上手な曲がり方を教えてください

A 外側から入って、内側から出るのが基本です

山道の運転が難しいのは、

①カーブの多い、細い道を走ること
②上りのときのシフトの選択
③下りのときのシフトの選択とブレーキ操作

といった要素が原因です。

山道は①に挙げたように、細くて急なカーブを数多くこなさなければなりません。カーブの手前でしっかりと減速します。カーブの途中でブレーキを踏むと、スリップしやすいうえ、後続車にも迷惑がかかります。

そして、カーブの後半にアクセルを踏みはじめます。これは山道にかぎらず、カーブを走るときは共通です。

またカーブでは、対向車がはみ出してくる可能性も考慮しなければなりません。特に左折のカーブでは対向車に注意します。

②については、ＡＴ車ならＤレンジにしておけば、クルマ側で勝手に選択してくれます。ただし、上り坂の勾配が激しいときなどには、２レンジなどにしておくと、突然のクルマ側のギアチェンジでクルマがガクンとなることが避けられます。

そしてもっとも重要なのが③。下りの場合、フットブレーキを多用すると、ブレーキが効かなくなります（※）。これを避けるには、エンジンブレーキを使用しなければなりません。エンジンブレーキとは、アクセルをゆるめることで自然に減速される状態のこと。ギアを低速側にするほどブレーキの効きがよくなります。長い下り坂では、２レンジやＬレンジを選び、フットブレーキの使用は最小限にします。

※フットブレーキを長時間使用すると、危険な現象が起きる。ブレーキパッドなどの加熱により効きが悪くなるのが「フェード現象」。ブレーキオイルの中に気泡が発生し、この泡がブレーキペダルからの圧力を吸収するために、効きが悪くなるのが「ベーパーロック現象」。

カーブでは、アウトイン、インアウト

カーブではラインどりも重要で、よく「アウトイン、インアウト」といわれる。これは「カーブの外側からカーブに入り、カーブの内側からカーブを出る」ということ。このラインが、カーブをスムーズに曲がるコツ。

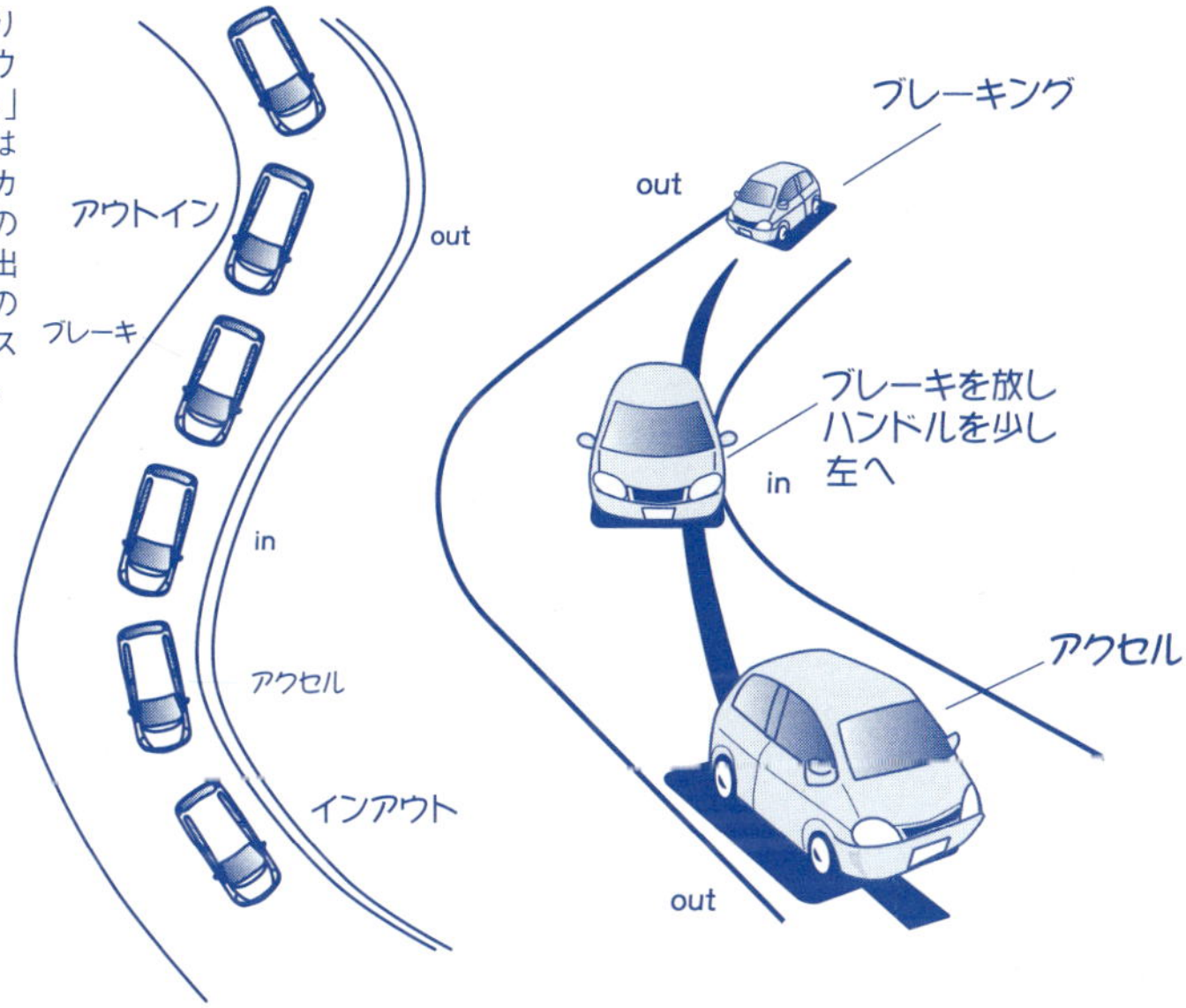

狭い道では対向車にも注意

トラックはセンターラインを越えることもあるから、すれ違うことがカーブの手前でわかれば、その場で待つことも考えよう。また、対向1車線しかないような坂道では、上りの側が優先。しかし、自分の側に待避場所があれば、対向車が見えた時点で待つほうがいい。

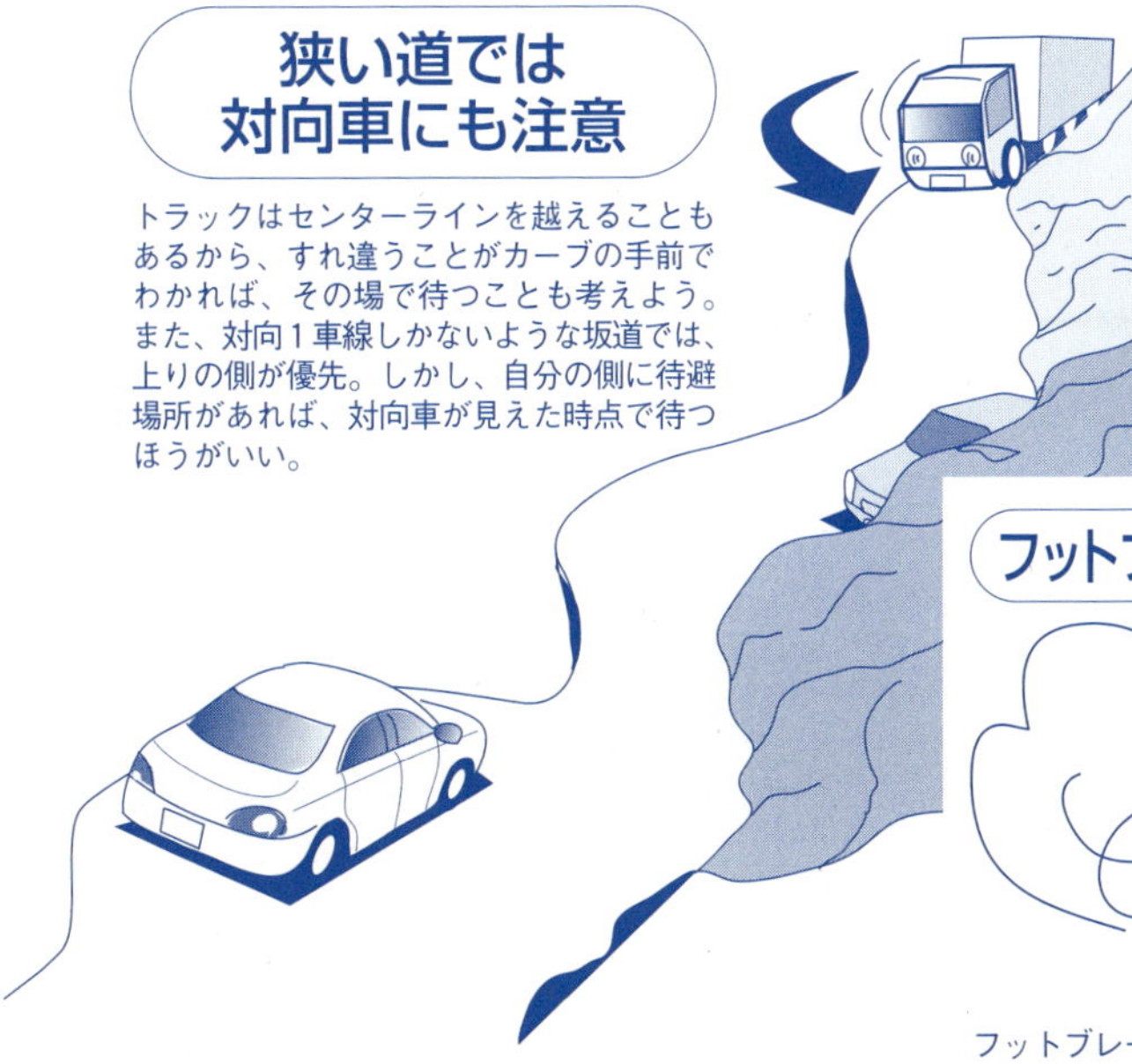

フットブレーキを多用しない

フットブレーキを多用するようなら、低速ギアに。シフトダウンの目安は、「直線の下り坂なのにポンピングブレーキが必要」な場合。カーブの直前でブレーキを踏む程度なら大丈夫。

左ハンドル車はカッコいい？　それとも不便？

●料金所や自動発券機では不便

届かないかな~

高速道路の料金所や、自動発券機、各種ドライブスルーは、右ハンドル車を対象にしているので、支払い時に手が届かないなど、不便なことが多い。

●右側の確認が難しい

う~ん
追い越したいけど
先がよく見えない

追い越しなどで車線変更をする場合、前にクルマがいると、右前方がかなり見えづらい。その代わり左側はよく見えるので、縦列駐車は楽だ。

左ハンドル車の運転は、右ハンドル車と同じ感覚ではできません。まずクルマの機器で大きく違うのは、ウインカーとライトのスイッチレバーが逆になっていること、シフトレバーやサイドブレーキが右側にあることなど（アクセルとブレーキは同じ）。

見え方でいえば、左側の確認がしやすくなるいっぽう、右側が見えにくくなります。壁ギリギリに止めたときは、運転席側（左側）からの乗降車ができなくなります。

第3章

実践 ドライブに出かけよう

運転がうまくなるには、クルマに慣れるのがいちばんです。
まずは家の近所からはじめて、徐々に遠出をしてみます。
地図を調べたり、あるいは自転車であらかじめ走ったりして、
実際にドライブしたときにまごつかないよう、
準備をしておくのも手です。

Lesson 1 家の近くの道路で練習する

誰でも、はじめてひとりで運転するのは不安なものです。最初は家の近所を走ってみましょう。よく利用する施設を含んだ練習コースをつくり、できれば１日１回走ります。右折よりも左折のほうが楽なので、可能ならば左回りのコースで。事前に徒歩か自転車で回り、「ここは一時停止」「ここは早めに右車線に寄ったほうがいい」といったメモをつくって、イメージトレーニングをしておくのもよいでしょう。

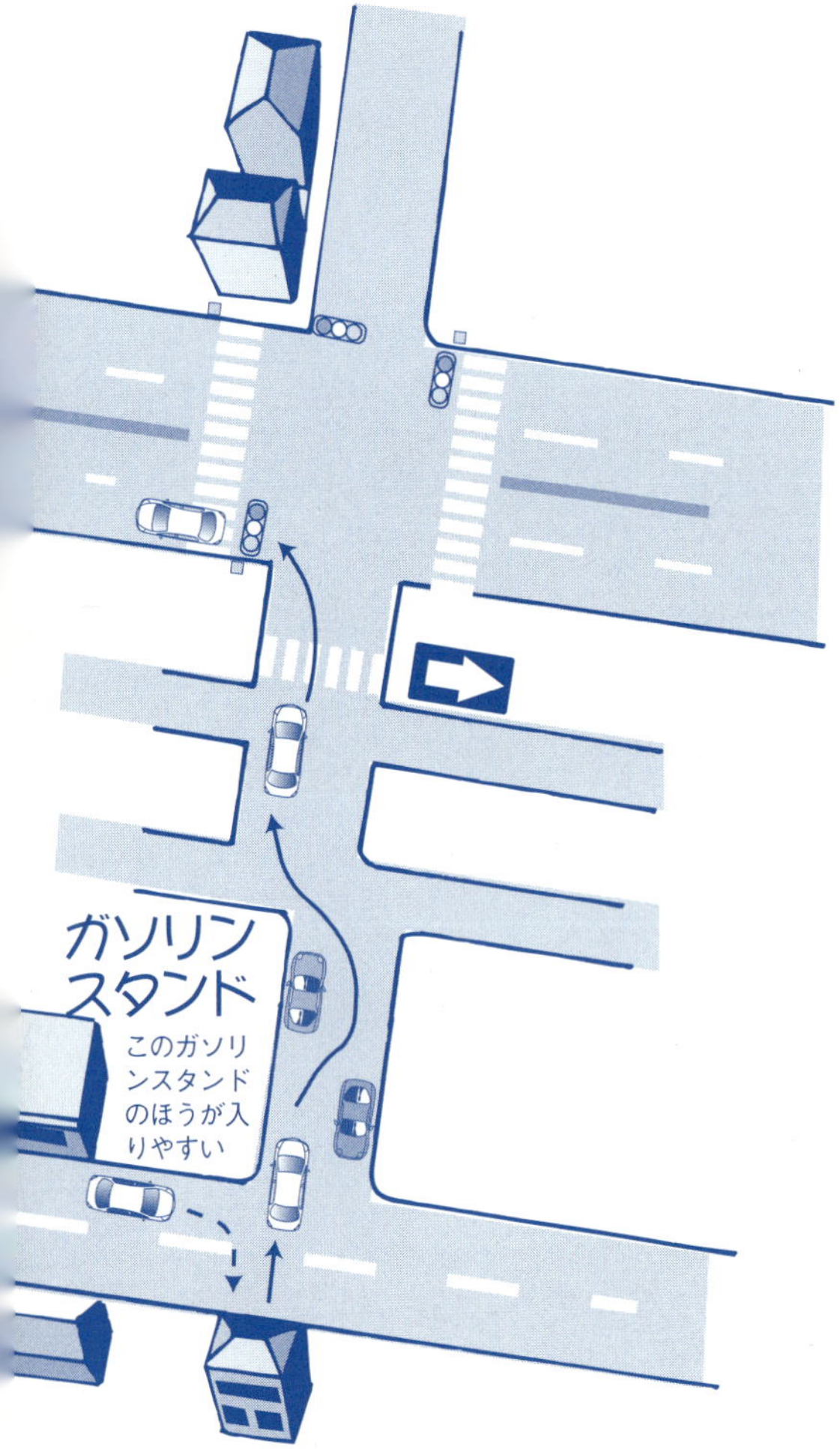
ガソリンスタンド
このガソリンスタンドのほうが入りやすい

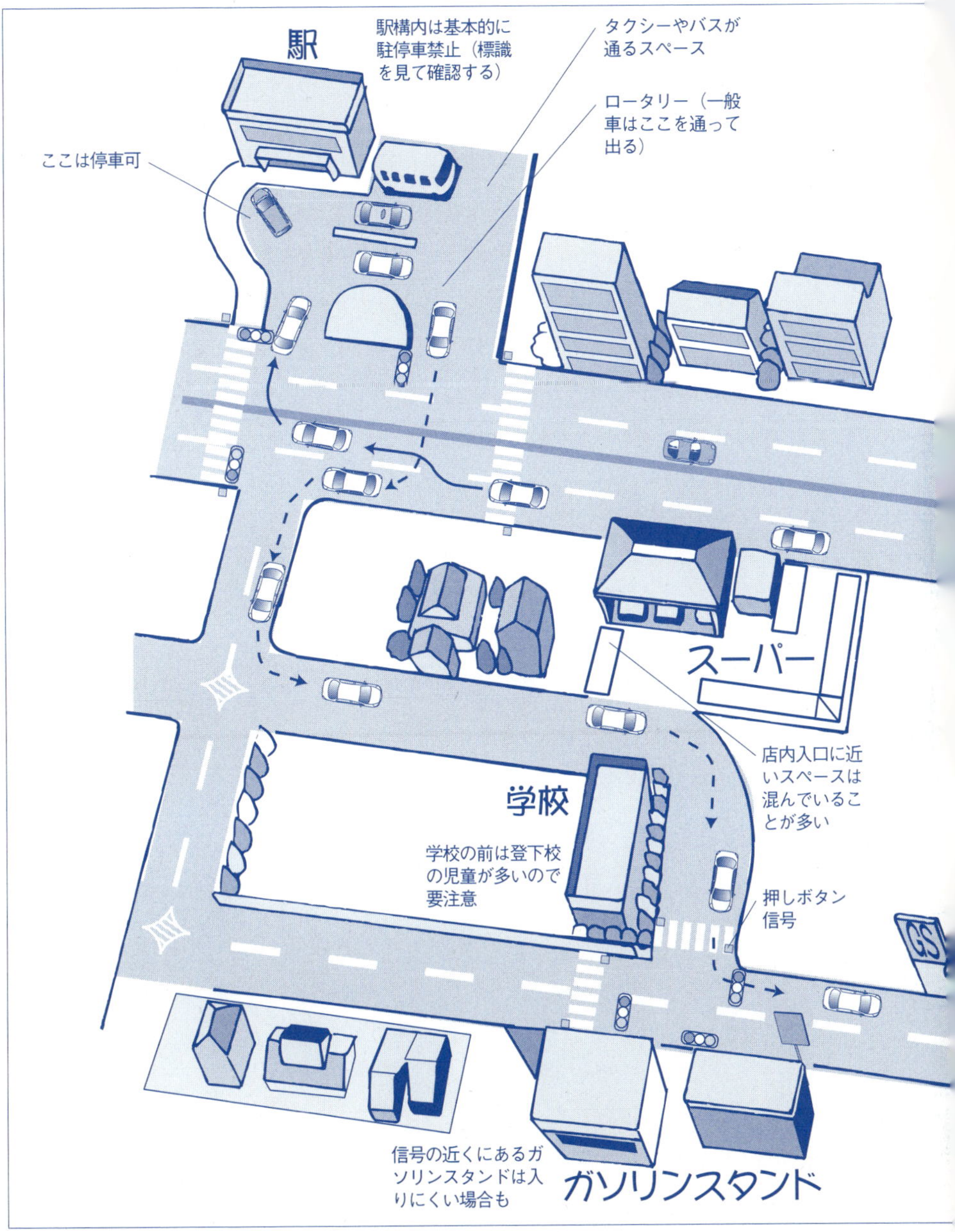
駅
駅構内は基本的に駐停車禁止（標識を見て確認する）
タクシーやバスが通るスペース
ロータリー（一般車はここを通って出る）
ここは停車可
スーパー
店内入口に近いスペースは混んでいることが多い
学校
学校の前は登下校の児童が多いので要注意
押しボタン信号
GS
信号の近くにあるガソリンスタンドは入りにくい場合も
ガソリンスタンド

Lesson 2 下調べをして遠出してみよう

家の周囲に慣れたら少しずつ行動半径を広げ、遠出もしてみましょう。高速道路を利用するようなときは、道路地図などを見ながらルートを考え、ポイントになりそうなところを書き出しておくと安心です。

「高速道路の出入口名」「右左折する交差点名」「目印になりそうな施設名」「一方通行」などを中心に、簡単なメモをつくっておきます。ただし、運転中はメモに気をとられて前方不注意にならないように。

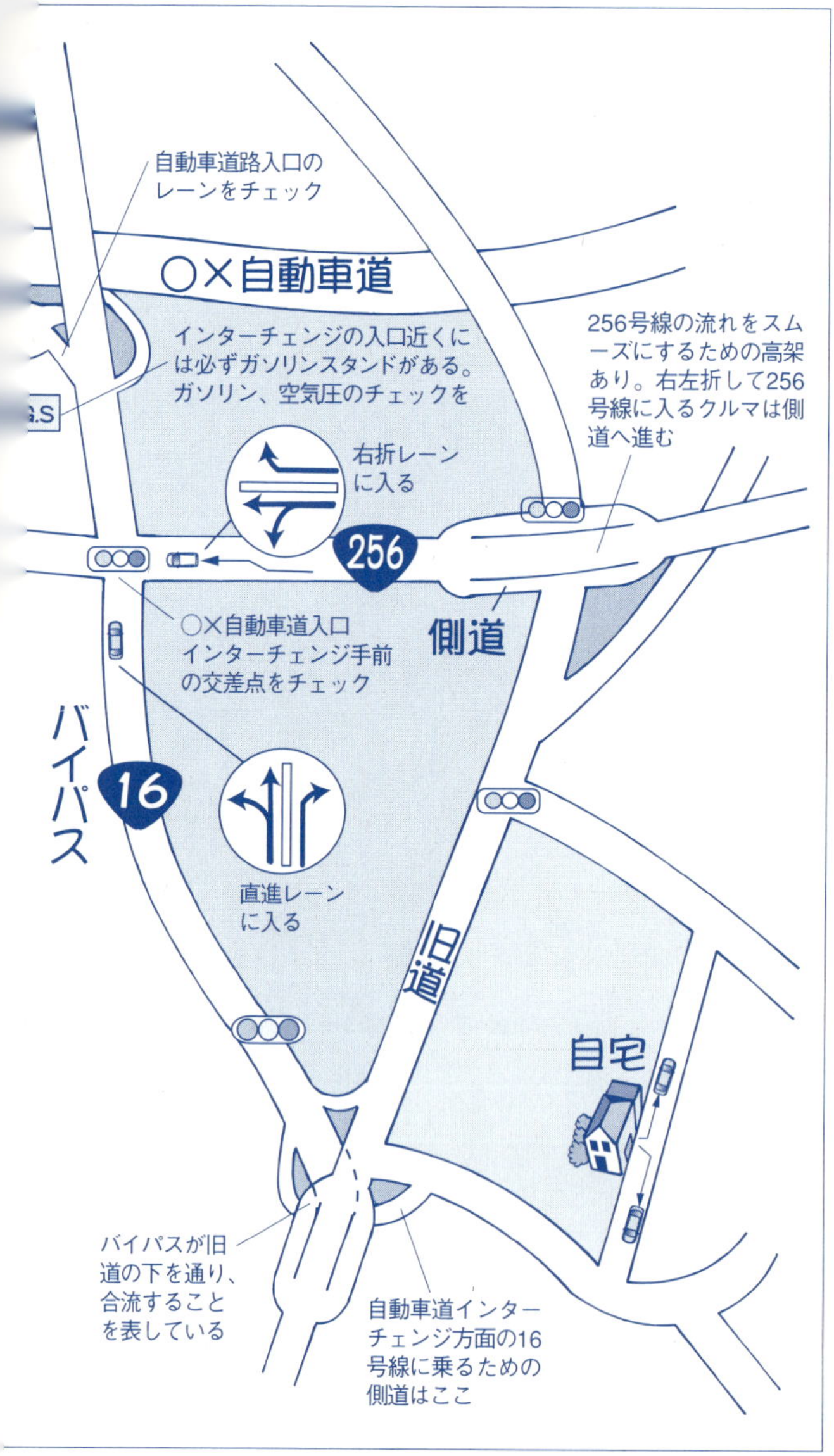
自動車道路入口の
レーンをチェック
○×自動車道
インターチェンジの入口近くに
は必ずガソリンスタンドがある。
ガソリン、空気圧のチェックを
256号線の流れをスム
ーズにするための高架
あり。右左折して256
号線に入るクルマは側
道へ進む
右折レーン
に入る
256
側道
○×自動車道入口
インターチェンジ手前
の交差点をチェック
バイパス
16
直進レーン
に入る
旧道
自宅
バイパスが旧
道の下を通り、
合流すること
を表している
自動車道インター
チェンジ方面の16
号線に乗るための
側道はここ

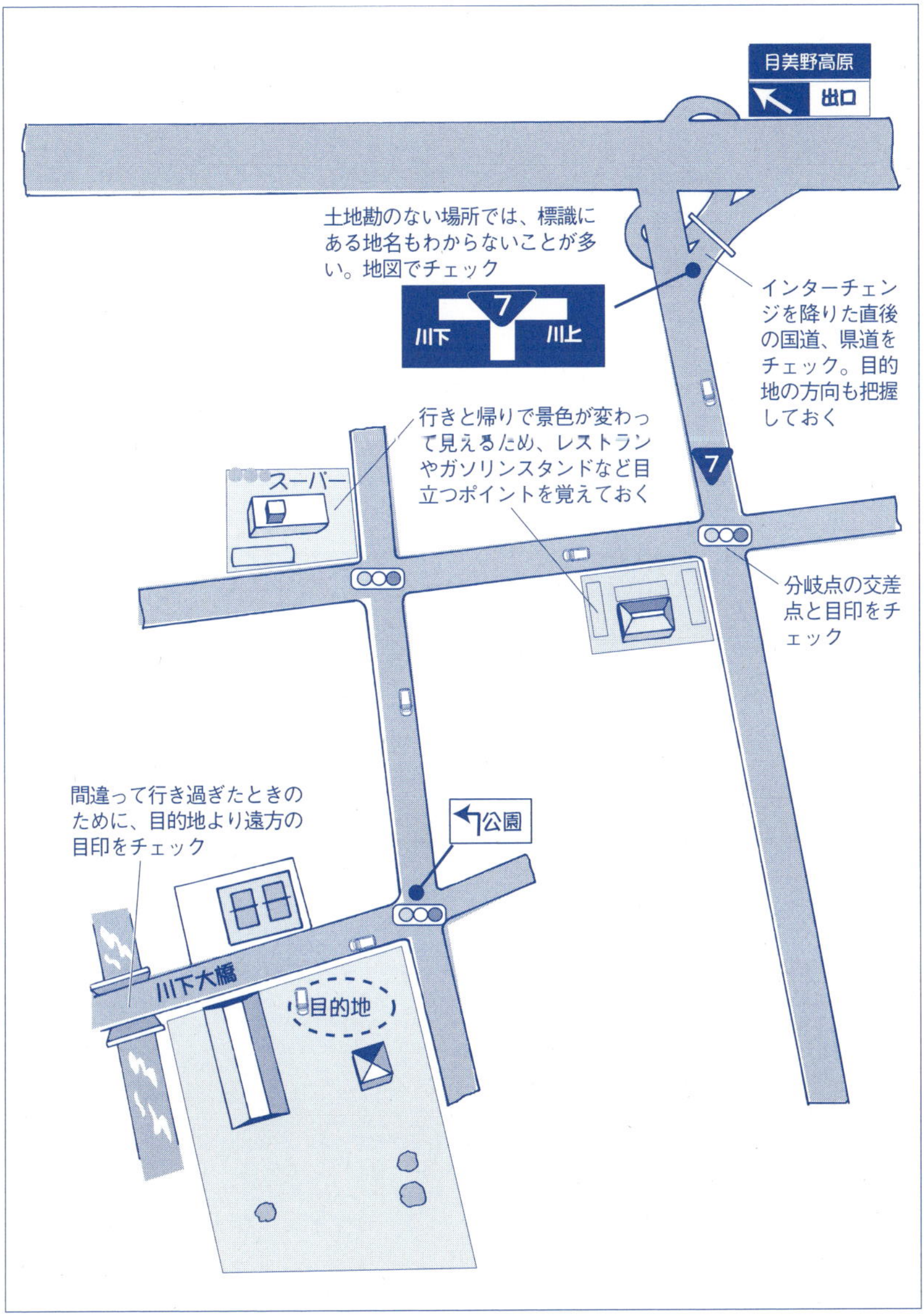
月美野高原
出口
土地勘のない場所では、標識にある地名もわからないことが多い。地図でチェック
7
川下
川上
インターチェンジを降りた直後の国道、県道をチェック。目的地の方向も把握しておく
行きと帰りで景色が変わって見えるため、レストランやガソリンスタンドなど目立つポイントを覚えておく
スーパー
7
分岐点の交差点と目印をチェック
間違って行き過ぎたときのために、目的地より遠方の目印をチェック
公園
川下大橋
目的地

Lesson 3 地図から情報を読みとる

地図から3次元風景を想像する

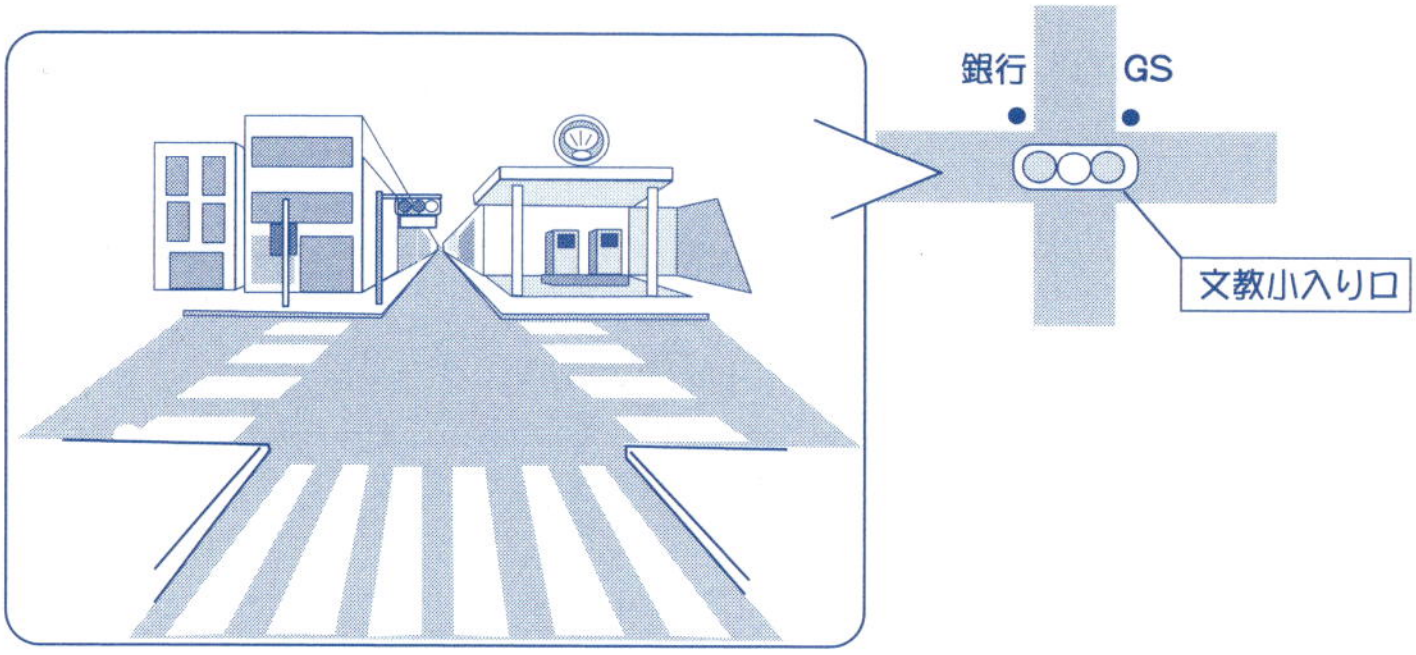

たとえば交差点の地図。四隅の建物名を見て、実際にクルマで近づくと、どんなふうに見えるのかを想像してみる。

住宅地で迷ったときは住所をチェック

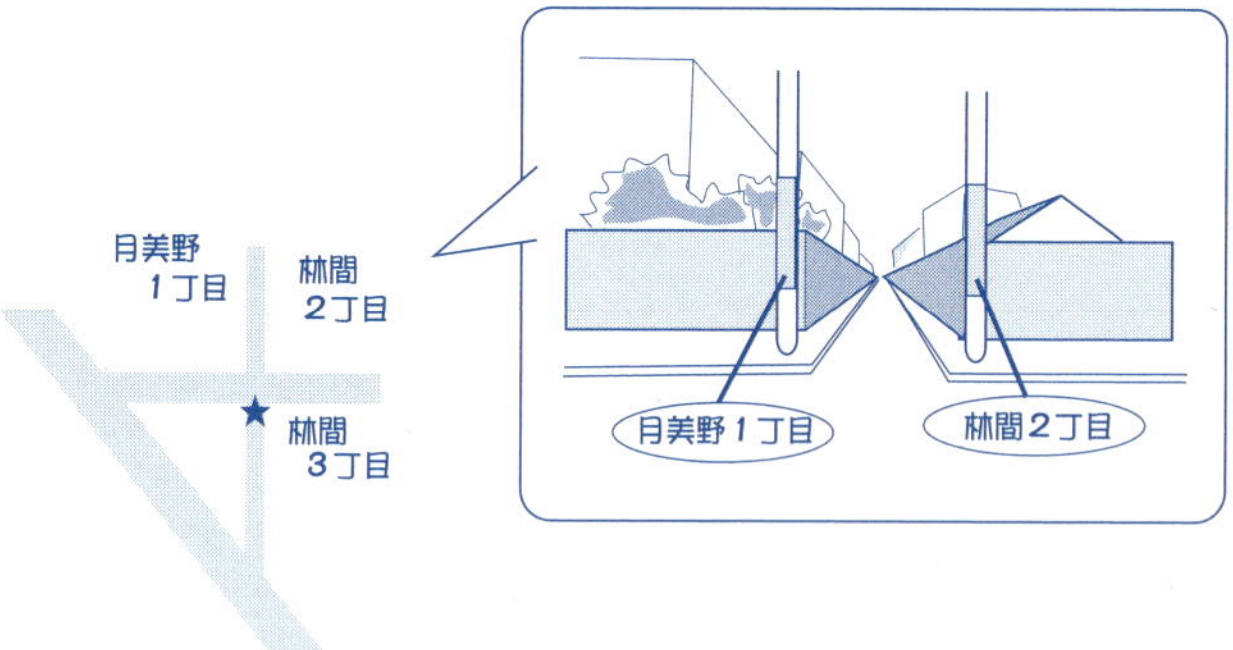

迷ったときは、ランドマークの発見がとても重要。住宅地なら、住所や番地を頼りにすれば、地図上の現在位置がわかるはず。

地図を読むのが苦手な人は、まず、2次元地図を見て、3次元風景をイメージする練習をしてみましょう。

さらに、自分が走っている道が、地図上のどの地点なのかを追いつづける練習をします。これは助手席に乗ったときなどに、ランドマークと自分の位置関係を見て、「○○が右手に見えて次に△△交差点があるからこの道で合っている」といったことをチェックするのです。地図を読む練習をしておけば、道に迷ったときにも役立ちます。

目印になる建物名や施設名を読みとる

都心部から少し離れるとランドマークが減ってしまうが、川や橋や公園の名前、交差点名など、目印になるものは少なくない。

道路の形状を読みとる

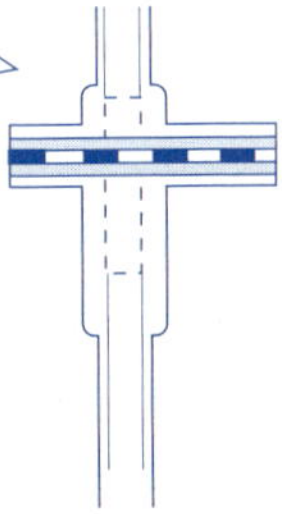

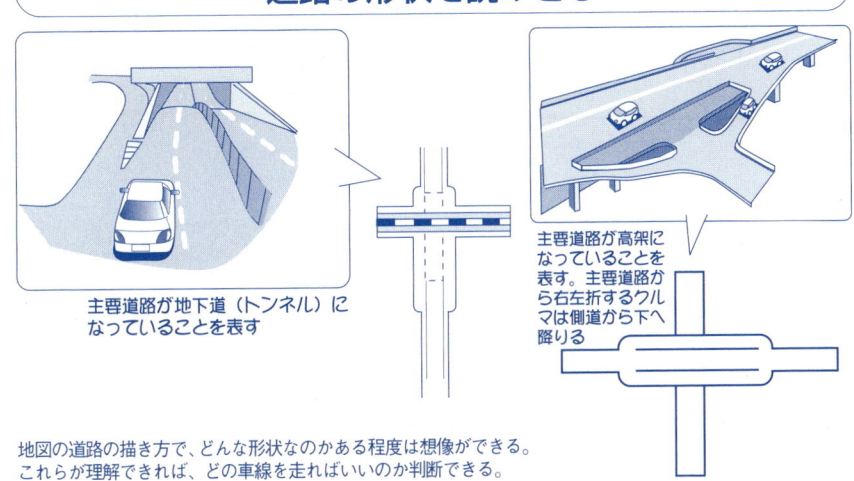

主要道路が地下道（トンネル）になっていることを表す

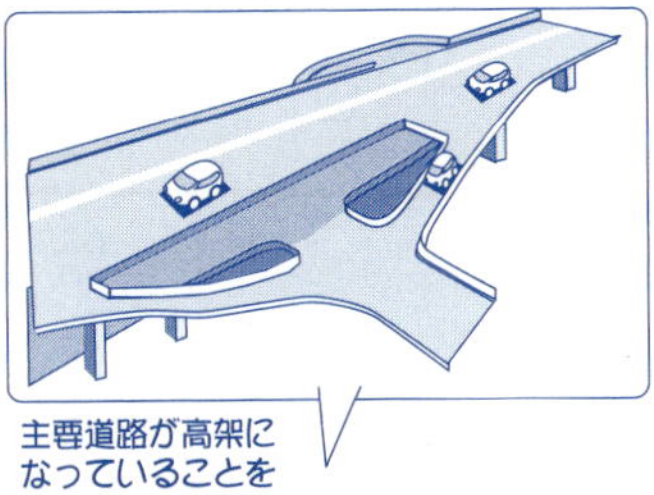

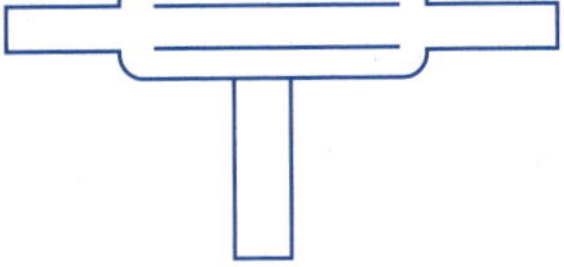

主要道路が高架になっていることを表す。主要道路から右左折するクルマは側道から下へ降りる

地図の道路の描き方で、どんな形状なのかある程度は想像ができる。これらが理解できれば、どの車線を走ればいいのか判断できる。

カーナビはここまで進化

最近のカーナビは驚くほど高機能で親切なので、地図を読むのに苦労している人には強い味方になってくれます。メカが苦手で敬遠している人もいるかもしれませんが、操作はかなりやさしいので心配無用です。

カーナビは現在、急激に進化中で、「道を探して案内する」という基本機能については、入力が簡単になり、表示がよりわかりやすくなっています。音声による進路変更の指示が可能な機種もあります。

基本以外のオプション機能も充実していて、運転関連では、渋滞情報をいち早くキャッチして迂回路を示したり、ＥＴＣシステムと連動してＥＴＣ専用レーンを案内したり、料金表を表示したりといった機能もあります。また、運転中の映像や音声を記録するドライブレコーダーを内蔵している機種もあり、万一のときにトラブルを回避できる場合もあります。

きれいなわかりやすい画面

検索

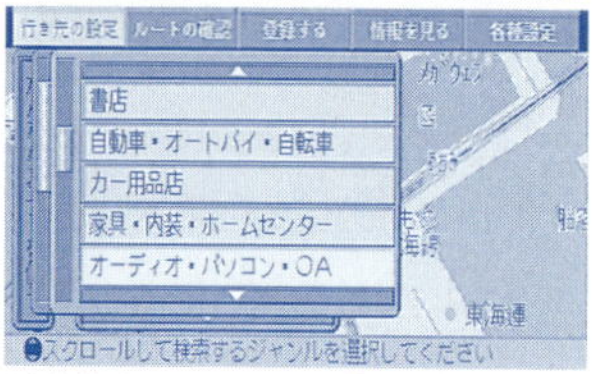

地名検索だけでなく、「駐車場」「映画館」といった施設名検索なども可能。指定された道を外れても、すぐにリルートによってルートを探し直す。

分岐指示

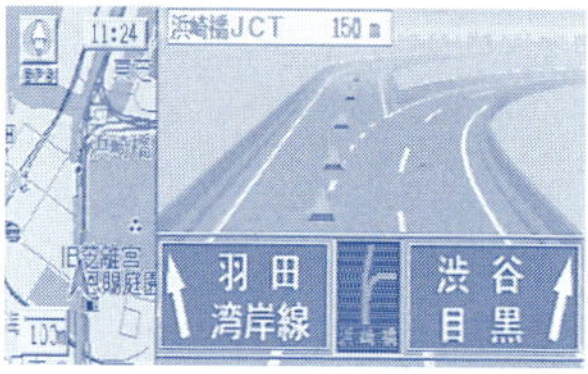

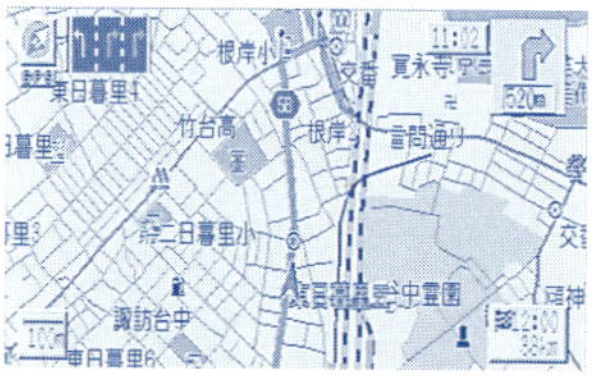

一般道の分岐や高速の出入口などがわかりやすく表示される。現実の標識に似たイメージが立体的に表示されるので、わかりやすい。

多彩な表示

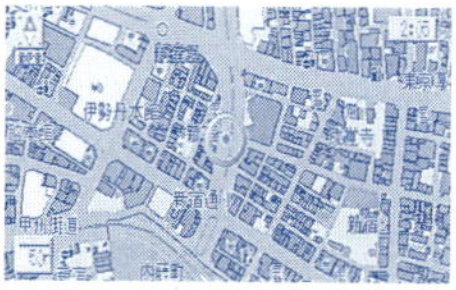

詳細な2次元地図だけでなく、建物の形がリアルに表示される3D表示や、鳥瞰図などへの表示切り替えが簡単にできる。

※表示の方法は、機種によって異なる。ここで紹介した機能のない機種もある。
※記載した価格は2018年5月現在の主要製品の平均的な価格帯。この価格で販売されていることを保障するものではない。

カーナビの主な種類と特徴

	取り付け式カーナビ	PND（パーソナル・ナビゲーション・デバイス）
特徴	・取り付け工事によって装着。 ・埋め込みタイプ（2DIN）、インダッシュタイプ（1DIN）。 ・モニターは大型。 ・ハイエンドモデルは、DVD再生等のAV機器が充実。圧縮ファイルも利用可能。 ・バックギアに入れたときに、バックカメラの映像をモニターに映せる機種も多い。 ・一部、パソコン連携のできない機種もある。	・吸盤スタンド等で、ダッシュボード上に簡単に取り付け可能。 ・ポータブルタイプで、取り外して歩行時に使用することも可能。 ・モニターは小振りなタイプが多い。 ・渋滞情報が得られない機種もある。 ・音楽や動画の再生は、MP3やMPEG-4などの圧縮ファイルを利用。 ・メモリカードやUSBケーブルで、パソコンで検索した情報を簡単に設定できる。
地図データメディア	メモリ（フラッシュメモリ、SDカード等）、SSD	
価格（実勢価格）	4万円～25万円ぐらい	1万円～10万円ぐらい
地図データの更新	大多数の製品は、メモリカードやUSBケーブルで更新可能。	

カーナビのメリット

①自走ルートを記録

助手席の人に教えてもらいながら走り、そのルートを記録できる。次回はそれを簡単に呼び出せる。

②24時間態勢で現在位置を通報可能

緊急時には、24時間態勢で自分の場所を警察やロードサービスに通報できる（オプション機能）。

③クルマの現在位置を通報

現在位置通報機能があるので、もしも盗難にあっても、クルマの場所がわかる（オプション機能）。

④仲間のクルマの位置を表示

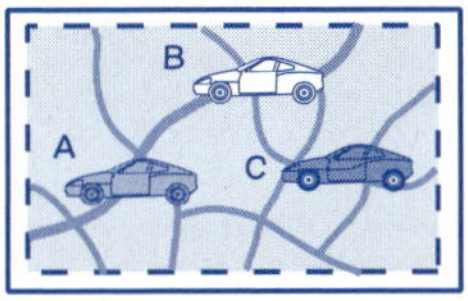

携帯電話を利用して、仲間のクルマをカーナビ画面に表示することができる（オプション機能）。

あえて挙げるカーナビのデメリット

不要な機能も多すぎる。中にはおせっかいと思える機能もあり、少しうんざりすることも。

カーナビが高価であるため、車上荒らしの標的になりやすい。カバーをかける程度では防げないことも。

カーナビを利用することで、バッテリー消費が激しくなる。明るい液晶画面は大量の電力が必要。

※走行中の「カーナビ注視」は道路交通法で禁止されているので注意が必要だ。

「ちょっと見て」といわれたら何を見る？

①ギリギリまでバックしたいとき

バックして後方の障害物ギリギリで止めたいときなど。30〜50センチくらいのところでストップ指示を出す。ドライバーには声が聞こえにくいので、車体を手で軽く叩くといい。クルマの進行方向の延長線上には、絶対に立たないこと。アクセルワークを間違えると大きな事故につながる(※)。

バックするからちょっと見て
何を？

ストップ

②他のクルマが心配なとき

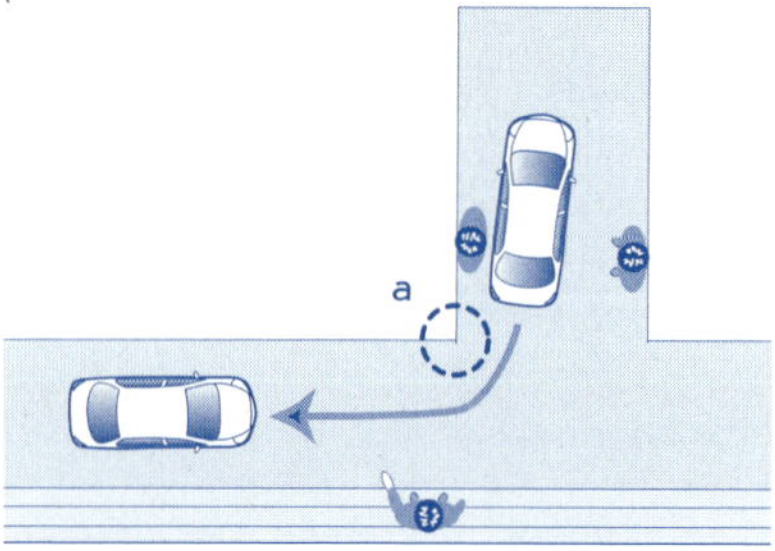
a

バックで出るときは誘導者は立ち位置に注意。ドライバーから見えにくく、事故が起きやすい。公道からクルマが来ないかをチェック。

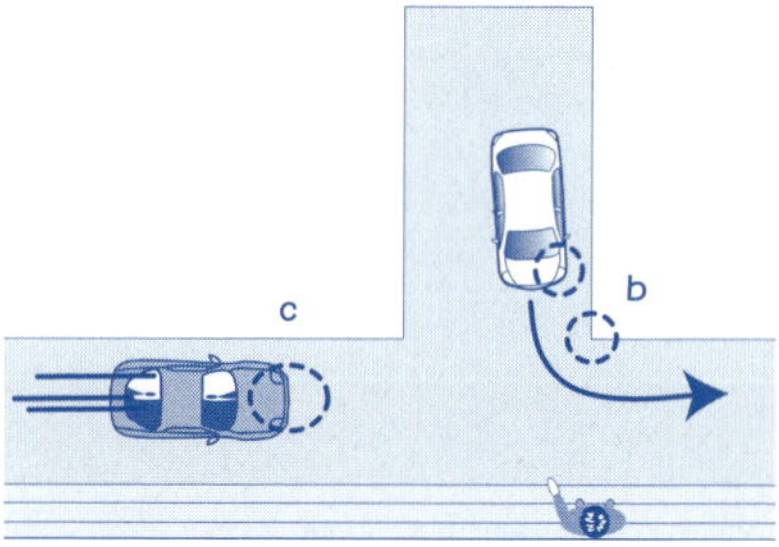
c
b

前進で出るクルマから「見ておいて」といわれたら、「クルマが角にぶつからないか」「公道に出るまでに他車が来ないか」などをチェック。

　他の人が運転をしていて、バックするときに「外でちょっと見て」といわれ、何を見るのかわからず困ったことはありませんか？　まず考えられるのは、バックでギリギリまで寄せたいとき。さらに公道に出ようとしているなら、他車が来ていないかの確認を頼まれているのでしょう。

　どちらの場合も、誘導者の立つ位置は大事です。自分が誰かに誘導を頼むときも、そこまで注意を払いましょう。

※私道での事故は統計上の交通事故数には現れないが、誘導中の家族にぶつける事故が多く報告されている。

第4章

施設の利用法を知りたい!

クルマを運転していると、
ガソリンスタンドや駐車場など、
いろいろな施設を利用することになります。
最近はセルフ式のところもあって、何をどうするのか、
戸惑ってしまうことも……。
ここでは代表的な施設の利用法について解説します。

Q ガソリンスタンドではどんなことを聞かれるのですか？

A 給油口が右か左かだけは、事前に覚えておきましょう

「はじめてひとりでガソリンスタンドに入るときに、とても緊張した」という人は少なくありません。「どんなことを聞かれるかわからない」というのが、その理由のようです。

　ガソリンスタンドでは、まず、給油するガソリンの種類と量を伝えます。ガソリンの種類は、たいていレギュラーかハイオクになるので、それを指定します（１１４ページ参照）。量は、満タンか量指定かのいずれかです。「レギュラー、満タン」「ハイオク、20リッター」などと頼みます。支払いはたいていクレジットカードが使えるので、現金かカードか都合のいいほうで払います。

　普通は灰皿のゴミを捨ててくれたり、窓を拭いてくれたりのサービスもありますが、この他に、店員からいろいろとすすめられることがあります。必要なものもあれば、やや押し売り的なものも……。「燃料タンク内の水抜き剤」「ラジエータの錆取り剤」「オイル添加剤」などは、入れないとすぐにクルマの調子が悪くなったり事故につながるわけではないので、はじめての店で焦って入れる必要はありません。

　また、タイヤの空気圧はときどき調べてもらって、抜けているようなら適正にしてもらいましょう。これは放っておくと事故につながることもあります。

　オイルの交換は走行距離５０００キロくらいが目安といわれていましたが、最近はもっと距離の長い車種もあります。自車のマニュアルを参照して、その記載に従ってください。限度を超えて交換しないままにすると、エンジン内部が汚れてしまいます。

運転席の近くに給油口オープナーがある。これがそのマーク。また、ガソリンメーターの給油機の絵の三角マーク側に給油口がある。

給油口は右？左？

ガソリンスタンドに入る前に

・給油口の方向の確認
・給油口オープナーのボタン位置の確認

タンクの位置に停止したら

・Pモードに入れる
・サイドブレーキを引く
・エンジンを停止する
・給油口を開ける

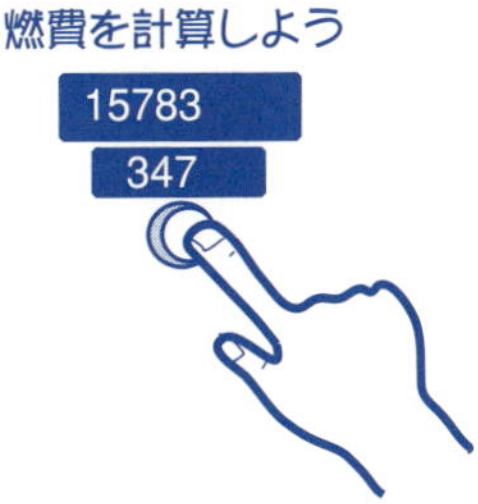
燃費を計算しよう
15783
347

ガソリンを入れ終えたら

・トリップメーターを0にする
（141ページ参照）

サービスを受けるときは、有料か無料か、有料ならいくらなのか、といったことを先に確認してから。よくわからないメンテナンスは受けないほうがいい。家の近所の店を見つけて会員になり、店員と仲良くなっておくのがおすすめ。

空気圧が減っていますね
入れておきましょうか？

Q セルフ式のガソリンスタンドは、給油量など使い方がわからず不安です

A 適量になると自動的に止まるので心配いりません

アメリカでは一般的なセルフ式のガソリンスタンドですが、日本国内で認可されたのは１９９８年です。一般の給油に比べると、1リットル当たり2〜3円程度は安く販売されているので、機会があれば使ってみてください。機械の種類によって手順が多少異なりますが、基本的には、左ページのような流れになります。

また、スタンド内での火気厳禁は当然ですが、以下の点にも気をつけてください。

①静電気による引火事故が起きているので、事前にボディなどの金属に手を触れて放電させておく

②給油中に再び帯電しないように、終わるまで車内に戻らない

①については、金属製の給油キャップに触れることで、体に帯電していた静電気が自然に放電される工夫がされています。

しかし、キャップに触れる直前に揮発性のガソリンに引火した例も報告されていますから、念のために、事前にボディの金属などに触れるのがベストです。この放電のためにも、友人や家族ではなく、給油する本人がキャップを開けるようにします。

ガソリンの種類も間違えないように気をつけてください（１１４ページ参照）。給油ホースには種類が表示されていますが、もしも色分けされているなら、レギュラーが赤、ハイオクが黄、軽油が緑です。

「ガソリンをこぼしてしまうのでは？」という心配をする人もいるでしょうが、ノズルをきちんと給油口に差し込んでおけば、満タンになった時点で勝手にストッパーが働いて止まるため、その心配は無用です。

STEP 1　タンクに横づけする

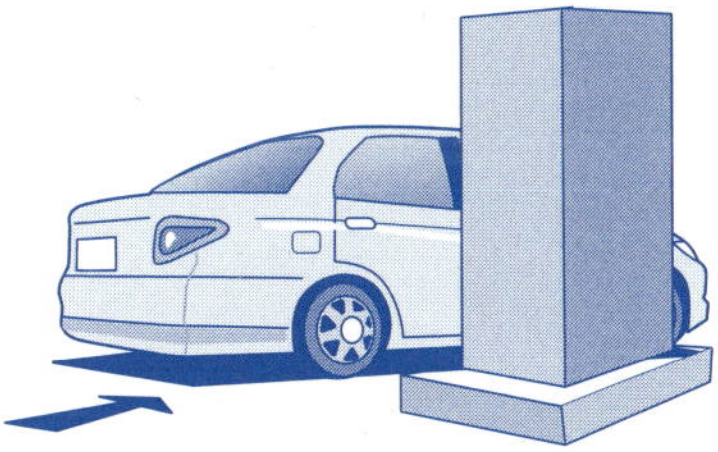

自車の給油口が左右どちらにあるか、事前にチェックしておく。給油口側をタンクに向け、横づけする。

STEP 2　パネルを操作して料金を払う

操作パネルに説明があるので、それに従う。たいていは、「ガソリン種類」「量」「支払い方法」を選ぶだけ。先払いシステムが多い。

STEP 3　給油口にノズルを差し込む

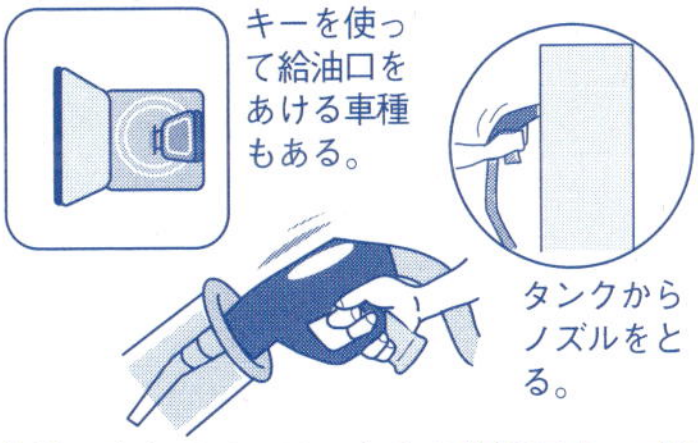
キーを使って給油口をあける車種もある。
タンクからノズルをとる。

給油口をあけるには、車内の給油口オープナーを押す。ノズルを差し込み、レバーを引いて待つ。適量になると自動的に給油が止まる仕組み。手動での継ぎ足しはしないこと。

STEP 4　止まったらノズルを戻す

カタカタ
カタカタ

給油が止まったらノズルを元の位置に戻す。給油口のキャップを閉め忘れないように気をつけること。パネルにレシートが出る。

STEP 5　つり銭や領収書を受け取る

おつりを受け取るときは、つり銭専用の精算機まで行き、レシートのバーコードを上にしてセンサーに当てる。給油の指示をする機械と別になっていることが多いので、注意する。

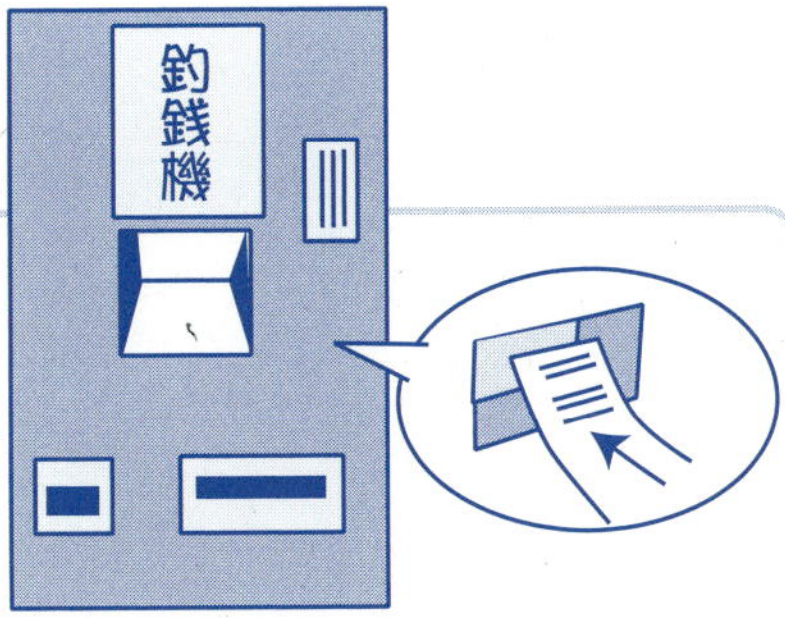
釣銭機

Q 外出して駐車場に入れるのが苦手です。

A 各タイプの長所と短所は？

入れやすいタイプを選び、ガソリンスタンドなども利用しましょう

クルマで外出すると、たいていは駐車場などに停めなければなりません。慣れればどうということもない駐車場ですが、最初はシステムもわからず、スムーズに入れるコツもわからないでしょう。

ここではまず、駐車場にどんなタイプがあるのか整理しておきましょう。形状やシステムで分類すると以下のようになります。

①平面の駐車場
②立体駐車場
③コインパーキング
④路肩にあるパーキングメーター式の駐車場
⑤タワーパーキング

①は、土地に余裕のある施設に併設されているものです。無人で有料の場合、チケット発券機のチケットを取ると入口の遮断機が上がり、精算すれば出口の遮断機が上がる、というシステムが一般的です。このタイプでは、クルマから降りることなく精算ができるように、停車位置だけに気をつけます。指定されたスペースに入れる方法は、34ページの車庫入れを参照してください。

②〜⑤については次ページから順次説明します。システムがわかれば特に難しくないものもありますが、技術的にやや難しいものもあります。慣れないうちは、選べる範囲で、できるだけ出し入れしやすいタイプを利用するといいでしょう。

特に都心部では、ちょっと出かけるだけでも駐車場の心配をしなければなりません。左ページのように安くあげる方法なども覚えておきましょう。

「無料」で停める上手な利用法

1 デパートの駐車場を利用する

デパートの駐車場を使いたいけど
2000円以上買わないと無料にならないのか
条件次第では商品券を2000円分買うとお得よ
そうね
2000

近くに停めやすいデパートがあるなら、その駐車場を利用する。「2000円以上のレシートで駐車無料」というような場合、特に買い物の予定がなければ商品券などを買うといい。

- デパート関連施設で広く使える商品券なら、なおGood!
- メンバーズカードをつくるとさらにお得になることもある
- ビール券などの購入でも可

2 ガソリンスタンドを利用する

給油とワックス洗車をお願いしますそのあいだに買い物してきたいんだけど

商店街でちょっと買い物をしたいけど、駐車スペースがない……こんなときは、近くのガソリンスタンドもねらい目。「給油をしたついでに、15分ほど停めさせてもらう」といったことはお願いできる。ただし、店の雰囲気を見て、頼めそうかどうか判断すること。

- できるだけ駐車スペースのあるガソリンスタンドを選ぶ
- 自分がクルマを離れる時間を計算して、サービスを選ぶ
- 非常識にならない程度の時間に戻ってくる

Q 立体駐車場の最上階まで狭い通路を上がっていくのが怖い……

A 空きスペースは必ずありますから、焦らずに。これから出そうなクルマも要チェックです

都心のデパートや大型ショップなどに併設されている駐車場は、立体駐車場が多くなっています。これは、地価が高く、同じ面積に少しでもたくさんのクルマを停めるためです。

立体駐車場は、「天井が低い」「通路が狭い」「傾斜の急な坂や、急なカーブがある」「入庫のスペースがギリギリで、余裕がない」「後続車に急かされる感じがする」といった理由で、苦手だという人も多いようです。さらに、「最上階まで行っても、あきスペースがなかったらどうすればいい?」という疑問を耳にしたこともあります。何となく避けたい施設の代表かもしれません。

まず、あきスペースの問題ですが、入口に「満車」の合図がないかぎり、どこかにスペースがあります。ゆっくりと探しながら進めば見つかるはずです。最上階は不人気なのであいている可能性が高いし、もし見つからなければまた下がって探せばいいのです。これから出そうなクルマをねらって、少し待つのもいいでしょう。

駐車スペースへの入れ方は、34ページの車庫入れを参考にしてください。通路が狭く、たいていは一方通行なので、立体駐車場特有のルールのようなものがあります。左ページを参考にしてください。

また、多くの場合、各フロアを結ぶ坂の傾斜は急です。特に上りのときには、前のクルマのギリギリ後ろにはつかないほうがいいでしょう。前車がAT車でない場合、坂道発進で失敗して下がってくる可能性もあるからです。

ほぼ満車状態であれば、出庫するクルマのスペースをどんどんねらう。出て行くクルマを見つけたら、手前で左に寄せて待つ。このとき、左ウインカーかハザードランプをつけて、ここに入るという意思表示をする。通路幅に余裕があれば、後続車は右側から追い抜いてくれるはず。

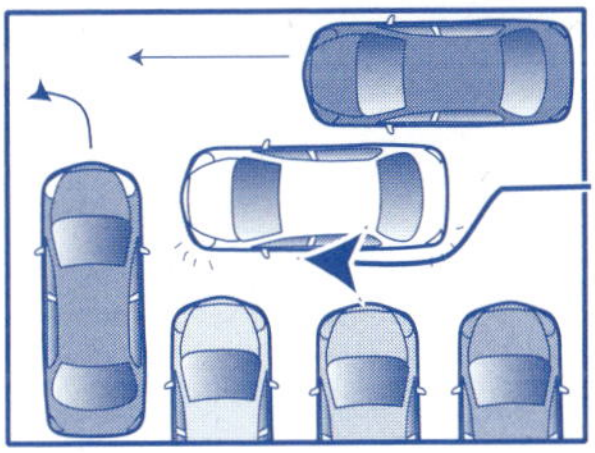

あきスペースを見つけたら、すみやかにバックで入れる。後続車がなく、通路幅に余裕があれば、切り返しのテクニック(42ページ参照)を使うと楽だ。

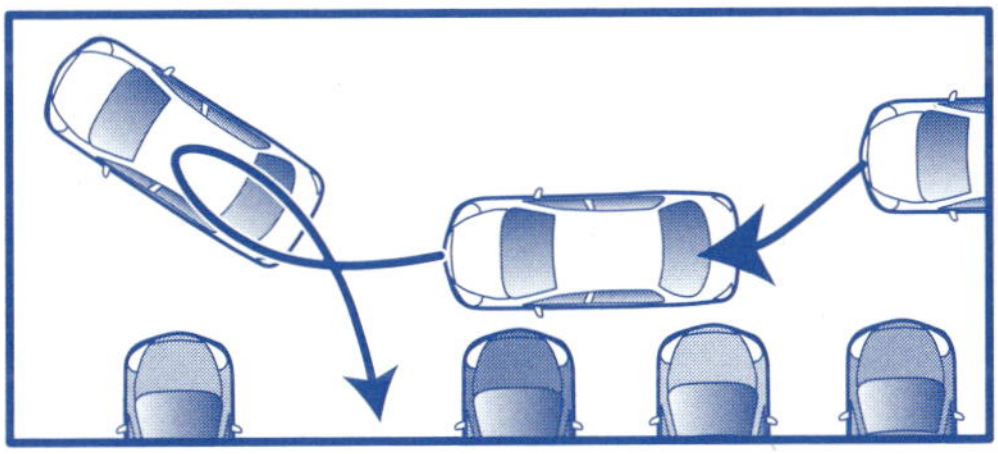

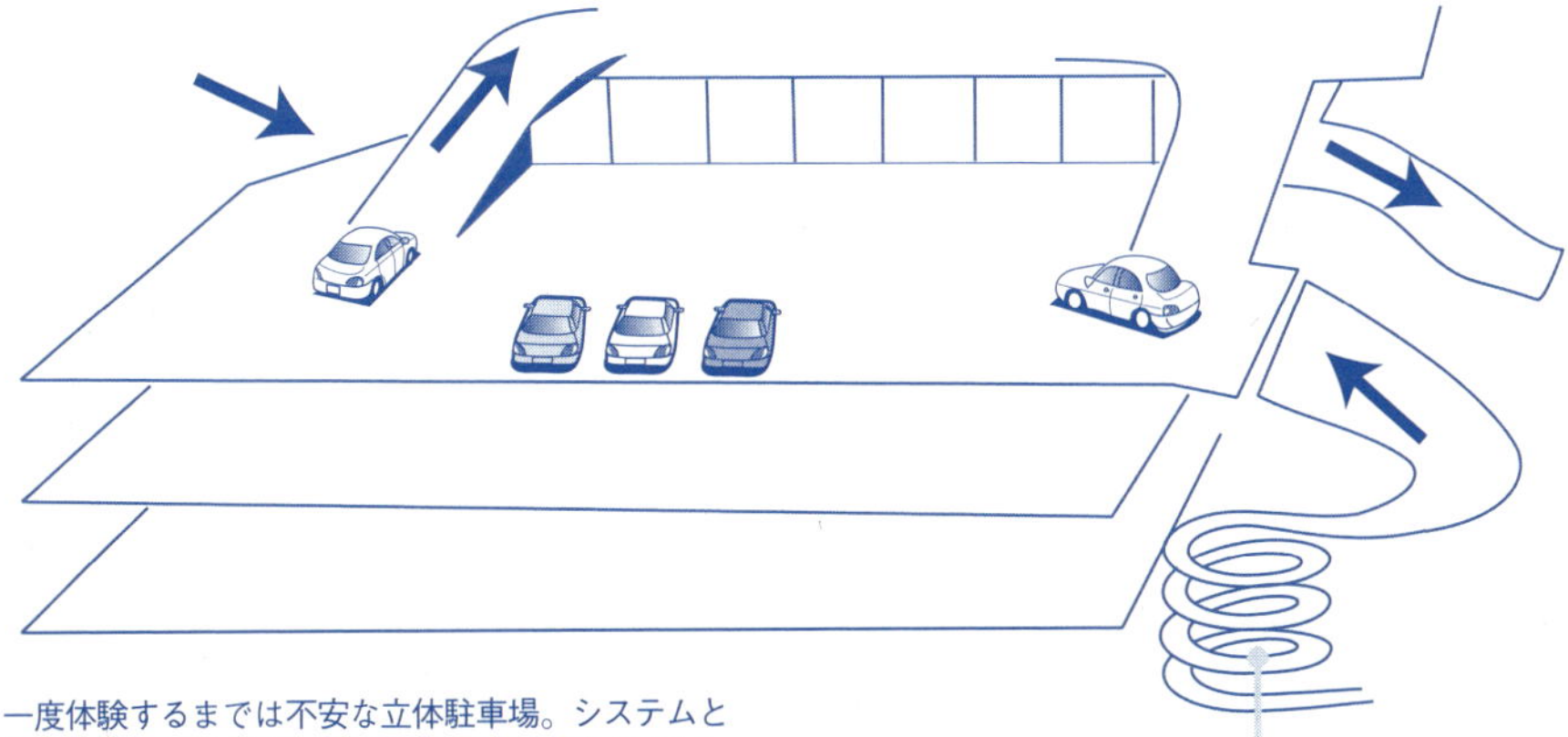

一度体験するまでは不安な立体駐車場。システムとしてはシンプルだが、技術的に注意すべきポイントはたくさんある。

フロアを結ぶ坂がループ状のものは、壁が迫る感じで怖い。なるべく壁を見ないようにして、ハンドルは引くようにして力を入れ、走行中はなるべく固定する。ループの終わった直後に、料金所があったり前のクルマが止まっていることもあるので、要注意。

Q コインパーキングの使い方がよくわからず不安です

A 駐車すればストッパーが上がり、料金を払えば出られます

コインパーキングは、30分単位や1時間単位で利用できる無人の駐車場です。都心部はもちろん、住宅地のちょっとしたあきスペースなどでもたくさん見かけます。たいていは24時間営業なので、他のタイプの駐車場よりも幅広い時間帯に利用できるのがメリットといえます。

住宅地の一画に無理やりつくった3台分くらいしか入らないようなタイプでは、出入口が狭くなっていて止めづらいものもあります。選択の余地があるなら、出し入れしやすそうなところを選びましょう。

料金や単位時間は、地域や時間帯によってまちまちです。30分単位で１００円だったり、1時間単位で１００円だったり、「昼間は1時間１００円で、夜間は2時間１００円」というのもあります。

また、長時間使用すると「半日」や「１日」の扱いになって割安になる駐車場もあるので、上手に使いわけましょう。

たとえば、「1時間２００円。9時間を超えたら日付が変わるまでは１８００円均一」という駐車場と、「1時間１００円。長時間割引なし」というふたつの駐車場があった場合、18時間未満なら後者のほうが安上がりですが、18時間を超えると前者のほうがお得になります（※）。

最近では、精算時に電子マネーが使えるマシンも増えていますが、硬貨と千円札しか使えないものもあるので、常に小銭を用意しておくと安心です。

また、ストッパーがない代わりに防犯カメラで監視するフラップレスパーキングも登場しています。

※「１日最大1500円」などと大きく表示しながら、目立たないように「初日のみ」「打ち切り」と追記した施設もあり、トラブルが増えている。長時間の利用時には注意しよう。

STEP 1 あいているスペースに車庫入れ

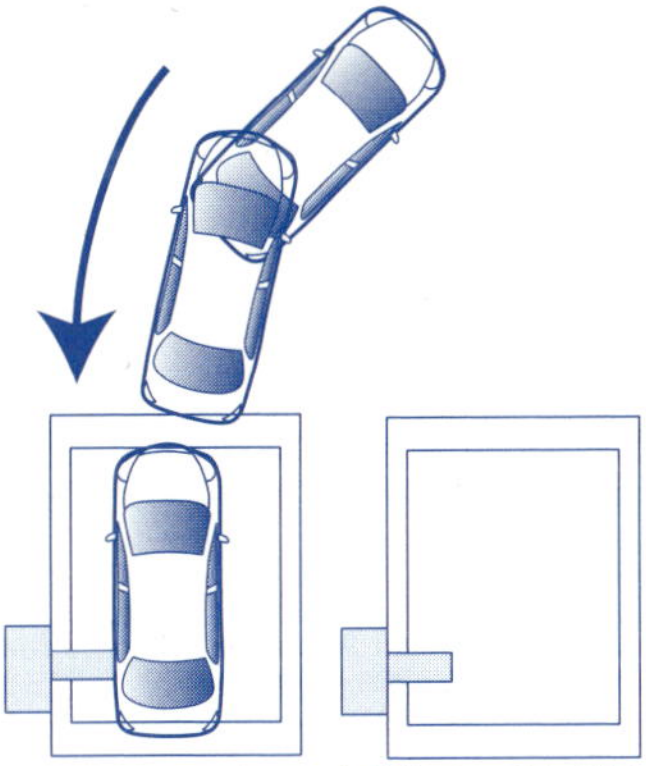

あきスペースにクルマを入れる。特に指定がなければバックで。ドアミラーの角度を下向きにして、後ろのタイヤを見ながらゆっくりと所定の位置に入れる。

STEP 2 正しい位置に入らなければやり直す

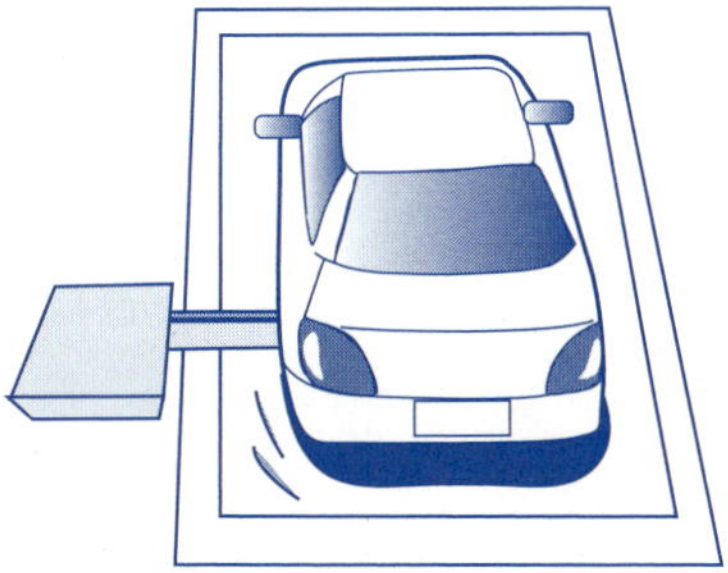

クルマが入ったら下のストッパーが上がり、精算しなければクルマは出られない。正しい場所に入らなければ何度でも入れ直す。ストッパーはすぐに上がらないので、焦らなくて大丈夫。

STEP 3 精算機に表示された料金を払う

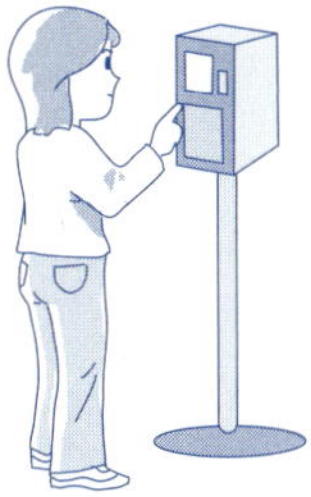

用事をすませて出るときは、精算機に表示された料金を払う。複数の駐車スペースに対して１台の精算機の場合、スペース番号を指定する。精算後には領収書も出る。たいていは1000円札も使えるが、小銭を用意しておくほうが無難だ。

STEP 4 すみやかにクルマを出す

精算後にストッパーが下がるので、すみやかにクルマを出す。そのままにしていると、早いものでは３〜５分後には再びストッパーが上がってしまう。

Q 路肩にあるパーキングの使い方がよくわかりません

A 手順は簡単ですが、時間制限があるので要注意です

路肩に白線が引かれ、一定時間以内なら停められるタイプの駐車場があります。これは公安委員会が管理する公的なもので、「私営駐車場は少ないが短時間駐車の需要が多い地域に、一定ルールを設けて渋滞を緩和する」といった趣旨で設置されています。

場所によって条件はやや異なりますが、「夜間や休日は利用できない」「駐車できる時間は1回40分か60分で、料金は40分なら２００円、60分なら３００円」と決まっています（※）。これが一般の私営駐車場と違うところです。システムとしては

①パーキングメーター方式
②パーキングチケット方式

の2種類があります。

①の方式なら、駐車スペースごとにパーキングメーターが設置されています。所定位置に停めるとメーターの赤ランプが点灯するので、そこに料金を入れます。

②は、複数のスペースに対して、パーキングチケット発給機（自動券売機）が1台設置されています。この販売機でチケットを購入し、フロントガラスの内側に、外から見えるように貼っておくのです。

どちらも、正式な駐車なら問題ありませんが、それ以外は道路交通法上の駐車違反になります（私営駐車場への無断駐車とは異なる）。「路上駐車なのに、なぜ料金を払えば駐車違反にならないのか。価格の根拠もはっきりしない」といった疑問の声があるのも事実ですが、必要があれば上手に使いましょう。

この駐車場への入庫法は、典型的な縦列駐車です。技術上のことは26ページを参照してください。

※2011年より、20分100円のパーキングが都内の一部で運用されている。また、二輪車専用の１時間100円のパーキングも登場した。

8−20
P60分
日曜.休日を除く

利用できる時間帯や駐車できる時間が限定されており、私営駐車場とはシステムが異なる。

パーキングチケット式

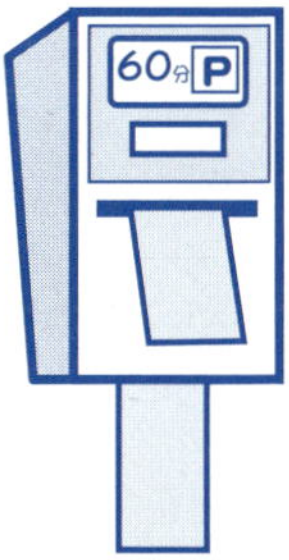
60分 P

パーキングチケット発給機でチケットを購入。チケットの上部半券がシールに、下半分は控えになっている。

駐車できるのは
40分または60分

クルマのフロントガラスの内側に、外から見えるようにチケットのシール部分を貼る。チケット式も係員の巡回が行われている。

パーキングメーター式

100円玉しか使えない
領収書も出る

白線内にクルマを停めるとメーターの赤ランプが点灯。300円を投入するとランプが消えるので、これでＯＫ。40分か60分駐車できる。

チェック

係員が巡回してくる。料金を払っていない場合や時間超過している場合は、駐車違反扱いになり、違反キップを切られる可能性も。

Q タワー式の駐車場では、自分で何をしなければならない？

A クルマ用トレイの上に乗せて降りるだけです

都市部などでは、タワー式の駐車場がたくさんあります。大きく分けると、

①タワーパーキング
②エレベータパーキング

の2種類があります。①はトレイがリフトのように循環するタイプ、②はエレベーターが内蔵されたタイプです。機械のシステムは違うのですが、ドライバーから見れば大差ないので、①の「タワーパーキング」がこれらの総称となっています。

どちらにしても、ドライバーは入庫トレイに自分のクルマを乗せて降車すれば、後は機械が収納してくれるので、それほど難しい作業は不要です。慣れないうちは少し怖いかもしれませんが、運転テクニックで気をつけるポイントは、「トレイ上に乗せるとき」と「ターンテーブルに乗せるとき」の2回だけです。

トレイ入庫時は「前進入庫」が基本なので、「バックでトレイに車庫入れ？」という心配は無用です。

また、ターンテーブルは必ず設置されているわけではありません。方向変換のスペースが十分にあるところは設置されていないし、その逆に、狭小変形地であれば入庫時も出庫時も利用することになります。

例外も多いのですが、基本型は、「前進入庫、後進出庫。ターンテーブルで方向変換後に前進で公道へ出る」というパターン。左ページでは、それを前提に説明しています。

②のエレベータパーキングには、ターンテーブルが内蔵されているタイプもあり、この場合は「前進入庫、前進出庫」が可能です。

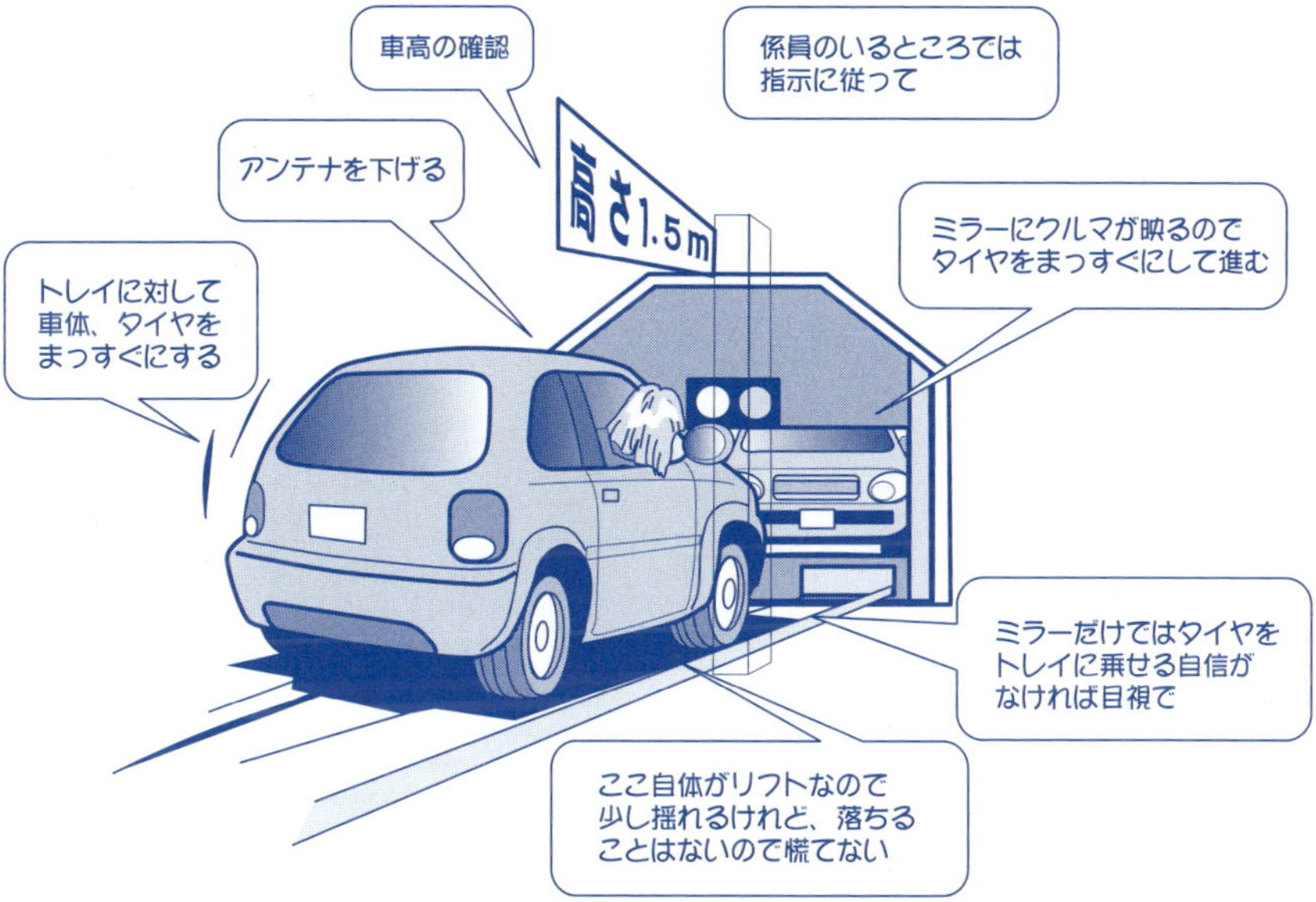
車高の確認
係員のいるところでは
指示に従って
アンテナを下げる
高さ1.5m
ミラーにクルマが映るので
タイヤをまっすぐにして進む
トレイに対して
車体、タイヤを
まっすぐにする
ミラーだけではタイヤを
トレイに乗せる自信が
なければ目視で
ここ自体がリフトなので
少し揺れるけれど、落ちる
ことはないので慌てない

ターンテーブルがあるときはその中央に乗せて待つ

出庫

トレイ上のクルマに乗り込み、バックしてテーブルの真ん中に止める。このとき、ハンドルはまっすぐ固定し、行きすぎないように気をつける。合図をすれば係員がテーブルを回してくれる。テーブル回転中に降車はしない。

入庫

まず、トレイに対してクルマを平行に止める（車体が斜めのときは、ターンテーブルがあれば係員に回してもらう）。次に、トレイの溝の部分にタイヤが乗るように前進する。溝はタイヤ幅よりもかなり広いので、さほど難しくもなく、また脱輪することもない。

Q セルフ式の洗車の手順を教えてください

A ウインドウを閉めてドアミラーをしまうのを忘れないように

自宅以外でクルマの洗車をするなら、たいていはガソリンスタンドかコイン洗車場を利用することになります。コイン洗車場とは、敷地内に洗車用セルフ式マシンを設置した施設のことで、多くは24時間営業です。

洗車の方法もいくつかあります。主な選択肢としては、以下の4つです。

①コイン洗車場でスプレーガン式洗車機を使う
②コイン洗車場で門型洗車機を使う
③ガソリンスタンドで門型洗車機で洗う
④ガソリンスタンドで手洗いを頼む

使用時間や店による価格差などもありますが、一般的には、①から④になるにしたがって、料金は高くなります。

③の場合、ガソリンスタンドの一画に洗車機が設置されていて、店員が操作をする店と、客がセルフで行う店とがあります。後者の場合は左ページの手順を参考にしてください。マシンの種類によって、手順やメニューに多少の違いはありますが、②の場合も、ほぼ同じような操作手順になります。

②③は、車種によっては洗車機が対応していないので、サービスを受ける前によく確認しましょう。また、門型洗車機は洗車ブラシでボディに細かい傷がつくといって嫌がる人もいますが、ノンブラシタイプのものも登場しています。

ガソリンスタンドに設置されているものを含め、セルフ方式の洗車場には、掃除機、マットクリーナー、エアーガン、ドライヤーなどのマシンがあり、有料で利用できます。

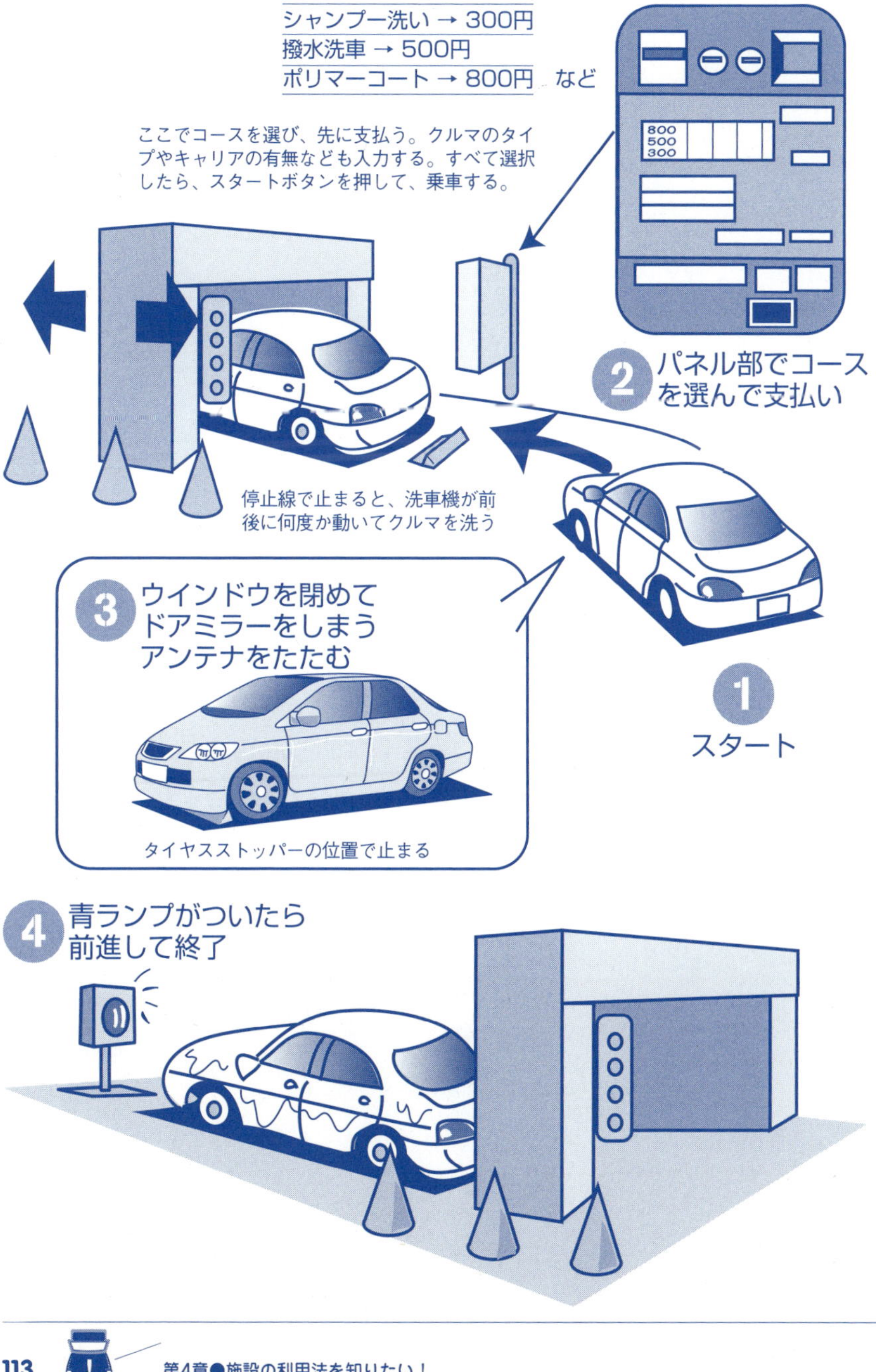
シャンプー洗い → 300円
撥水洗車 → 500円
ポリマーコート → 800円
など
ここでコースを選び、先に支払う。クルマのタイプやキャリアの有無なども入力する。すべて選択したら、スタートボタンを押して、乗車する。
800
500
300
2 パネル部でコースを選んで支払い
停止線で止まると、洗車機が前後に何度か動いてクルマを洗う
3 ウインドウを閉めて
ドアミラーをしまう
アンテナをたたむ
タイヤスストッパーの位置で止まる
1 スタート
4 青ランプがついたら
前進して終了

「ハイオク」は何が優れている？

ハイオクよりもオクタン価の低い（89～95）ガソリンをレギュラーという。普通の運転をする人ならレギュラーで特に問題はない。ハイオクよりも1リットル当たり10円くらい安い。

ハイオクとは、オクタン価の高い（96以上）ガソリン。プレミアムガソリンとも呼ばれる。ハイオク仕様でないクルマにハイオクガソリンを入れてもほとんど効果はない。

ディーゼルエンジン車には、軽油を使用する。軽油は、ガソリンに比べるとかなり安め（軽油税がガソリン税よりも安いため）。燃費がよいので商用車などに多い。

セルフ式ガソリンスタンドでは、ガソリンの種類を間違えないように注意する。異種のものを入れると、故障や事故につながる。

　ガソリンにはレギュラーとハイオクがありますが、その違いは意外にわからないのでは？　ハイオクは「オクタン価が高い」のが特徴です。このオクタン価とはノッキング(※)の起こりにくさを表す数値のこと。具体的には、燃費の向上、パワーアップ、加速がスムーズになる、といったメリットがあります。家族などとクルマを共用するときは、どのガソリンを利用しているのか確認し、混ぜないように気をつけます。

※エンジンシリンダー内での異常爆発のこと。クルマが走行中にガクガクとする。

第5章

高速道路はこれで大丈夫

高速道路は便利ですが、
一般道とは異なるルールがあります。
スピードを出せるだけに危険も多くなりますから、
最低限のことは知っておかなければなりません。
この章では、高速道路の走り方について、解説していきます。

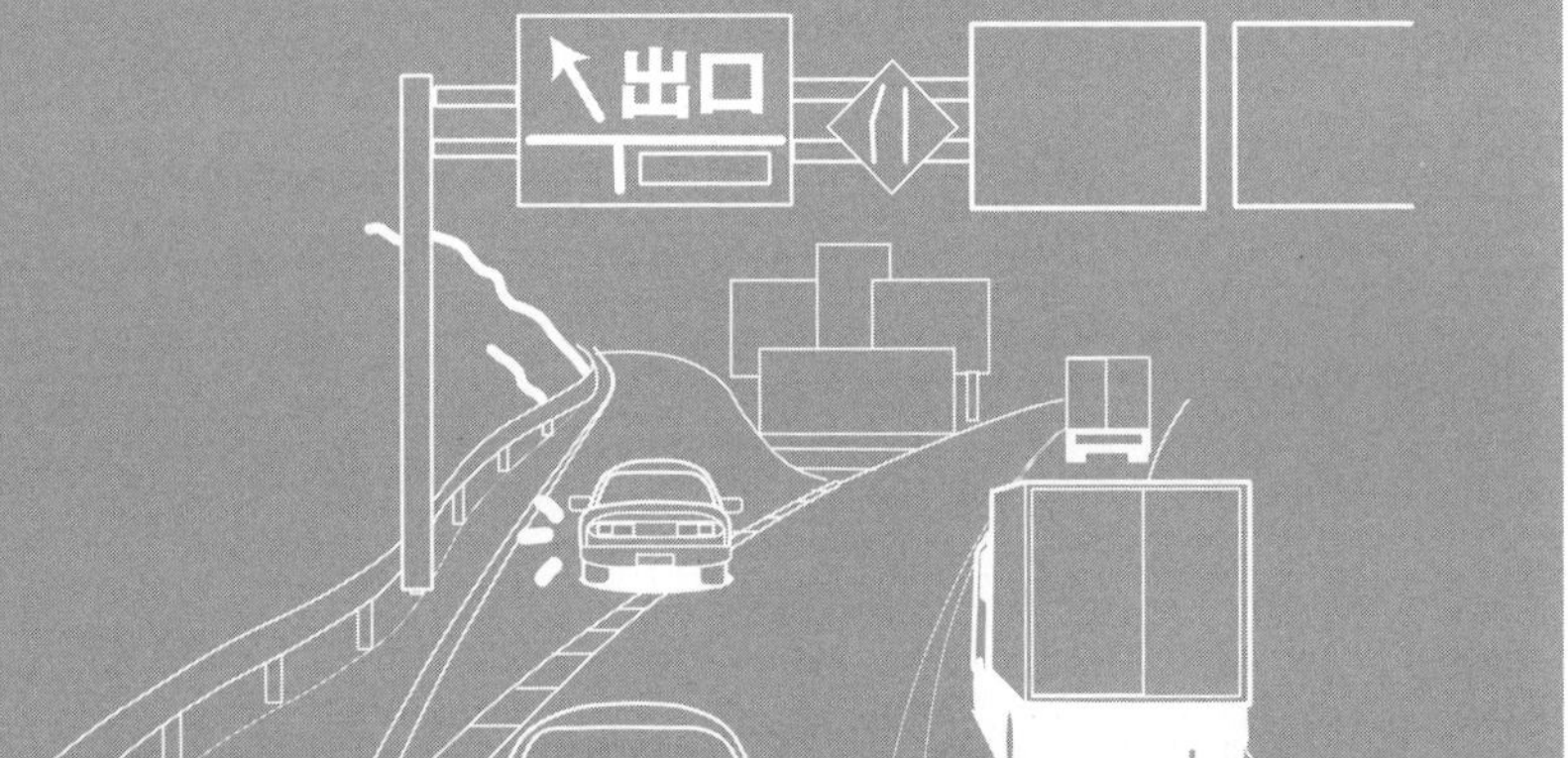

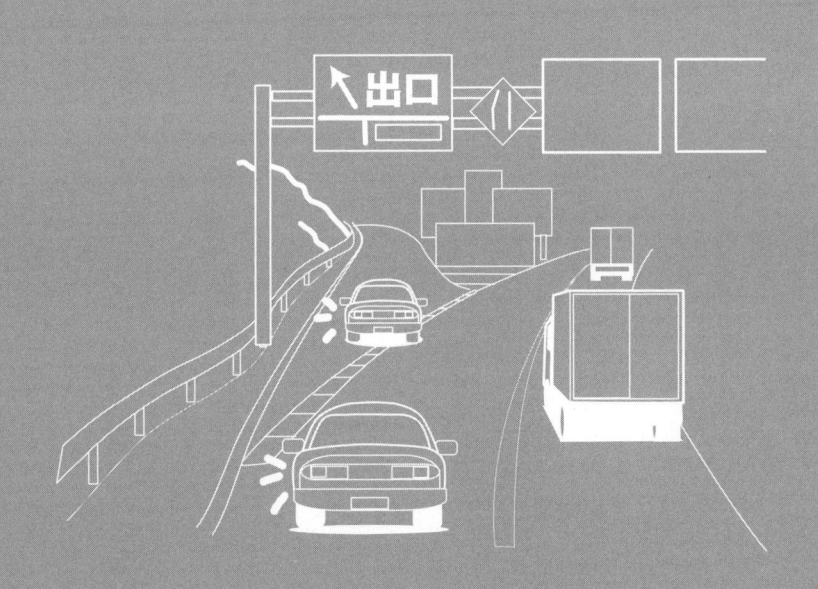

Q 高速道路の合流に失敗しそうで怖いです……

A 合流する本線の様子を見て、場合によっては減速もします

高速道路の最初の難関は合流でしょう。基本的には、「十分に加速して、ジャマにならないように合流」ということになりますが、注意すべき点を整理してみます。

①本線の流れと同じくらいまで加速
②自分が入る場所（後ろにつくクルマ）を決める
③加速車線を活用して自然に合流する

①では、加速車線で十分にスピードが出るように、しっかりアクセルを踏み踏みます。Dレンジでは、ちょっとしたタイミングで「加速したいのに高速ギアに入ってしまう」こともあります。高速ギアは、短時間に加速するにはパワー不足なので、シフトチェンジが苦でないならハイパワーな2レンジで加速して、すぐにDレンジにする、という方法をとります。もちろん自信がなければDレンジでOKです。

②は、普通の車線変更と同じで、自分が入りたい位置を決めるのがポイントです。加速車線に入ったらすぐに本線の様子を見つつ、とにかく本線の速度まで加速します。本線がたとえ高速でも、車間距離ぶんのスペースはあるはずなので大丈夫です。速度さえ本線側に揃えておけば、真横にクルマがいても、やや減速してその後ろに入る、ということができます。もちろん、合流時に慌てないように、少し前から調整するのがベストです。

③は、できるだけ早く目標を決めて合流するのが望ましいのですが、そうもいかず、ギリギリで合流することもあるでしょう。大切なのは絶対に止まらないようにすること。加速車線の自車の後続車とぶつからないように気をつけます。

1 本線にクルマがいないとき

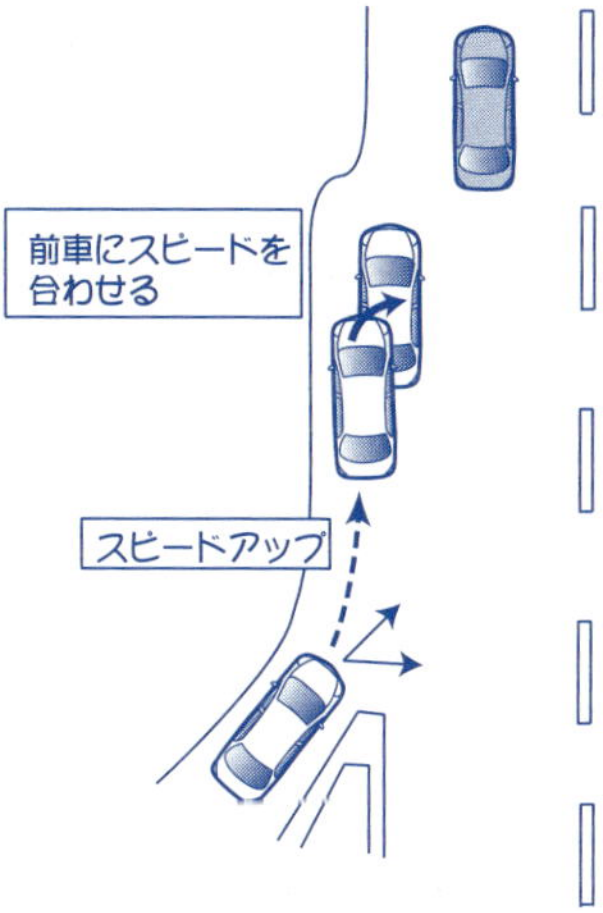

斜め前方にクルマがいれば、その速度を目安にして合流する。本線にクルマがいないと思っても、死角にいることもある。右側方を目視で確認。

2 本線にクルマがいるとき

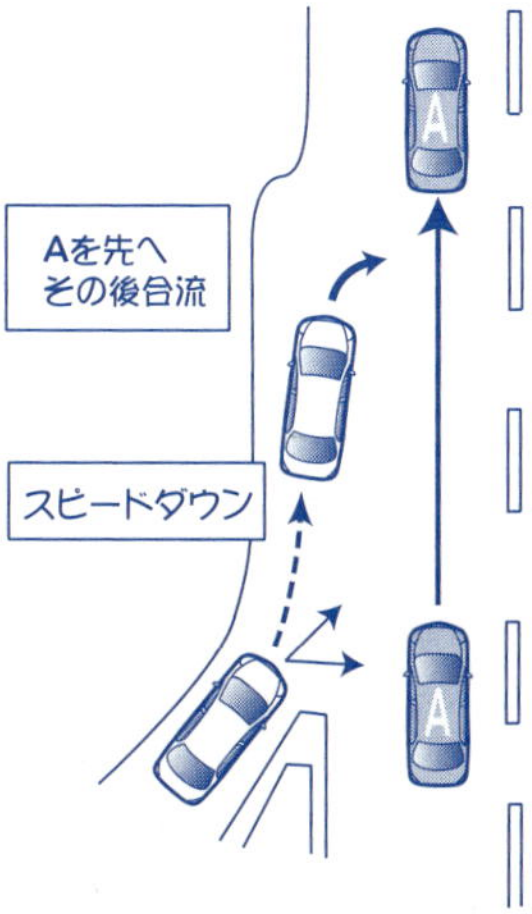

本線のクルマの様子を見つつ、とにかく本線の速度まで加速。すぐ真横にクルマがいて、それが速度を変えないようなら、やや減速してその後ろに入る。

3 追い越し車線にクルマが移動したとき

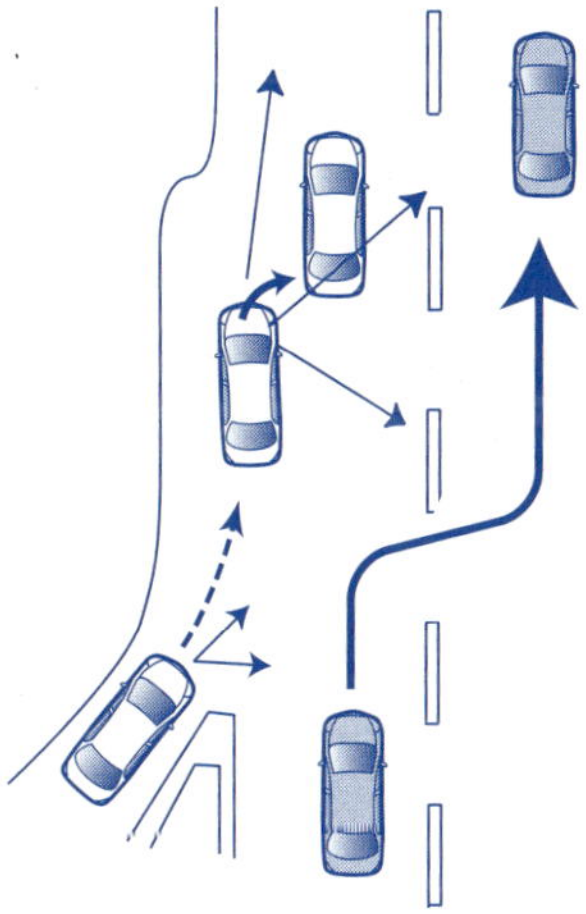

クルマが、本線側の走行車線から追い越し車線に移動しれくれたらラッキー。後続車がいないことを確認して、追い越し車線のクルマの速度を目安にして合流する。

うまくできなかったら？

- 合流できなくて止まるのは最悪。合流車線に入りにくいときも、止まらないようにスピードを落としながら進む。
- 最悪、止まってしまっても、バックはできない。クルマが途切れるまで待機して、速やかに進入する。後続車にも注意する。

Q 初心者はいつも走行車線だけを走っていればいいのですか？

A 走行車線を走るのが基本ですが、車線変更が必要ならスムーズに行います

　教習所で習った通り、高速道路では、基本的には左端の走行車線を走ります。これは3車線以上のときも同様です。特に初心者の場合、追い越しや車線変更は最小限にとどめ、そのまま走行車線を走りつづけるのが安全です。

　とはいえ、追い越しが必要なときもあります。たとえば、前を走るクルマに問題がある場合。ひどく遅いときや運転が危なっかしいときなどは、早めに車線変更をして先に行ってしまうのがいいでしょう。

　追い越しなどの車線変更をする場合、後続車がいないことを確認し、十分に加速してから行います。注意点は、64ページも参考にしてください。追い越し後はすみやかに走行車線に戻ります。ただし、追い越したクルマの前に、十分な距離をとってからです。というのも、時速80キロで走行中のクルマの停止距離は80メートル弱。つまり、自分が追い抜いたクルマが時速80キロなら、その前方に80メートルくらいの空間を確保して走行車線に戻るのがマナーです。

　たまに追い越し車線を走りつづけるクルマを見かけますが、それが制限速度を超えていれば、もちろんスピード違反になります。また、制限速度以内であっても後続車の迷惑になるし、渋滞の原因にもなります。そもそも道路交通法の「道路の左側端から数えていちばん目の車両通行帯を通行しなければならない」に違反するため、「通行帯違反」（違反点数1点）になることを覚えておきましょう。

　また、追い越し車線に遅いクルマがいるからといって、走行車線から追い抜くのは禁止されています。

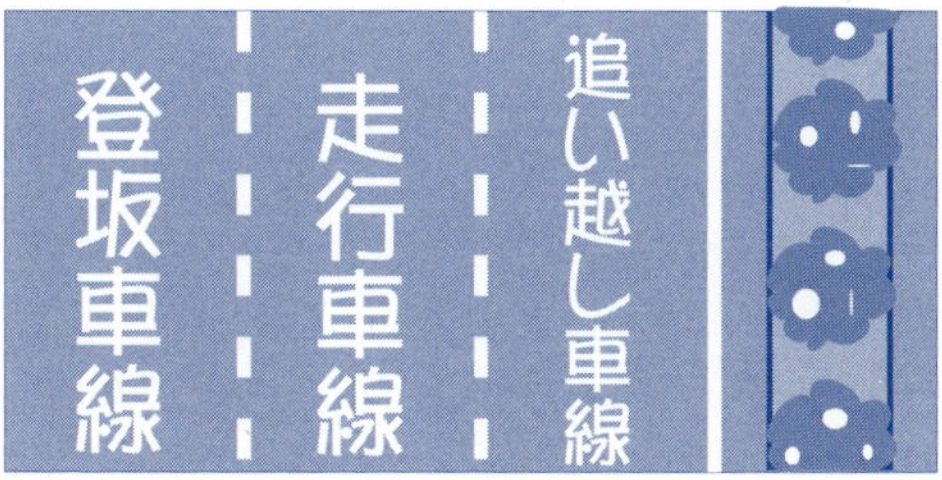

基本的には
走行車線を
走ること

車線変更が必要なのは……

1 合流があるエリア

合流のあるエリアで、必ず追い越し車線に移動する必要はないが、もし余裕があれば、追い越し車線に寄って、合流して来るクルマとの接近を避ける。相手も自分もそのほうが楽だ。

2 車線規制のあるとき

工事、事故、道路清掃などで走行車線がふさがれているときは、早めに車線変更する。2車線が1車線になるポイントでは、両方の車線から交互に進むのが暗黙ルール。

3 前車との距離がつまったとき

前のクルマの速度が遅く、車間距離がつまりがちで、それがストレスになるようであれば追い越してもいい。前に大型車がいるときも、避けたほうが無難（次項参照）。

4 行き先によって分岐のあるとき

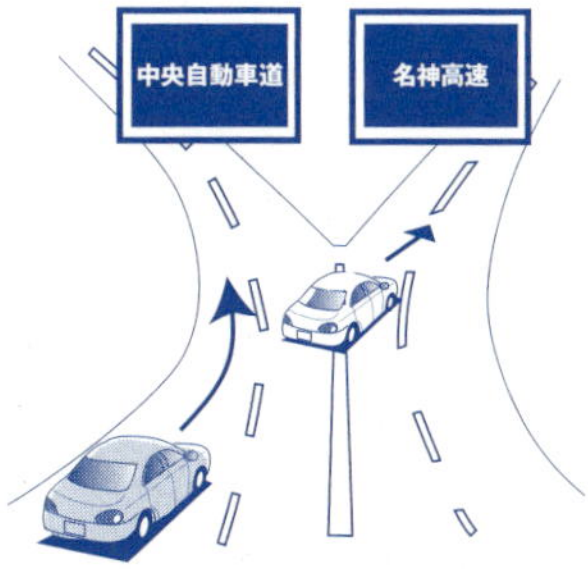

行き先の違いによって途中で分岐があるようなときは、行き先の標識が出たところで車線変更をする。ギリギリになると移動しにくく焦ることになるので、早め早めに行うこと。

Q 高速道路で大型車に三方を囲まれて怖い思いをしました……

A 怖いだけでなく危険なので、上手にやりすごしましょう

大型車に三方を囲まれると、怖いだけでなく、実際に危険度は増します。大型車が危険な理由は、

①前が大型車だと見通しが悪くなる

②前が大型車だと、排気ブレーキを使用されたときに追突するかもしれない

③後方が大型車であれば、渋滞時などに追突される可能性が高くなる

④真横が大型車のとき、吸い寄せられそうになる

といったことが挙げられます。

①は、視野が狭くなり、前車より前の状況がつかめなくなるので、判断が一瞬遅れたりします。

②の「排気ブレーキ」とは、大型車特有のエンジンブレーキを補助する装置のこと。排気ブレーキ使用中に何も合図が出ない車種と、ブレーキランプや緑の専用ランプが点灯する車種とがあります（※）。前者の場合、突然減速されて追突してしまう危険性も。後者では、排気ブレーキはフットブレーキほど強力ではないので、慌ててブレーキを踏んで自分が追突されないように注意します。

③は、大型車はブレーキが効きにくく、また高視点のため、視野が開けた場所で、「前方が渋滞なのに、流れていると錯覚して最後尾に追突」という事故が増えています。追突回避のため、渋滞時にはハザードランプやポンピングブレーキで後続車に注意を促します。

④は、風圧の関係もあり、また視線がそちらに行きがちで、クルマが大型車側に寄ってしまうのです。

囲まれそうになる前に、左ページの方法を参考にして、早めに脱出してください。

※1999年前後に製造された大型トラックには、排気ブレーキ使用中にランプが点灯するものもあったが、まぎらわしいため、最近ではほとんど点灯しない仕様になっている。

大型車の近くは危険がいっぱい

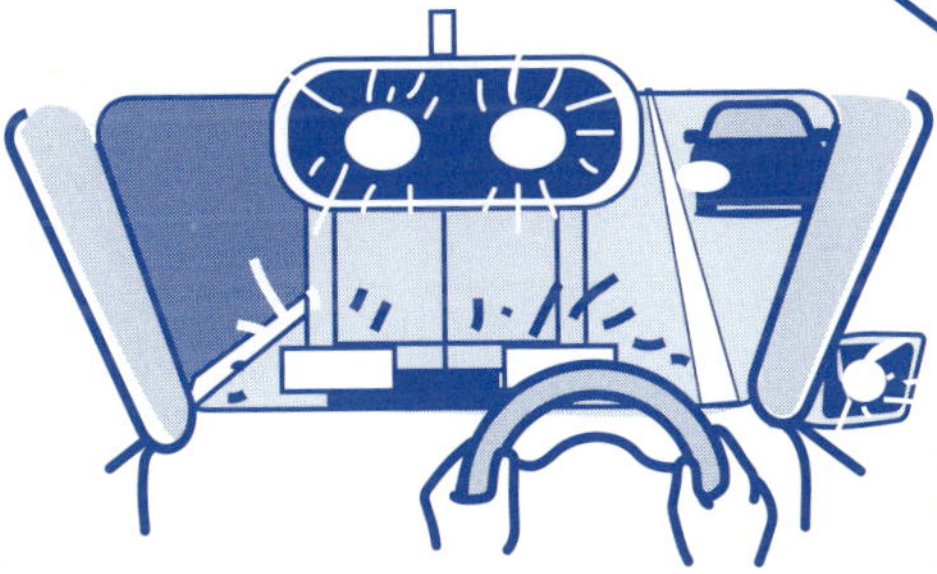

大型車に囲まれると、気分的に圧迫を感じる。特に夜は、後続車のヘッドライトがルームミラーに反射してまぶしい、といったこともある。

とにかく離れるのがベスト

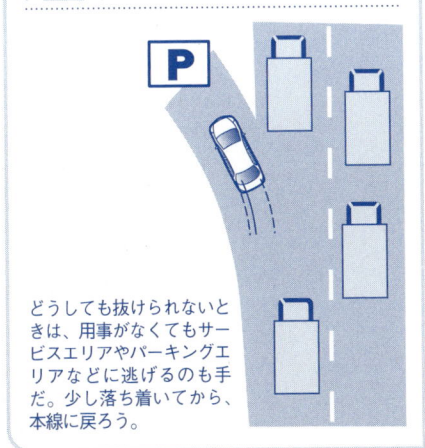

1 減速して先に行ってもらう

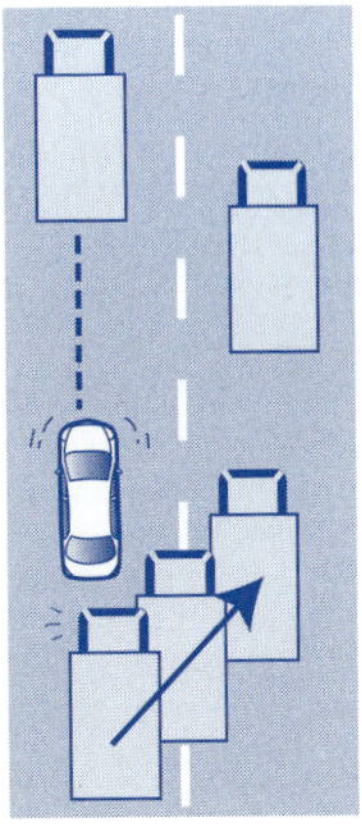

前後を挟まれたら、追い越し車線を利用して先に行く。前後と右側の三方を囲まれたら、アクセルをゆるめてスピードを落とし、後ろのトラックを先に行かせる。

2 パーキングエリアなどに逃げる

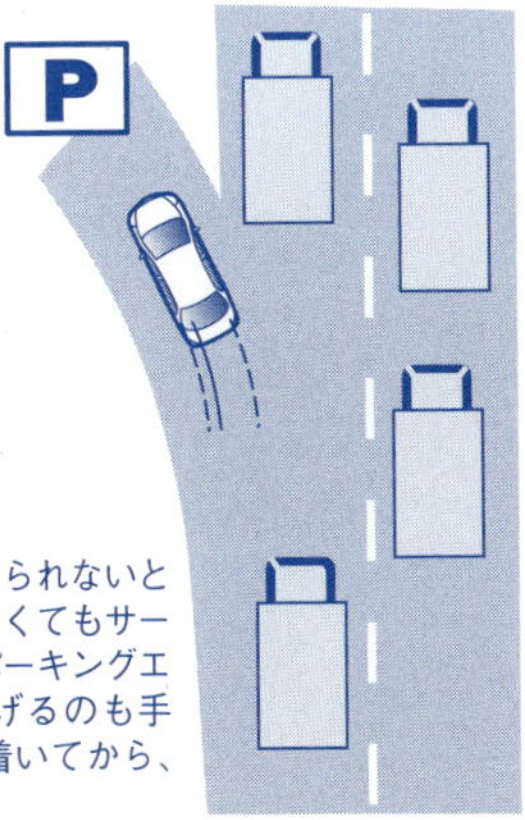

どうしても抜けられないときは、用事がなくてもサービスエリアやパーキングエリアなどに逃げるのも手だ。少し落ち着いてから、本線に戻ろう。

Q 高速道路での走行中にハンドルがグラグラして怖いのですが……

A 視線をなるべく遠くにおくのが基本です

高速道路でハンドルがグラつく理由としては、

①目の焦点が近すぎる
②大型車が近くにいる
③トンネルの出口付近を走行中である
④クルマの整備不良

などが挙げられます。

①は視点が近すぎて、そのためにクルマがふらついている状態です。クルマはドライバーの見ている方向に進むクセがあるので、近くを見つめていると、わずかなの目の動きでもそれが大きなブレになってしまうのです。

②については、前方を大型車にふさがれると、そちらに視線が行きがちだという側面と、風圧などの関係でブレるという側面とがあります。なるべく車間距離をおくか、あまり速くないクルマであれば追い越して先に行ってしまうのがいいでしょう。

③のようにトンネルを出た瞬間にグラつくのは、風圧などの他に、明るさなど視界が急に変わることなども関係があります。これらを予測して、トンネル出口ではハンドルをしっかりと固定します。

①～③は、ドライバーが少し気をつければ防げますが、それでもブレるようなら、④の整備不良の疑いがあります。特に、ホイールバランスが悪くなっているときは、それを整えるだけでハンドル操作が安定します。ホイールバランスとは、タイヤ回転時の振動を抑えるために重量のバランスをとること。どうもハンドルがふらつくなと思ったら、早めに、ガソリンスタンドや整備工場などで調整してもらいましょう。

高速道路でハンドルがグラグラするのは……

❶ 近くを見るとグラつく

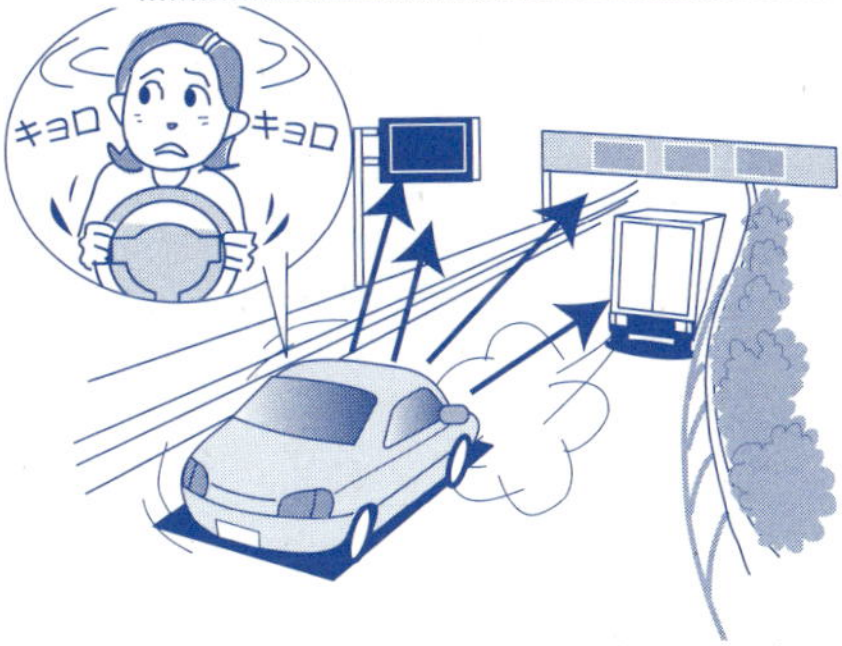

近くばかりを見ていると、ハンドルがグラつきやすい。また、クルマはドライバーが見るほうへ進むものなので、近くをみながら視線を細かく動かすほど、クルマはグラグラする。

❷ 大型車の近くだとグラつく

大型車の近くを走っていると、その風圧や圧迫感などで、グラつきやすい。

❸ トンネルの出口でグラつく

トンネルを抜けた直後は、「明るさ」「横風」「いろいろな情報板が急に視界に入る」といった理由で、ハンドルがグラつく。

「遠くを見る」が解決法

直前の道路などではなく、前のクルマや、その前のクルマなどに視線を合わせる。

壁やトラックなどが視界に入っていても、目の焦点は、意識的に道路のはるか前方におく。

前方の情報を得るために、前車のウインドウを通してさらに前を見ることも、安定した運転につながる。

Q 高速を走っているとき大切な標識を見落としそうで不安です

A 一般道路よりシンプルです。特に行き先標示に集中します

クルマの走行速度が速くなるほど、ドライバーの視野角は狭くなります。停止中なら160～200度、時速40キロでの走行時なら100度くらいはありますが、時速100キロでは、40度くらいしか見えません。

そのため、高速道路での標識をしっかりとチェックするのは難しそうですが、それほど心配することはありません。高速道路は、一般道に比べてはるかに標識の種類が少なく、シンプルなのです。一般道の「一時停止」や「車両進入禁止」のように、「これを見落としたらすぐに重大事故につながる」といった標識は、ほとんどありません。

その代わり、方面（行き先）を案内した標示だけは見落とさないように気をつけましょう。

基本的な標識の種類として、とりあえず以下のものは押さえておきましょう。

①方面と車線を示すもの
②出口や入口の案内
③方面と距離を示すもの
④パーキングエリアやサービスエリアの案内
⑤例外的な速度制限の案内

この他にも、非常電話、登坂車線、バス停留所などの案内もありますが、緊急時以外には特に必要ないでしょう。

さらに、随所で電光掲示の渋滞情報などが表示されるので、これにも気をつけておきます。

最後に基礎の基礎ですが、高速道路に関する標識は緑色と定められています。一般道から高速道路の入口を目指すときは、緑色の標示を探してください。

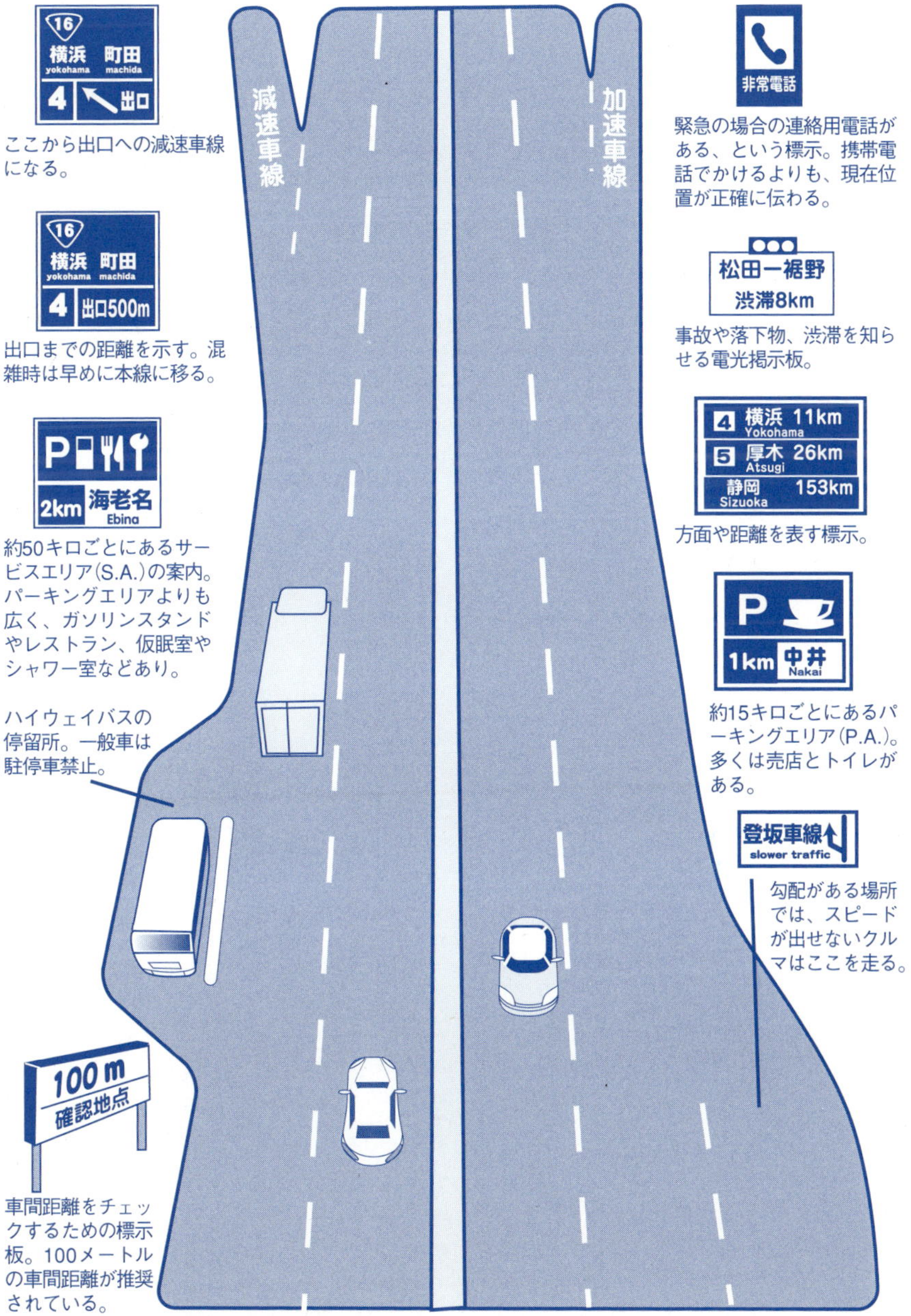

ここから出口への減速車線になる。

出口までの距離を示す。混雑時は早めに本線に移る。

約50キロごとにあるサービスエリア(S.A.)の案内。パーキングエリアよりも広く、ガソリンスタンドやレストラン、仮眠室やシャワー室などあり。

ハイウェイバスの停留所。一般車は駐停車禁止。

車間距離をチェックするための標示板。100メートルの車間距離が推奨されている。

緊急の場合の連絡用電話がある、という標示。携帯電話でかけるよりも、現在位置が正確に伝わる。

事故や落下物、渋滞を知らせる電光掲示板。

方面や距離を表す標示。

約15キロごとにあるパーキングエリア(P.A.)。多くは売店とトイレがある。

勾配がある場所では、スピードが出せないクルマはここを走る。

Q 渋滞しているかどうかは どのように判断したらいい？

A ラジオやサービスエリアで早めの情報収集をします

高速道路で渋滞に巻き込まれるのは辛いものです。一般道路と違ってわき道に逃げるわけにもいきません。急いでいるのに、狭い車内でじっとしたまま待つのは苦痛です。

どこが渋滞しているか、早め早めに情報収集をしておきましょう。前方を注意深くチェックするのはもちろんですが、「ラジオやカーナビ」「サービスエリアの渋滞情報」「電光掲示」などで情報が配信されています。これらを利用するといいでしょう。

では、渋滞がひどいとわかったときはどうすればいいのでしょうか？　選択肢としては以下があります。

①最寄りの出口から一般道路に逃げる
②サービスエリアで待つ
③とにかく我慢して待つ

①は、その付近の道路に詳しいか、地図やカーナビがあればいいのですが、そうでないなら逆に道に迷う可能性もあります。また、一般道も渋滞しているかもしれません。「高速道路を降りれば解決」というわけではないのです。

②もひとつの方法です。渋滞は、ある時間を過ぎるとウソのように収束することがあります。無理をせず、休憩を兼ねて渋滞をやり過ごすのも手です。

③は一見ストレスがたまる最悪の方法のようですが、渋滞の程度によっては正解だったりします。

どれを選ぶかの判断は難しいところですが、帰省ラッシュなどの渋滞は簡単には解消されない、自然渋滞は比較的早めに、事故による渋滞も事故車両が撤去されれば早めに解消される、という傾向はあります。

1 前方のクルマに注意する

見通しのいい場所では、特に遠方のクルマにも注目する。ハザードランプがつきはじめると、渋滞がはじまっている。追突しないように気をつけながら、自車のハザードランプも点灯すること。

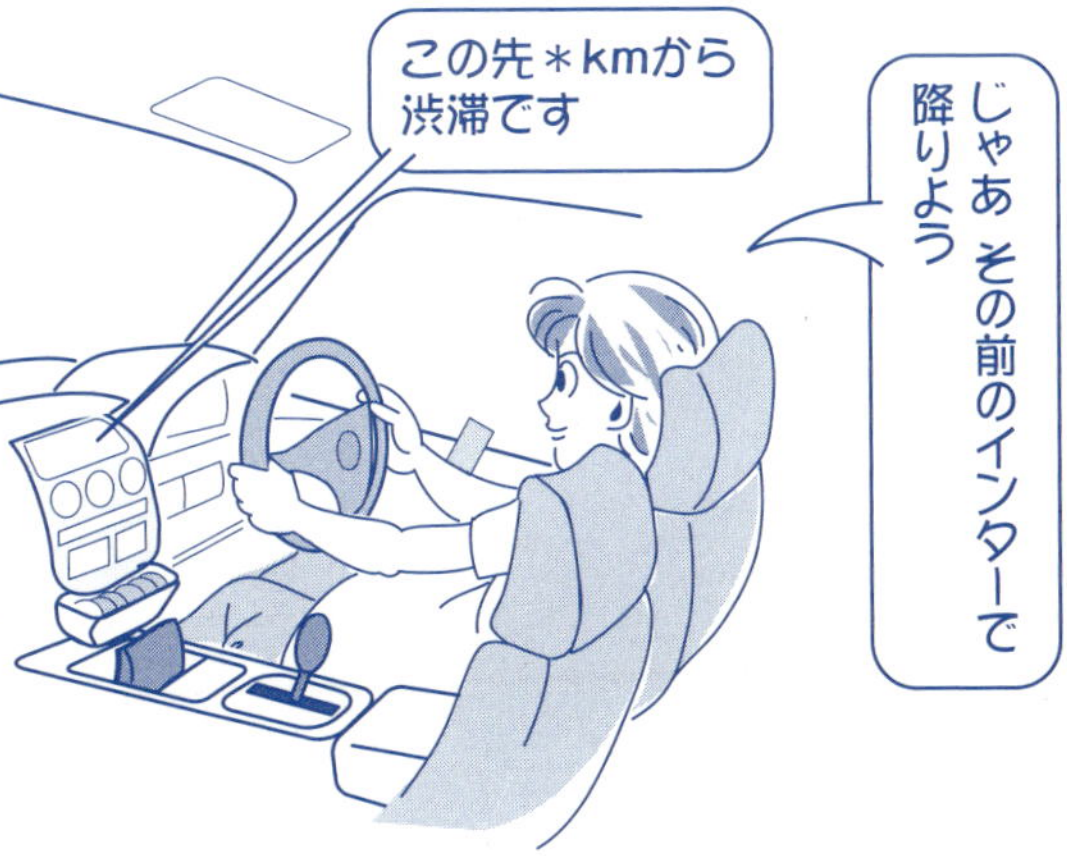

この先＊kmから渋滞です
じゃあ その前のインターで降りよう

2 カーナビやラジオの情報を入手する

カーナビやラジオでも情報収集をする。ラジオの情報は、高速道路情報専門局（1620KHz）で。VICS対応のカーナビなら、自動的に渋滞情報をキャッチして、迂回路を示してくれる。

事故だ収まるまでここで休んでいこう

3 サービスエリアの情報をチェックする

サービスエリアのハイウェイ情報ターミナル（左図）や、道路上の電光掲示などでも情報を集める。「〇キロ」というのは目安にはなるが、意外に早く渋滞を抜けられることもある。

Q 高速の料金所でもたつきそうで不安。すばやく通り抜けるには？

A 財布と通行券は決めた場所においておきます

高速道路の通行に慣れないうちは、「後払いだと思ったのに先払いだった」とか「料金所で財布を探して焦った」、あるいは「自動発券機から遠くに止めて手が届かなかった」といった失敗があるかもしれません。

インターチェンジが複数あるような高速道路は後払いですが、一定区間のみの自動車専用道路などでは、先払い制もたくさんあります。いつでもすぐに払えるように、お金は決めた場所においておくことが大事です。後払いのときの通行券（精算時に必要）も、やはり取りやすい一定の場所におくクセをつけましょう。

また、自動発券機から離れて止めてしまった場合は、大急ぎでクルマを降りて取りに行きます。降車時にシフトをＰレンジにするのを忘れないように。

高速道路の料金所での支払いがめんどうな人は、ＥＴＣ（ノンストップ自動料金支払いシステム）を導入するのも手です。

ＥＴＣとは、料金所のアンテナと専用車載器との無線交信によって料金所をそのまま通過でき、後日、通行料が精算されるシステムです。利用するには、車載器を購入し、ＥＴＣ用クレジットカードを申し込みます。休日特別割引、深夜割引などの割引システムがあるので（※）、上手に活用するといいでしょう。

ＥＴＣを搭載したら、料金所では専用ゲートか兼用ゲートが利用できますが、必ず20キロ以下に減速してください。追突事故が多発したため、現在は、バーが開くタイミングがわざと遅く設定されています。バーの不調などで前のクルマが急停車しても追突しないよう、車間距離と速度に気をつけましょう。

※2010年5月現在。またETC割引の種類は高速道路によって異なる。

事前の準備が大切

料金所で焦らないように、事前に財布類は用意しておく。小銭も多めにあるといい。クレジットカードやETCを利用すれば、小銭の心配はいらない。

出た後の進路にも注意する

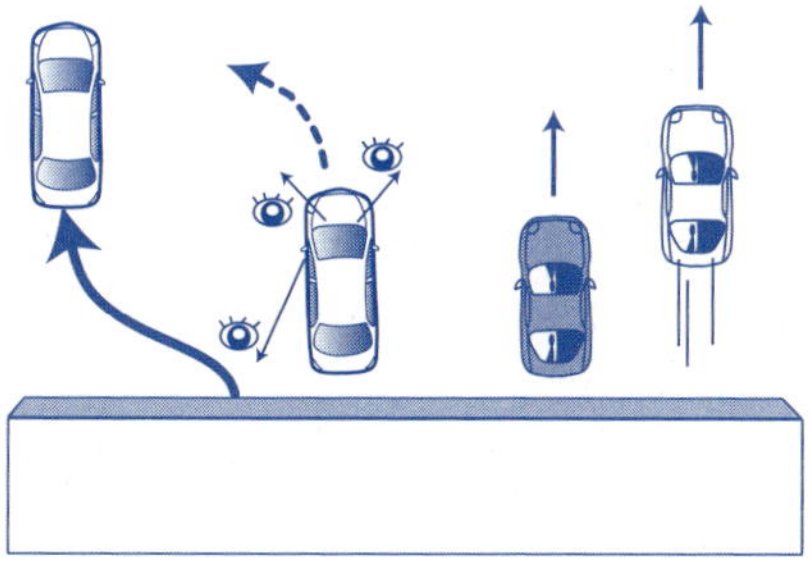

ゲートを出た後、「つり銭を財布に入れたい」「地図を見たい」「連れのクルマと合流したい」といった場合は、なるべく左側のゲートを利用し、左端のスペースへ。このときは後続車に注意する。

慣れないうちは中央のゲートへ

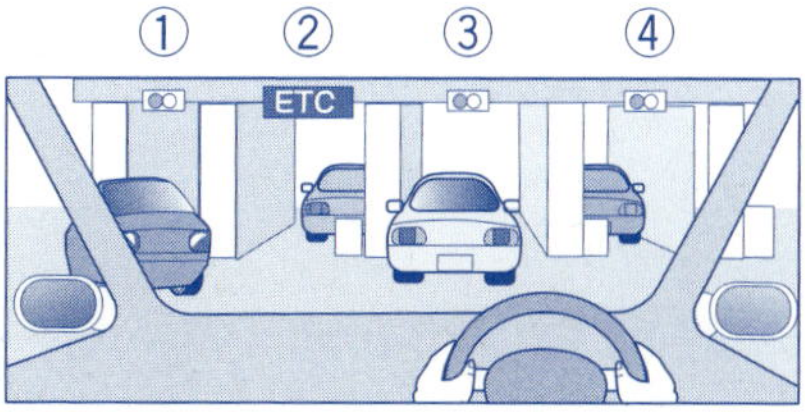

ゲート選びも大事だ。③は直進すればいいので楽だが、混みやすい。②はETC専用ゲート。①と④は端なのですいているが、ここに入るには車線変更するのと同じことになるので、後続車には十分注意する。慣れないうちは、③に進めばOK。

Q 高速の出口を間違えないためには何に注意すればいいですか？

A 常に標識に注意して、間違えても焦らないことが大事です

高速道路の出口を間違えないためには、まず「方向と距離」の標示を要所で確認しながら走ります。「大阪　50㎞」といった標識です。ここで示される距離が10キロ以下になったら、心の準備をはじめましょう。

次に、「方面と出口予告」の標識を見落とさないように気をつけます。「大阪　出口　2㎞」といった標示です。出口までの距離が、「2キロ」「1キロ」「500メートル」の場所に設置されています。2キロ地点で気づくのが理想ですが、計3回も標示されるので、いずれかの地点で目に入るはずです。

2キロ手前という標示を見つけたら（つまり、出口から2キロ以下になったら）、追い越し車線への移動はやめます。前に多少遅いクルマがいても、ここは我慢しましょう。

これだけ気をつけていても、ちょっとした気のゆるみや勘違いなどで、出口を間違えてしまうこともあります。行き過ぎたり、手前の別のインターチェンジで降りてしまったり……。もし間違えても、「急ブレーキを踏まない」「バックで戻らない」というのが重要です。これらは大きな事故につながります。

出口を間違えたら、いさぎよくあきらめていったん料金所から出て、また高速道路に乗り直します。隣のインターチェンジであれば、一般道路を行くのもいいかもしれません。まれに、料金所を通らずに反対車線に移動できる連絡道もありますが、すべてのインターチェンジがそうではありません。その連絡道をキョロキョロと探して後続車に追突されることのないよう、気をつけましょう。

出口をチェックする

ここで40Km/hに減速する
出口

減速
出口
4
出口 2Km
左車線へ

出口の減速車線に入ったら（本線を出たら）、ブレーキを踏んで、早めに時速を40キロまで落とす。料金所につづく道は、たいてい大きなカーブがあるので、ここがきちんと曲がれるように減速すること。スピードメーターでも確認する。

「〇〇出口 2km」の標識が出たら、左端の車線へ。これを見落とさないのがポイント。カーナビがあれば教えてくれる。

間違えて降りたときは

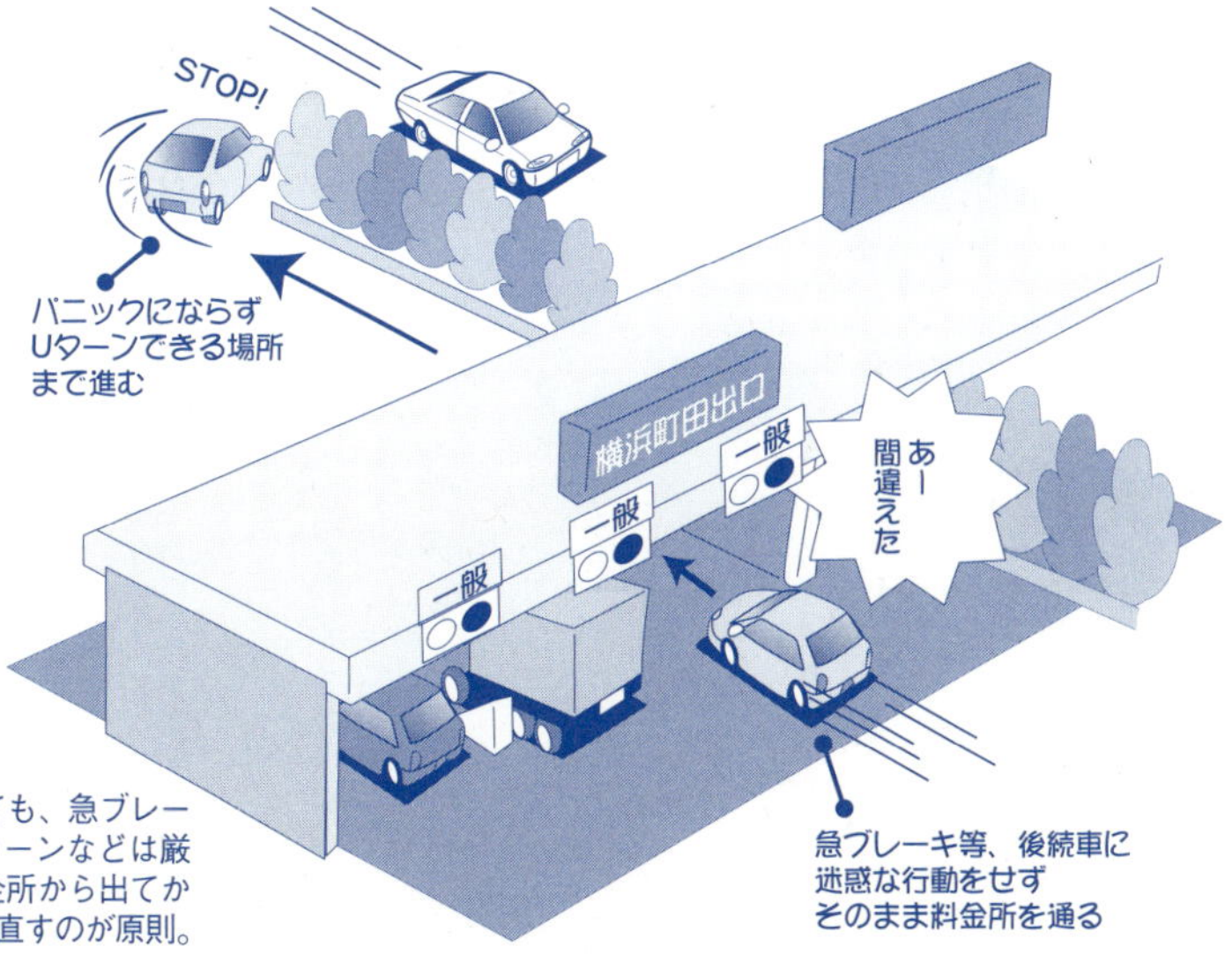

STOP!
パニックにならず
Uターンできる場所
まで進む
横浜町田出口
一般
一般
一般
あー
間違えた
急ブレーキ等、後続車に
迷惑な行動をせず
そのまま料金所を通る

間違いに気づいても、急ブレーキやバック、Uターンなどは厳禁。いったん料金所から出てから、もう一度入り直すのが原則。

Q 子どもを乗せて高速に乗るときは、どんなことに注意すればいい？

A シートベルトやチャイルドシートを正しく装着するのが基本です

子どもをクルマに乗せるときには、いろいろな危険やめんどうなことがつきまとうことは、覚悟してください。高速道路ではスピードも速く、また渋滞することも多いので、特に準備が必要です。

まず、チャイルドシートの正しい装着法を覚えてください。6歳未満の幼児にはチャイルドシートが義務づけられています。乳児用、幼児用、学童用とあるので、それぞれ年齢に適したものを選び、取扱説明書に従って正しくシートに固定します。誤った使い方をすると、よけいに危険です。

特に注意したいのは、

①体重10キロ未満の乳児は、後ろ向きか横向き装着タイプを選び、正しい角度で取り付けること
②ベルトの長さを調節すること
③ベルトをきちんとかけて子どもを固定すること
④クルマのシートベルトをロックモードにすること

以上の点です。

正しく使えば、事故時に助かる確率はかなり高くなるのに「正しい方法でチャイルドシートを使っている人は2割以下」という報告もあります。めんどうがらずに、正規のやり方で装着してください。

6歳以上の子どもの場合も、シートベルトはきちんと装着させます。特に後部座席では、大人も子どももシートベルトをしない人が多く、装着率は1割未満といわれています。しかし、高速道路上で起きた死亡事故の半分近くは「車外放出」がその要因。子どもが多少イヤがっても、きちんと着席させて、シートベルトを装着させましょう。

チャイルドシートはしっかりと正しく装着する

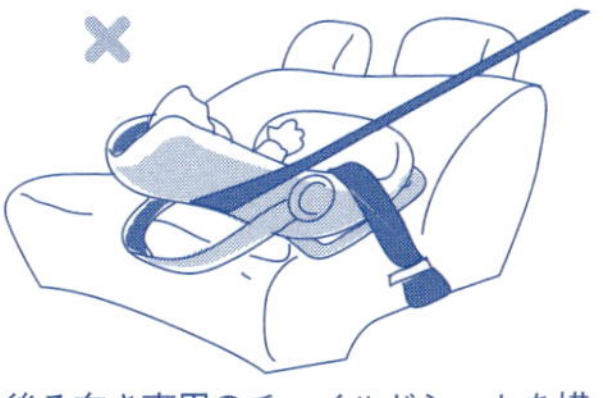

後ろ向き専用のチャイルドシートを横向きに取り付けたり、ベルトがゆるかったりすると、衝突時に放り出される。これでは使っている意味がない。

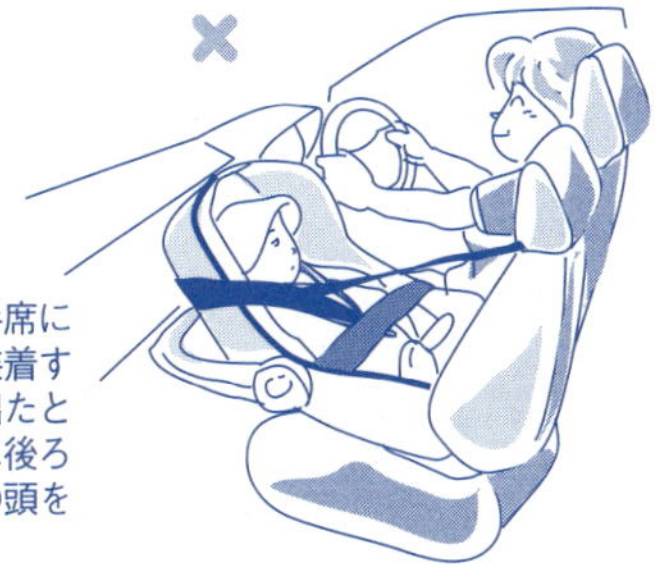

エアバッグ付きの助手席にチャイルドシートを装着すると、エアバッグが出たときに非常に危険。特に後ろ向きにすると子どもの頭を直撃する。

急ブレーキを踏んで起こることを想定する

急ブレーキを想定すると、シートベルトは必須。後部座席が広く展開できるワンボックスカーでも、着席させてシートベルトをきちんと装着させる。

長距離移動をするときは水分や軽食を備える

子どもは大人以上に脱水症状を起こしやすい。水分や軽食、後部シート用サンシェード、さらにポータブルトイレなどがあると安心。

乗り降りや発車のときに注意する

子どもの手足を挟んだりしないように、しっかり乗ったかを確認してからドアの開閉を行う。

クルマを動かすときに、子どもをクルマの前後に立たせない。止まると同時に飛び出しそうなら、安全を確認してから出るようにしつける。

短時間でも車内に残さない

ベルト着脱のめんどうさなどもあって、子どもが寝ていると車内に残して用事をすませる人もいる。しかし、これは熱中症や誘拐などの危険が大。一瞬たりとも車中に残さないで。

有料道路の種類が多くてわからない？

有料道路

道路の種別	道路	事業主体	制限速度	中央分離帯の有無
高速道路				
高速自動車国道	東名高速 名神高速	中日本高速道路(株) 中／西日本高速道路(株)	100キロ(車両によっては80キロ) ＜最低50キロ＞	有
	中央自動車道 東北自動車道 ： 東京湾アクアライン など多数	東／中／西日本高速道路(株)	100キロ (場所によって異なる)	有
都市高速道路	首都高速 阪神高速 など多数	首都高速道路(株) 阪神高速道路(株)	60キロ (50キロ、80キロ部分などあり)	有
自動車専用道路(一般国道、一般都道府県道、一般市町村道)				
本州四国連絡道路	神戸淡路鳴門自動車道 瀬戸中央自動車道(瀬戸大橋) 西瀬戸自動車道(しまなみ海道)	本州四国連絡高速道路(株)	60キロ	有
一般有料道路	横浜横須賀道路 など多数	地方道路公社	法定最高速度に準じる (部分的にそれ以外の速度制限あり)	それぞれ

※制限速度は、普通自動車を基準にして記載。車種によっては、これよりも遅い速度が適用される。

無料道路(一部有料あり)

道路の種別	道路	事業主体	制限速度
一般国道	国道○号線	国土交通省	特に指定のない場合、法定最高速度に準じる
都道府県道	県道○号線	都道府県	特に指定のない場合、法定最高速度に準じる
市町村道	市道○号線	市町村	特に指定のない場合、法定最高速度に準じる

車種区分

車種区分	自動車の種類	ナンバープレート 大きさ	ナンバープレート 車種番号	最大積載量	車両総重量
軽自動車	二輪自動車(126cc以上)				
	軽自動車(3輪含む)	小板			
		普通板	4、5		
普通車	小型自動車(3輪含む)	普通板	4、5、6、7、		
	普通乗用自動車	普通板	3		
中型車	普通貨物自動車	普通板	1	5トン未満	8トン未満
	普通貨物自動車 (トレーラヘッドで2軸)	大板	1		
	マイクロバス	普通板	2		

※高速道路を通行可能な車種についての車種区分。大型車、特大車は除く。

有料道路がすべて高速道路というわけではありません。表のように、種類もいろいろあり、管轄が異なっているので、制限速度や料金システムなどもまちまちです。ドライバーにはとまどうこともあるでしょう。たとえば、料金設定が車種区分ごとに細かく分かれる場合もあれば、そうでない場合もあるのです。道路行政は複雑です。

第6章

トラブル時の対処法を教えて

クルマを運転しているかぎり、
トラブルに見舞われる可能性は誰にでもあります。
ガス欠やパンク、
あるいは事故に巻き込まれる可能性だってあるのです。
こうした万が一のときにどのように対処すればいいのか、
基本は覚えておきましょう。

Q 路上や出先でエンジンがかからなくなったときはどうする？

A 何が原因かをはっきりさせて、ロードサービスなどに電話します

自宅でならまだしも、出先でエンジンがかからないのはやっかいなことです。

エンジンが始動しない理由はいろいろと考えられますが、左ページに挙げた3つの理由なら、すぐに何らかの対処が可能です。それ以外の原因なら初心者が自分で直すのは難しいことが多いですから、手に負えないと判断したら、早めにＪＡＦなどのロードサービスや保険会社に連絡して出動してもらいましょう。

ところでクルマのバッテリーは、エンジン始動、ライト点灯、エアコンやカーナビ、ウインドウ開閉などに使われます。携帯電話などのようにいちいち充電しなくてもいいのは、エンジンの回転を利用して常に充電しているからです。いい換えれば、エンジン停止中に室内灯をつけっぱなしにしたり、エンジン回転数の少ない渋滞中にエアコンを多用すると、充電ができず、バッテリーが上がる（過放電）といったことが起こりやすくなります。

バッテリーが上がった場合の対処法は、「ジャンプ」が一般的です。ジャンプとは、他車のバッテリーを利用してエンジンを始動させること。いったんエンジンが始動すれば、走行中に徐々に充電されます。

単純な原因によるバッテリー上がりは、ジャンプで回復することがほとんどですが、バッテリー自体が劣化していることがあります。この場合、バッテリーの交換が必要です。バッテリーの充電をしてもすぐに上がりぎみだったり、「点灯中のライトの明るさが変化しやすい」といった現象などが劣化の目安になります。バッテリーは3年前後で交換します。

エンジン始動しない主な原因は……

1 シフトレバーが不適切

事故防止のため、シフトレバーがPレンジやNレンジ以外に入っているときはエンジンが始動しない仕様になっている。Pレンジに入れてから(※)。

2 ガソリンがない

ガソリンが空ではエンジンは始動しない。いわゆる「ガス欠」の状態で、こうなると自分でガソリンスタンドにも行けない（140ページ参照）。

3 バッテリー上がり

バッテリーは走行することで充電される。渋滞中にエアコンを多用したり、駐車中にライトを消し忘れると、バッテリーが上がってしまう。

バッテリー上がりの対処法

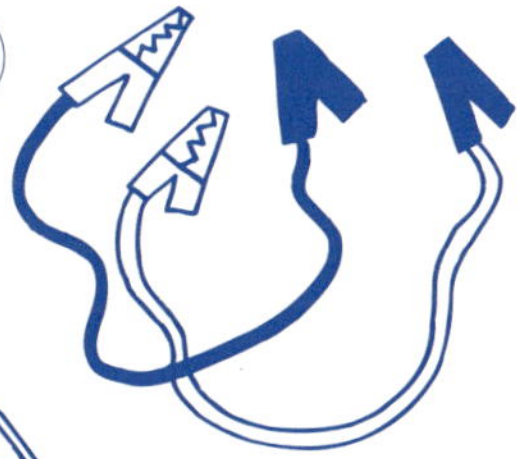

ブースターケーブル（ジャンプケーブル）があれば、他車のバッテリーを利用してエンジンを始動できる。ただしエンジン始動後すぐにフル充電はされないので、ガソリンスタンドなどで充電したり、劣化していればバッテリーを交換すること。

手順1 ブースターケーブルのつなぎ方（順番が重要）

他車のエンジンをかけてから、以下の手順でブースターケーブルをつなぐ
① 故障車のバッテリーの「＋」
② 他車のバッテリーの「＋」
③ 他車のバッテリーの「－」
④ 故障車の、バッテリーから離れたエンジン本体の金属部分

手順2 バッテリーの供給の仕方

① 他車のエンジンを始動し、アクセルを少し踏み、エンジンの回転をやや高め（1500回転くらい）にして数分間保つ
② 故障車のエンジンを始動
③ エンジンがかかったらブースターケーブルを、④、③、②、①の順で外す
④ 念のために、故障車は10～15分、回転数をやや高めに保って充電させる

※マニュアル・トランスミッション車ではクラッチを踏みながら始動させる。

Q キーを閉じ込めてロックしたときはどうすればいいですか？

A キーを使ってロックする習慣をつけましょう

キーを車内に残したままドアロックしてしまい、困った経験のある人は多いでしょう。JAFの出動件数も、「過放電バッテリー（バッテリー上がり）」に次いで多いと報告されています。

「キーを抜いてどこかにしまったはず」という思い込みから起こることで、これを防ぐためには、「必ずキーを使ってドアを施錠するクセをつける」のが鉄則。

最近は、ドアロックの施錠と解錠をリモコン操作できる「キーレス」あるいは「キーレスエントリー」と呼ばれるタイプのキーが主流になっているので、めんどうがらずにキーで行いましょう。

ちなみに、「スマートキー」「インテリジェントキー」と呼ばれているキーは、機械的な鍵の部分がなく、キーを身につけている状態であれば、自動で（あるいはボタンを押すだけで）、ドアの施錠や解錠、エンジン始動までが可能です。このようなシステムを、「スマートエントリー」と呼びます。スマートキーの場合、鍵を閉じ込める可能性はかなり減りますが、電池切れのときの対応は覚えておきましょう（※）。

さて、それでもキーを閉じ込めてしまい、スペアキーもない場合。基本的には、ロードサービスか近場のロックサービス業者に電話をして来てもらい、「インロック解錠」をしてもらうしかありません。

もし、「携帯電話が通じない、人家まで歩けない、人通りもまったくない」といった場所でキーを閉じ込めたときは、最後の手段ですが、ウインドウを割るしかありません。サイドのウインドウの修理代は、ロードサービスを呼ぶのに比べ、多少高いくらいです。

※すぐに電池交換ができない場合、ドアの施錠・解錠は内蔵されている機械的な鍵（メカニカルキー）で行う。エンジン始動は、ブレーキを踏みながら「スマートキーでスタートボタンを押す」「スマートキーでスタートボタンに触れる」などの操作を行う。

予防法

カシャッ

1 キーを使ってロックする

必ずキーを使ってロックするクセをつける。キーレスやスマートキーは車内への置き忘れに注意する。

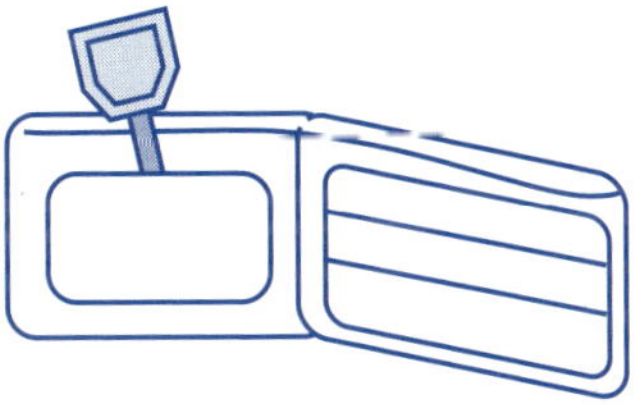

2 スペアキーを財布などに入れておく

スペアキーを用意して、「運転するときに必ず携行し、降車のときにも必ず身につけるもの」の中に入れておく。財布や免許証入れなどが適切。

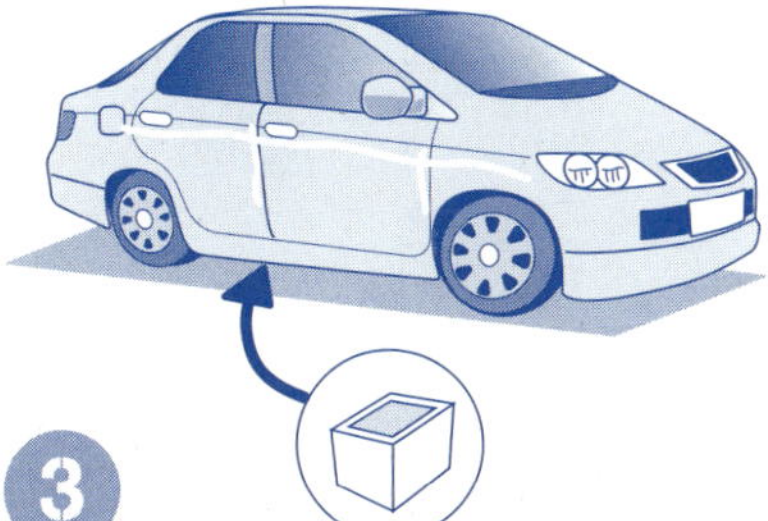

3 スペアキーをクルマに隠しておく

スペアキーを車体の下に潜ませておくグッズも販売されている。ただし盗難のリスクはそのぶん高くなるので、それを覚悟して自己責任で利用する。

対処法

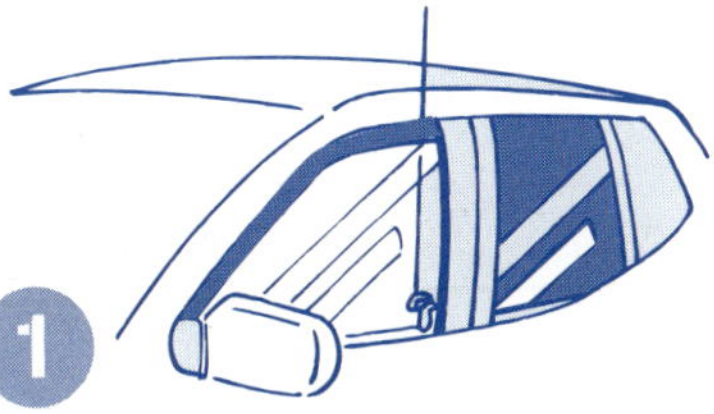

1 窓が少しでも開いていれば針金で挑戦

窓が少しでもあいていたら、先をU字にした針金を入れ、ウインドウわきのすき間に差し込み、引き上げる。運よくロック解除できることも……。

2 ロードサービスに電話する

JAFなどのロードサービスに電話して来てもらう。なるべく正確な場所を伝え、どのくらいで来てもらえるか確認する。

キーを閉じ込めてしまって・・・

KEY HOUSE

3 街中の合鍵屋さんでキーをつくる

街中のキーショップやロックサービスで、車種や車体番号をいうとキーをつくってくれる店もある。ただし、身分証明書やクルマのユーザーである証明などが必要。カーディーラーに依頼するのがベスト。

Q ガソリンスタンドがない場所でガス欠になったときは？

A 近くのガソリンスタンドに電話するのがいちばんです

走行途中に燃料切れになる「ガス欠」は、日ごろの注意で十分に防ぐことができます。

まずは「燃費計算」をしておきましょう。燃費とは、「1リットルのガソリンで走れる距離」のこと。計算結果をもとに、「満タンで何キロ走れるのか」「自宅から○○までは何キロで、それには何リットルくらい必要か」といったことを、ときどきは意識するといいでしょう。燃費は、クルマの種類、ドライバーの運転のクセ、高速道路を走ったか街中を走ったか、といった要素でも変わります。

そして、運転開始時や、長距離走行時には、必ず燃料計をチェックするのも大事なことです。ギリギリまで先延ばしにせず、早めの給油を心がけてください。

さて、それでもガス欠になってしまったとき。基本的には「キーの閉じ込め」と同様、ロードサービスを呼ぶことになりますが、左ページで紹介しているような方法もあります。

高速道路でのガス欠は、走行不能直前に惰性を使って路肩に寄せましょう。止まったらハザードランプを点滅させ、クルマの後方に停止表示板（三角板）を出して二次的な事故を防ぐこと。自分がはねられたり他車が追突しないよう、十分に気を配ります。高速道路でのガス欠は危険なばかりでなく、「高速自動車国道等運転者遵守事項違反」（違反点数2点）にもなります。

本書の他の項目では「もしもの備え」をおすすめしていますが、ガソリンをトランクなどに常備することはできません。無資格者が、ガソリンを容器に入れて運搬することは禁止されているのです。

予防法

1

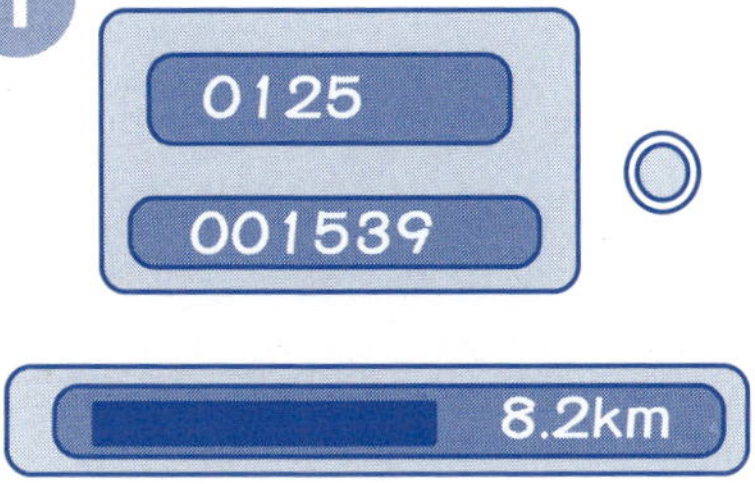

$$\frac{\text{前回給油してからの走行距離}}{\text{今回の給油量}} = \text{燃費}\ (\text{1リットルで走れるキロ数})$$

燃費計算をしておく

走行距離を使用ガソリン量で割れば燃費が算出できる。走行距離はトリップメーターで計測。使用ガソリン量は、毎回満タンにしているなら、今回の給油量と同じ。

2

高速道路や自動車道に入る前にはGSに寄る

毎回の運転前に注意するのはもちろん、長距離を走る高速道路や自動車専用道路に乗る前には、満タンにしておきたい。ガソリンスタンドに寄ったついでに、タイヤの空気圧チェックなどもするといい。

対処法

1

前項と同様、ロードサービスに電話をする。保険会社のロードサービスの対象になっていることもある。

2

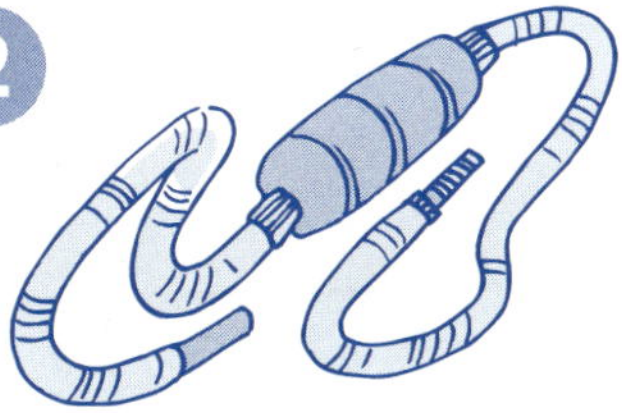

他のクルマから分けてもらう

専用のポンプを利用して、他のクルマから分けてもらう。ただし、引火の危険性なども考慮して、火気には十分注意する。

GS検索をして電話する

近くのガソリンスタンドから来てもらえればロードサービスよりも安上がり。カーナビ検索か、携帯電話で番号案内にかける、あるいは携帯Webサイトの検索機能などを使う。

Q タイヤ交換には自信がありません。パンクしたらどうすればいい？

A 可能なら、まず危険の少ない場所へ移動します

タイヤが破裂してしまうバーストは、起こってしまうと非常に危険ですが、正しいタイヤを正しい空気圧で使っていれば、めったに起こらない事故です。

いっぽう、「空気漏れ」であるパンクは、すぐに運転不能になったりしないので、それほど恐れることはありません。むしろ、パンクに気づかずに長く走り、結果的にバーストを起こすほうが怖いのです。だから重要なのは、「早い時期にパンクに気づく」こと。

まず前輪がパンクした場合。直進しているつもりなのに、どちらかにハンドルがとられたようになります。明らかに運転しにくいのでわかります。気づきにくいのは後輪で、ハンドルを切った後の動きが「何となくいつもと違って鈍い」という程度にしか感じません。

これらの現象を感知したら、早めに安全な場所に止めて対処します。

①軽症なら、近くのガソリンスタンドまで行く
②自分でスペアタイヤに交換する
③ロードサービスを呼ぶ

といった方法があります。

パンクは予測できない事故と思われるかもしれませんが、日ごろのメンテナンスでかなりの予防ができます。磨耗やキズがないかを頻繁にチェックしたり、空気圧の定期的な点検を受けることをおすすめします。特に高速道路のパンクは、大きな事故につながることもあるので、事前の空気圧点検は必須です。

なお、スペアタイヤの搭載場所は車種によって異なるので、クルマの購入時に確認しておきましょう。多くは、トランクルームのカーペット下にあります。

対処法

1 空気が少し抜けた程度ならまず安全な場所へ

ハンドル操作に違和感があるときは、早めに路肩へ移動して停車。高速道路の場合は停止による危険性も高いので、5キロ以内くらいにサービスエリアがあるなら、最低速度（50キロ）で慎重に移動。

2 緊急なら路上でタイヤ交換をする

タイヤがペシャンコ状態なら、すぐにタイヤ交換を行う。ただし路上の作業は危険なので、できるだけ安全な場所へ移動した後に。自分でできないときは、ロードサービスなどを呼ぶ。ジャッキの使い方については、174ページを参照。

軽度のものはパンク修理剤を利用

軽微なパンクであれば、パンク修理剤が使える。圧縮空気とゴム液が封入されたもので、エアバルブ（空気穴）にチューブを差し込んで注入すると、一時的にタイヤがふくらむ。釘などがあれば抜いてから行うこと。ただし、あくまでも応急手当用。

3 応急処置の後はGSでチェックしてもらう

自分でタイヤ交換をした場合は、ガソリンスタンドなどで、ナットの締め方が十分かどうか見てもらう。また、パンクの原因が劣化であるなら、ほかの3本のタイヤも早めに点検すること。

Q 脱輪したとき、自力で這い上がることはできる?

A 落ち方や車種によっては可能です

対処法

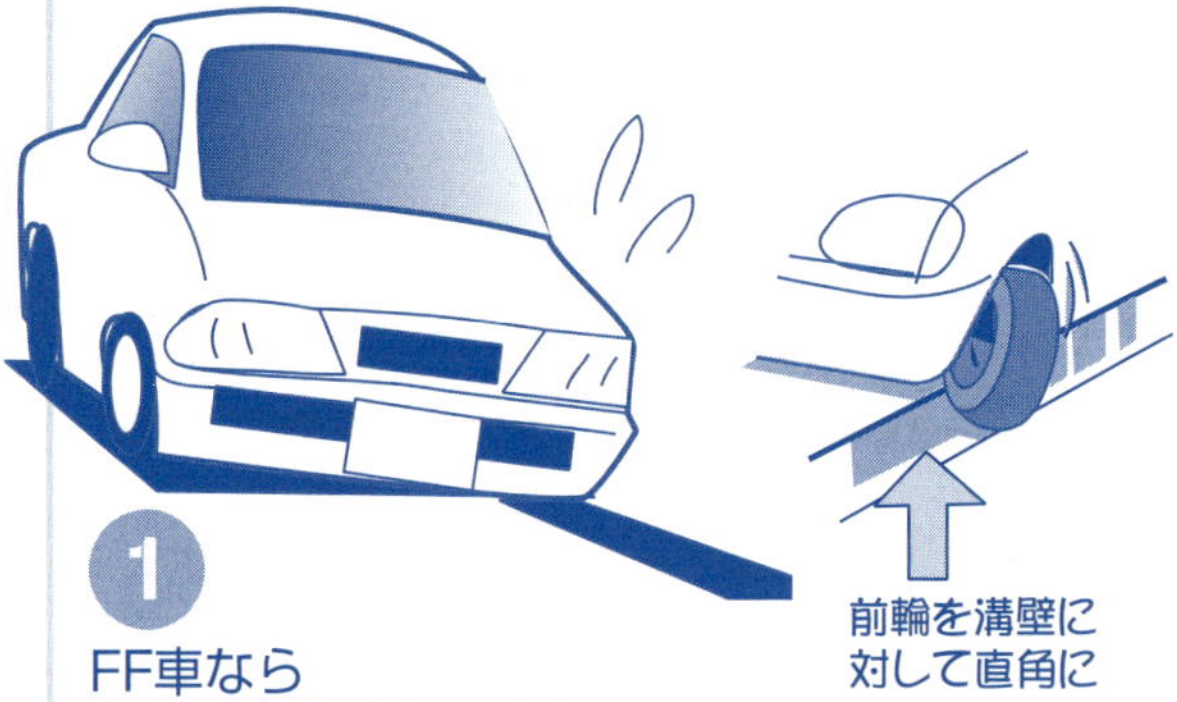

1 FF車なら自力脱出可能なことも

前輪駆動車で前輪が落ちたときは自力脱出できることもある。前輪をなるべく溝壁に直角に当て、Rレンジにしてアクセルを踏んでみる。

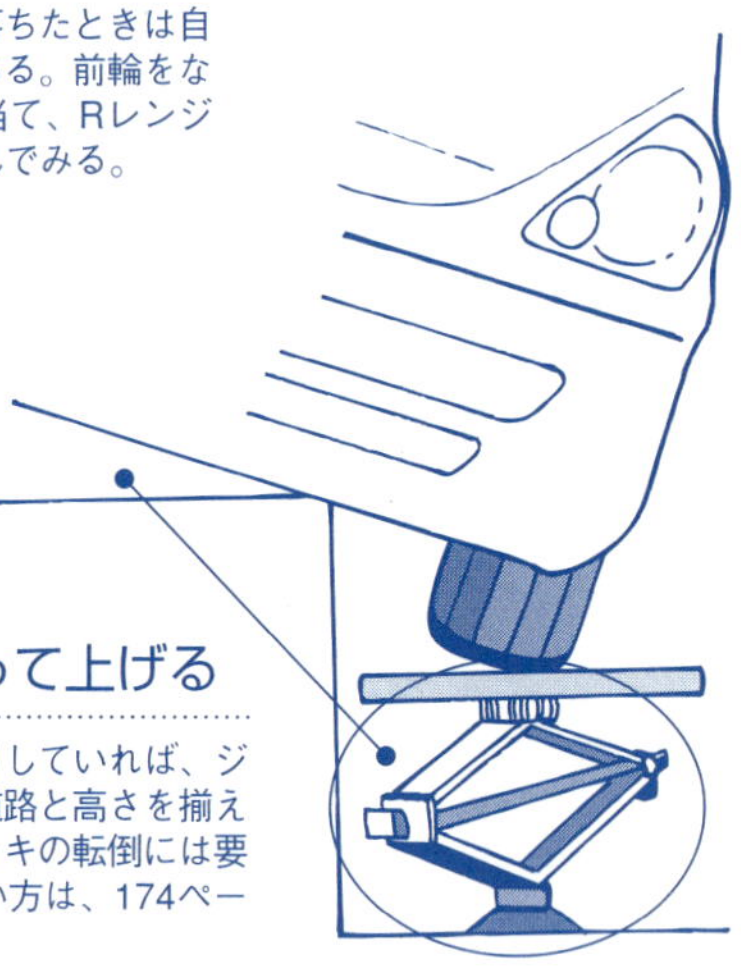

2 ジャッキを使って上げる

溝底の地面がしっかりしていれば、ジャッキをセットし、道路と高さを揃えるようにする。ジャッキの転倒には要注意。ジャッキの使い方は、174ページ参照。

脱輪は意外に頻繁に起きています。

前輪駆動車の前輪が落ちたときは、自力脱出できることもあります。これは、駆動輪で力が伝わりやすく、タイヤの向きが自由に動かせるためです。

後輪駆動車の場合はケースバイケース。自力脱出が困難なときはジャッキを利用すれば助かることもあります。

人手で持ち上げたり他車で牽引する方法もありますが、「脱出直後の勢いで人をはねた」「牽引中に切れたロープが人に当たった」という事故も。自力脱出かジャッキアップが無理なときは、プロのロードサービスに任せるのが無難です。

Q クルマの走行中に異音が聞こえ、水温計が高温を示しています！

A おそらくオーバーヒートなので、安全な場所にクルマを止めて様子を見ます

クルマを走らせるためにガソリンを燃焼させると、エンジン部はかなりの高温になります。これを冷やすための装置がラジエータや冷却ファンですが、何らかの理由でこれらが十分に機能しないと、異常な高温になってオーバーヒートが起こります。

　原因はさまざまですが、冷却水不足、冷却ファンの故障などが考えられます。冷却水の残量がないときも、単に不足しているのか、それとも漏れているのかを見極めるのが大事です。

　冷却水不足は上記のような対処法がありますが、それ以外の場合は、無理せず、早めにロードサービスを呼びましょう。

対処法

1 涼しい場所で冷ます

オーバーヒートのときに無理して走りつづけるのは危険。少し減速し、エンジンの負担を軽減しても水温計が下がらないなら、涼しくて安全な場所にクルマを止め、エンジンを止める。

水温計が十分下がってから
タンクをチェック
キャップを開けずに
クーラントの量を
チェックする

2 冷却水をチェックする

水温計が下がったのを確認してから、ラジエータ冷却水タンクの残量をチェック。ヤケドする恐れもあるので、キャップをあけずに外から確認する。冷却水不足なら、十分に冷めてからキャップをあけ、クーラント（冷却水）を入れる。

クーラントの
持ち合わせが
ないときは
少量なら
水道水でもOK
（緊急処置）

Q 道に迷って現在位置がわからなくなってしまった！

A ガソリンスタンドやコンビニなどで聞くと、教えてもらえます

はじめて走る道で迷ってしまい、現在位置も進むべき方向も見失ってしまった……そんな事態に陥ることもあります。

住宅地では、直角だと思った道に微妙に角度がついていて、知らないうちに想定外の方角へ進んでいることもあるでしょう。それでも、住宅地なら住所表示もあるし、通行人に道を聞くこともできます。

深刻なのは、「人家のない山道で迷い、他にクルマも走っていない」といった状況。このような場合にこそ、カーナビやスマートフォンの地図アプリが役立ちます。そもそも、カーナビの電源をオンにしておけば、ひどく迷い込むことはないはずです。迷いやすい人には、カーナビはおすすめです（94ページ参照）。

カーナビがないときは地図を頼りにしたいところですが、山奥で何の目印もない場所では、いくら地図があっても調べようがありません。さて、こんなときはどうすればいいのでしょうか？

それぞれの具体的な対処法は左ページで述べていますが、基本方針としては、

①正しい方角を把握する
②大きな通りを目指す

ということ。また、心構えとしては、「焦らず落ち着いて考える」「根拠のない思い込みはいったん捨てる」といったことも大事です。

もしも「極寒地の山中で、引き返す道も不明、日暮れも近い」といった生死にかかわる状況であれば、ウロウロして無駄に時間やガソリンを使う前に、早めに警察などに電話して、救助を求めましょう。

対処法

❶ 住宅地なら通行人などに聞く

近くの住民らしき人に道を尋ねる。クルマを運転しない人で道を知らないなら、現在位置、方角、大きな通りの方向などを聞く。

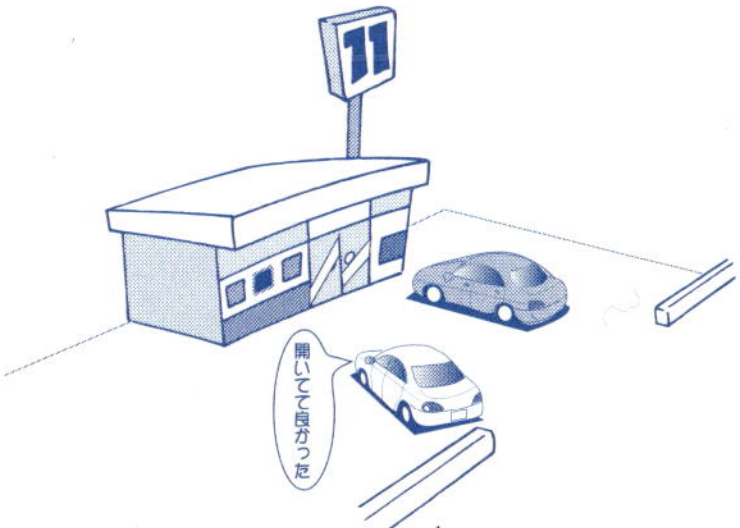

❷ GSやコンビニで聞く

ガソリンスタンドやコンビニがあれば、現在位置と方角、大きな通りへ出る道順を教えてもらう。近道よりも、わかりやすい道を聞くこと。

❸ 深夜なら空が明るい方向を目指す

深夜で、周囲に何もないような場所であれば、遠くにかすかでも明るいところが見えないか探してみる。街の灯かりの可能性が大。

❹ わかるところまで引き返す

どうにもならなくなる前に、わかるところまで引き返すのが無難。時間のロスは大きいが、これなら間違いはない。

❺ 携帯電話で現在位置を調べる

携帯電話の電波が届く場所なら、たいていの携帯で大まかな位置はわかる。スマートフォンなら地図アプリとGPS機能を利用して、正確な現在位置の把握も可能だ（※）。

この他に方角を知るためのヒント

・晴天の日中なら太陽の位置を見る
・海や山の位置を見る
・マンションのベランダは南向きであることが多い

※スマートフォンの充電用に、モバイルバッテリーやシガーソケットチャージャーなどを準備しておくとよい。

Q 接触事故を起こしたときは、まず何をするのですか？

A まず連絡先を交換し、警察に電話します

誰もが無事故で運転したいと思っているはずですが、クルマを運転しているかぎり、事故を起こす可能性は皆無ではありません。万一の場合に大切なのは、事故の被害や影響を最小限にくいとめることです。

まず、接触事故や追突などをしたら、すみやかに安全な場所に移動し、二次的な事故防止に努めます。道路に破損物が飛び散ったり油がこぼれていたら、後続車がパンクやスリップをする危険性があるので、停止表示板(三角板)をおいてその車線を通行不可にします。

高速道路では、降車自体が危険なので、十分に注意しましょう。そして、停止表示板は30メートル以上手前（後方）におきます。見通しの悪い場所で、車両移動もできないなら、発炎筒をたくことも必要です。

さて、あなたと事故の相手に大きなケガがなければ、いわゆる「物損事故」になります。連絡先を交換し、警察と保険会社に連絡します。

事故が軽く、相手が急いでいる場合、「警察の実況検分は待てない。たいした事故ではないし、示談で適当に」といわれることもあります。しかし、警察の実況検分がなければ事故証明は出ず、事故証明がなければ基本的には保険もおりません。

そして、事故直後は「大丈夫」といっていた相手が、後日、「ケガがひどい。治療費を出せ」と前言を覆すことは多々あるのです。

正式な交通事故となると、違反点数がついたり自動車保険料が上がったりするので、それを嫌がる人もいます。しかし、後のトラブルを防ぐ意味でも、きちんと届出をしなければなりません。

1 安全な場所へクルマを移動

後続車のジャマにならないように、すみやかに安全な場所に移動させる。路肩などの路上に止めたときは、後続車が見落とさないように停止表示板などを利用。

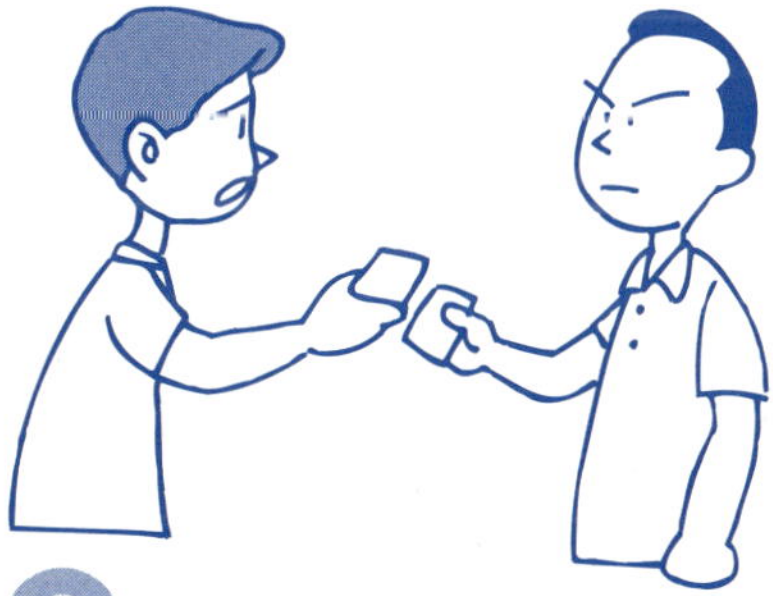

2 相手と連絡先を交換

自分の責任が大きなときには最初に謝る。しかし、五分五分のような事故のときは、とにかく冷静に事務手続きを行う。互いの免許証と自動車保険証などを見せて、連絡先を交換する。

3 警察に連絡し、実況検分

警察に連絡して実況検分を受ける。免許証、車検証を提示。相手が一方的に去った場合もこれは実行したほうがいい。カメラを持っていれば、自分で現場を撮影しておくと役立つことも。道路交通法違反があれば、後日連絡がある。

4 保険会社に連絡

保険会社に連絡し、事故状況を詳しく説明。その後の細かい交渉は保険会社に任せる。保険料が上がるのを嫌がって保険を使わない人もいるが、少しでももめるようなら保険が無難。

どんな場合でも確認しておくこと

- 相手の免許証から名前、住所、免許番号を控える
- 相手のナンバープレートは？
- 相手の保険会社名は？

やってはいけないこと

- その場で念書を書く

Q 万が一、人身事故を起こしたときは、どうすればいいのでしょうか？

A 負傷者の救助と安全確保を最優先にして、すぐに救急に電話します

人身事故の場合、まずはケガ人の人命救助、安全確保が第一です。二次事故が起きないよう、クルマを安全な場所に止め、ケガ人を安全な場所に移動させます。ケガの具合によっては動かさないほうがいい場合もあるので、様子を見て、最小限の移動にとどめます。

それからすぐに１１９番に連絡します。動揺しているかもしれませんが、なるべく冷静になって、「現在位置」「事故の種類」「ケガ人の人数と容態」「自分の名前と電話番号」などを報告します。

重傷のときは、救急車が来るまでのあいだに、応急処置を行います。

①出血があれば、止血をする
②意識がないか呼吸が不十分なら、気道を確保
③呼吸がなければ、人工呼吸をする
④頸動脈の拍動がなければ、心臓マッサージを行う

これらを、①～④の順番で確認、実行します。

ケガ人の安全確保や応急処置、通報、事故現場の二次事故防止措置といった多くのことを行わなければなりません。焦って混乱するでしょうが、周囲に人がいれば協力を仰ぐなど、冷静に対応します。

もしもケガが軽そうで、本人が不要だといったとしても、いちおう救急車を呼んで病院で検査を受けてもらったほうがお互いに安心です。後になって、「思ったよりも重傷だったから補償してほしい」といわれ、「ほんとにあの事故が原因のケガだろうか」と不審に思う、という事例も多々あります。

落ち着いたら警察にも通報をして、実況検分を受けるのは物損事故と同様です。保険会社にも連絡します。

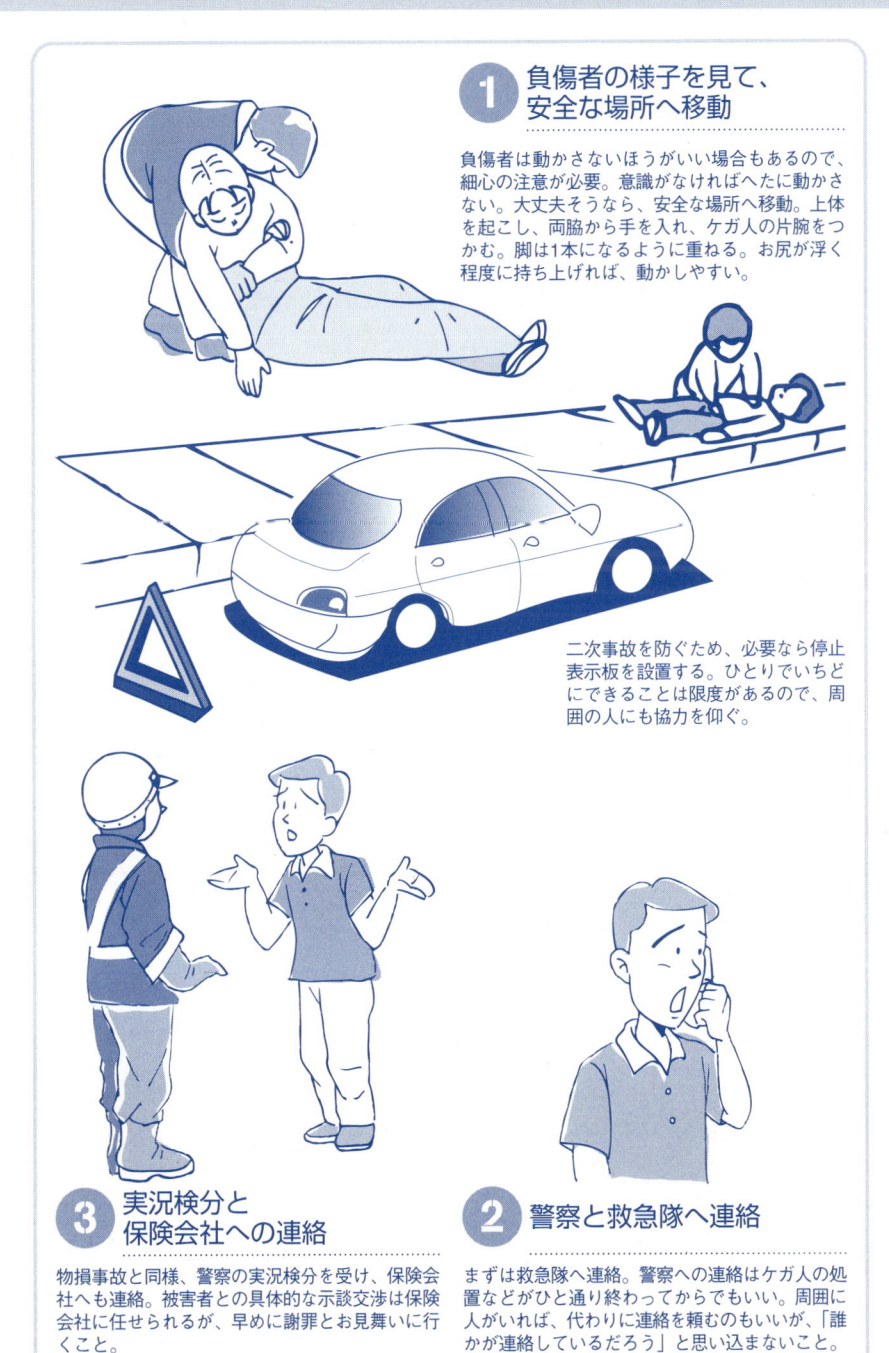

① 負傷者の様子を見て、安全な場所へ移動

負傷者は動かさないほうがいい場合もあるので、細心の注意が必要。意識がなければへたに動かさない。大丈夫そうなら、安全な場所へ移動。上体を起こし、両脇から手を入れ、ケガ人の片腕をつかむ。脚は1本になるように重ねる。お尻が浮く程度に持ち上げれば、動かしやすい。

二次事故を防ぐため、必要なら停止表示板を設置する。ひとりでいちどにできることは限度があるので、周囲の人にも協力を仰ぐ。

② 警察と救急隊へ連絡

まずは救急隊へ連絡。警察への連絡はケガ人の処置などがひと通り終わってからでもいい。周囲に人がいれば、代わりに連絡を頼むのもいいが、「誰かが連絡しているだろう」と思い込まないこと。

③ 実況検分と保険会社への連絡

物損事故と同様、警察の実況検分を受け、保険会社へも連絡。被害者との具体的な示談交渉は保険会社に任せられるが、早めに謝罪とお見舞いに行くこと。

Q 踏切り内に取り残されないために注意する点を教えてください

A 通り抜けられるスペースを確認してから踏切り内に入ります

ＡＴ車の普及でエンストが減り、踏切り内に取り残されるクルマの数も減っているはずですが、それでも事故はなくなりません。踏切りを軽視せず、十分に気をつけて横断しましょう。

踏切り内に残されないためには、

①ＡＴ車でも踏切り内でシフトチェンジしない
②脱輪しないように、端には寄らない
③警報機が鳴りはじめた踏切りへ進入しない
④向こう側のスペースを確認してから進入する

といった、ごく基本的なことを守ることです。

①②を怠ったり整備不良があると、クルマが立ち往生することになります（１５４ページ参照）。

③を守るのは当然の義務ですが、踏切りの直前で、必ず一時停止します。警報機や遮断機のある踏切りでは、いちいちウインドウをあける必要はありませんが、できるだけ音にも注意しましょう。

④については、渋滞時の交差点と同じことです。

③④を怠ると、「前車がジャマで踏切り内から出られないのに遮断機が降りてくる」という怖ろしい事態へつながります。

こうしたことが起こりかけたら、とにかく急いで脱出です。前にスペースがないときは、クラクションを鳴らすなどして少しずつつめてもらいましょう。

前のクルマがなかなか動いてくれないようなら、多少の接触は覚悟で、無理やり斜め前のスペースに進みます。たとえ遮断機が降りていても、たいていのものは押せば開く仕組みになっているので、躊躇《ちゅうちょ》せずに前へ進みましょう。

あきスペースを確認してから進入

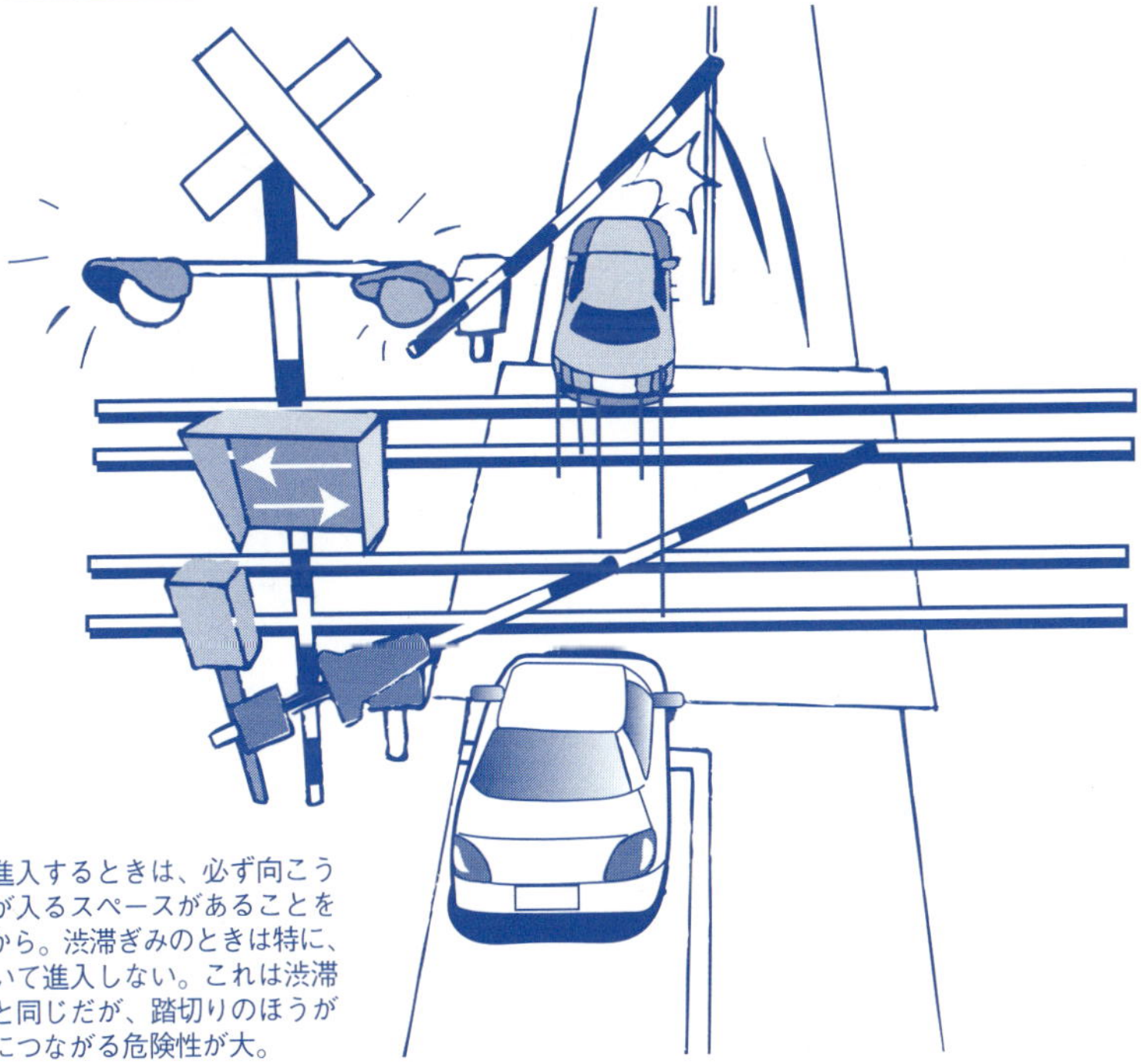

踏切りに進入するときは、必ず向こう側に自車が入るスペースがあることを確認してから。渋滞ぎみのときは特に、前車について進入しない。これは渋滞の交差点と同じだが、踏切りのほうが重大事故につながる危険性が大。

脱出スペースがないときは前車につめてもらう

❶ 遮断機が降りてしまったときは無理やり前進する

遮断機は、押せば水平方向に動いて開く仕組みになっている。そうでない場合は折れることもあるが、それは仕方ない（ただし賠償責任は生じる）。

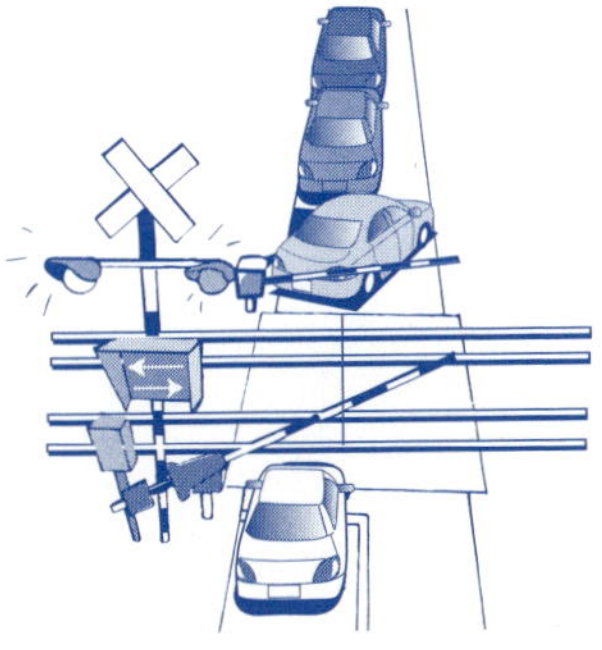

❷ 脱出スペースがないときは前車につめてもらう

前のクルマに少しずつつめてもらう。前車の反応が鈍かったり、渋滞のためにつめるのが難しいようなら、対向車線も含め、斜め前方にあきスペースを探し、強引に進む。

Q 踏切り内でクルマが動かなくなったら何をすればいいのでしょうか？

A 確実に押して出られる保証がないかぎり、列車を止めるのが先決です

踏切り内でクルマが動かない場合、これは大きな事故につながります。クルマが動かなくなる主な理由に、

①突然のエンスト後、エンジンが始動しない

②脱輪した

の2つが考えられます。こんなとき、脱出と列車停止のどちらを優先させたらよいのでしょうか。

①の場合、「列車が来る前に確実に押し出せる」という確信があれば、脱出を試みます。たとえば、「クルマは軽量、踏切りから出るにはほんの数メートル、手伝ってくれる人が多い、警報機は鳴っていない」といった状況であれば、大丈夫かもしれません。そのさい、シフトをNレンジにすることを忘れずに。

しかし、すばやくクルマを押し出す自信がなかったり②の脱輪の場合、列車停止を優先します。

まずは警報機の非常通報ボタンを押します。これで鉄道会社と付近を走行中の運転士に通報されます。列車が止まったことを確認後、脱出します。

非常通報ボタンがないなら、発炎筒をたいて列車に知らせます。かつては「発炎筒を持って列車が来る方向に走る」ようにいわれていましたが、列車が来る方向がわからないこともあります。その場合は踏切り付近でたきつづけましょう。発炎筒はわりと短時間に燃えつきてしまうので、代わりのものも燃やします。また、電池式の非常信号灯があるなら、それを使うのも有効です。この作業を続行しながら、携帯電話などで警察に通報し、鉄道会社へも知らせてもらいます。

列車停止は、鉄道会社から多額の賠償金を請求されます。クルマの整備と安全運転を怠らないように。

STEP 1 警報機の緊急ボタンを押す

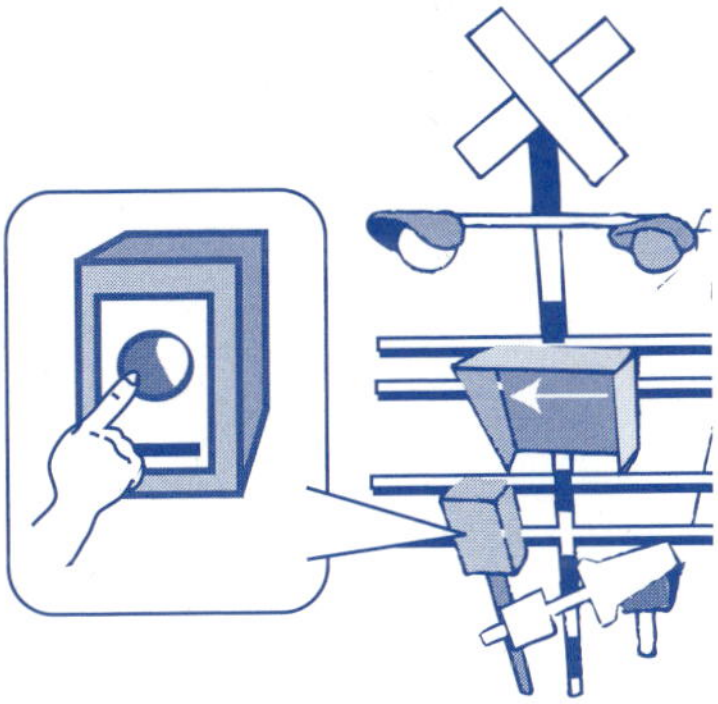

警報機のある踏切りでは、押しボタン式の非常通報ボタン（踏切り支障報知装置）があるはず。これを押せば、鉄道会社に自動的に通報される。

STEP 2 警報機に通報ボタンがなければ発炎筒

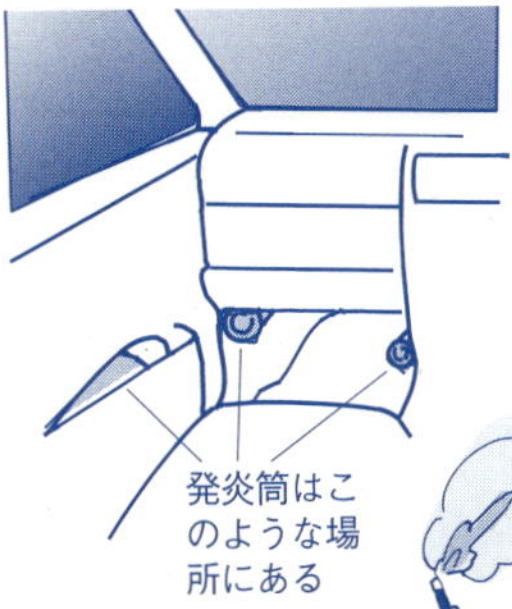

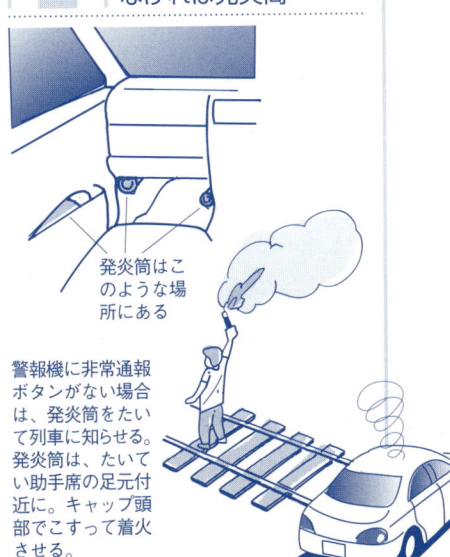

警報機に非常通報ボタンがない場合は、発炎筒をたいて列車に知らせる。発炎筒は、たいてい助手席の足元付近に。キャップ頭部でこすって着火させる。

STEP 3 その他の煙が出やすいものを燃やす

発炎筒は数分で煙が出なくなるので、その後は煙が発生しやすいものを燃やして対応する。ライターがなければ、クルマのシガーライターを利用。警察にも通報する。

STEP 4 列車が止まったことを確認したら移動させる

列車が止まったこと、あるいは止まることを確認した後に、クルマを脱出させる。その後は警察や鉄道関係者の指示に従う。

Q 海や川に落ちてしまったら、どうやって脱出するのでしょうか？

A 窓から出ますが、窓があかないときは割って出ます

クルマで川や海に落ちてしまう水没事故が、しばしば発生しています。落ちた直後は水面に浮かんでいても、徐々に車内に浸水して最後は沈んでしまうので、早い時期に脱出しなければなりません。

まず基本的なことですが、ドアがあくか試してみます。ただし、外からの水圧があるので、ドアがあかないケースが圧倒的に多いでしょう。また、ドアがあくと一気に浸水するので要注意です。

ドアがダメなときは、窓やサンルーフから脱出します。これらは電気制御なので、水没の影響で操作不能になっている恐れがあります。あけばラッキーですが、あかないときは、窓を叩き割ります。

このような事態に備え、事前にハンマーを購入し、運転席からすぐに取り出せる場所にセットしておきましょう。「ライフハンマー」とか「緊急脱出ハンマー」などと呼ばれていて、カー用品店で１０００円くらいから購入できます。窓を叩き割るためのハンマーと、シートベルトを切るためのカッターがついています。シートベルトがうまく外れないときは、このカッターを利用すればいいのです。

窓を割るときは、サイドの薄いガラスを割りましょう。フロントウインドウやリアウインドウは、見るからに丈夫そうですが、実際、かなりの回数叩きつづけないと割れません。割った直後は、水がすごい勢いで入ってきますから、注意してください。

脱出後は、警察や保険会社へ連絡します。いちど水没したクルマは、ほとんどが修理不能で、廃車にするしかないでしょう。

1 窓があけば窓から脱出する

電動式のパワーウインドウでも、いちおう開閉ボタンを押してみる。運よく窓があいたら、すみやかに脱出する。貴重品などの持ち出しはあきらめたほうがいい。

2 あかない窓はハンマーで割る

ハンマーは先が尖っていることが重要。カッター付きの軽いタイプが扱いやすい。サイドの窓が割れやすく、窓の中央部よりも端のほうがきれいに割れる。

割った直後は水やガラスの破片が飛び込んでくる。慌てず、ケガをしないように気をつけながら窓から脱出する。

3 窓から出られなくてもあきらめない

窓があかず、さらに叩き割ることができなくてもあきらめない。水が首のあたりまで浸入してくると、外圧と内圧が同じになってドアがあくこともあるので、ドアロックは早めに解除しておく。フロント部が重くて前下がりになるので、4ドア車で余裕があれば後部座席へ移動する。

Q 雨の高速ではハンドルが効かないことがあると聞きましたが…

A 慌てて急ブレーキを踏まず、我慢するのが大事です

雨の高速道路でスピードを出していると、クルマが浮いたようになり、クルマの振動が感じられなくなることがあります。これは「ハイドロプレーニング現象」といい、ごく簡単に説明すると、水の膜の上をタイヤが上滑りしている状態です。

ブレーキもハンドルも効かないコントロール不能な状況ですが、慌てて急ブレーキや急ハンドルの操作をすると、回復直後にクルマがスピンして大きな事故につながります。「急」のつく操作は厳禁です。

このような状態になったら、アクセルを戻し、しっかりハンドルを押さえて、ただじっと待つしかありません。少し待てば必ず回復するので、焦らず落ち着きましょう。

もしも余裕があるなら、車体が斜めになったときは、ゆっくりとハンドルを回してタイヤを進行方向に平行に保つと、車体は再びまっすぐに戻ります。

ハイドロプレーニング現象を避けるには、

①水たまりの中を走らない
②雨の日にスピードを出さない（80キロ以下）
③摩耗タイヤを使用しない

ということが重要です。

また、高速道路で雨が降りはじめたときは、急ブレーキをかけると普段以上にスリップしやすくなっています。これは、「ウエットスキッド現象」といって、路面の砂や油分が雨と混ざり、スリップしやすい膜ができてしまうことが原因です。

雨の日の高速道路は非常に危険が多いことを十分に自覚して、安全運転を心がけてください。

予防法

① 水たまりは避ける

水たまりを走行すると、それだけ危険性が高くなる。急ハンドルで水たまりを避けるのはよくないが、早めにわかればゆるやかに避ける。

② 雨の日はスピードを出さない

雨が降りはじめたら減速する。濡れた道路はブレーキを踏んだときの停止距離が長くなる。減速は当然だ。

対処法

じっと待っていれば、いずれは上滑りから回復する。それまでは、ハンドルを切ったり急ブレーキを踏んだりしないこと。回復してきたと感じたら、そのまま走りつづけ、減速を心がける。

原因は水の膜

ハイドロプレーニング現象は、水がタイヤの溝から排水されずにたまり、タイヤの接地面と路面とのあいだに薄い膜ができて、タイヤが上滑りする現象。タイヤ溝が浅いと起こりやすいので溝は3ミリ以上必要。

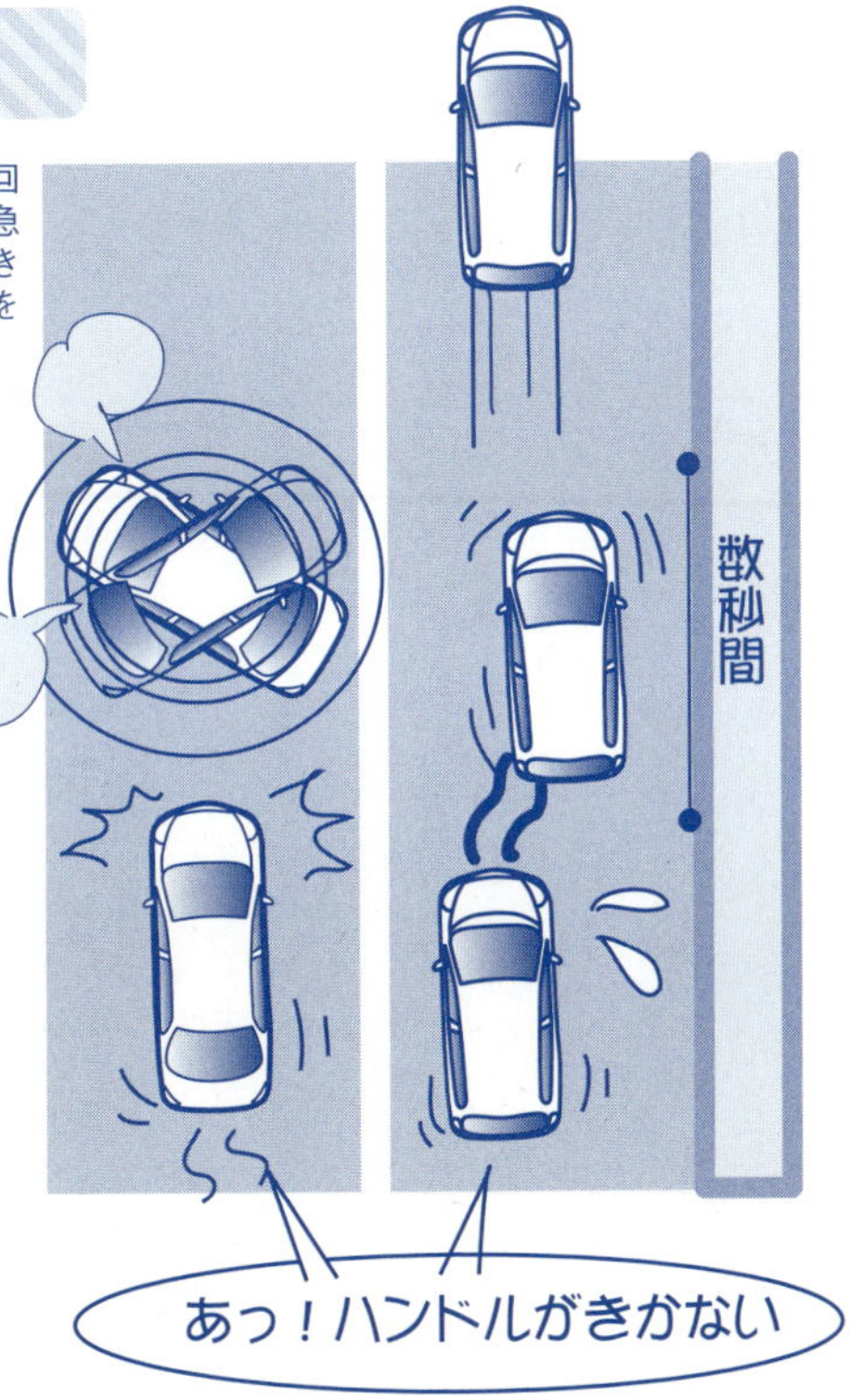

Q 止めておいたクルマが消えた! レッカー移動されたのでしょうか?

A レッカー移動であれば、指定された機関へ出頭します

出先でクルマを止めていて、戻ったときになくなっていた! こんなことが起きれば誰でもビックリします。そこが駐車禁止エリアであれば、駐車禁止によるレッカー移動の可能性が高いでしょう。その場合、路面にチョークで告知があるのでわかるはずです。

レッカー移動されると、その後の手続きはかなりめんどうです。まず指定された警察署に出頭し、そこでレッカー移動代と保管料を徴収され、自分で保管場所(民間の駐車場など)にクルマを取りに行きます。もちろん、駐車違反の違反点数2点がつき、反則金の支払いも必要。「レッカー移動代の料金設定が不透明」という声もありますが、とりあえずは従うしかありません。

ところで違法駐車をした場合、違反キップがオレンジ色のタグでドアミラー部などにつけられるだけの場合と、レッカー移動されてしまう場合があります。「違法駐車によって障害や危険を生じそうな場合にはレッカー移動」という規定がありますが、通報によって移動されることもあり、基準は明確ではありません。

警察は、駐車違反のクルマに対して、まず最初は移動するように命令する義務があり、いきなり違反キップは切れません。ただしドライバーがいないときは、タイヤと道路にチョークでつけた印が「命令」の代わりとされています。そして、移動命令に従わなかった場合に駐車違反になる、という理屈です。

これも印がつけられてから何分後という明確な規則はなく、10分後にレッカー移動されることもあれば、二度と巡回に来なかったというケースもあります。

レッカー移動か盗難かを判断する

1

レッカー移動

止めておいたはずのクルマがないとき、そこが駐停車禁止エリアなら、レッカー移動の可能性が高い。告知が書かれていれば確実にレッカー移動。

2

盗難

駐停車禁止エリアでない場合や、レッカー移動の告知などがない場合、盗難にあった可能性が大。慌てず、すぐに警察や保険会社に電話する。

対処法

1

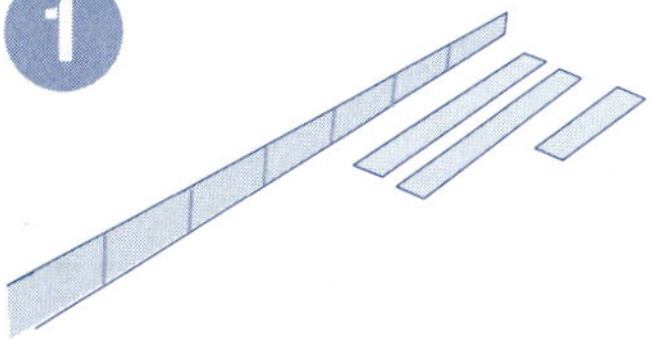

告知が自分のクルマか確認

道路にはレッカー移動の告知とともに、出頭すべき警察署名が書かれている。ナンバープレートやときには車種も書かれているので、自分のものか確認。

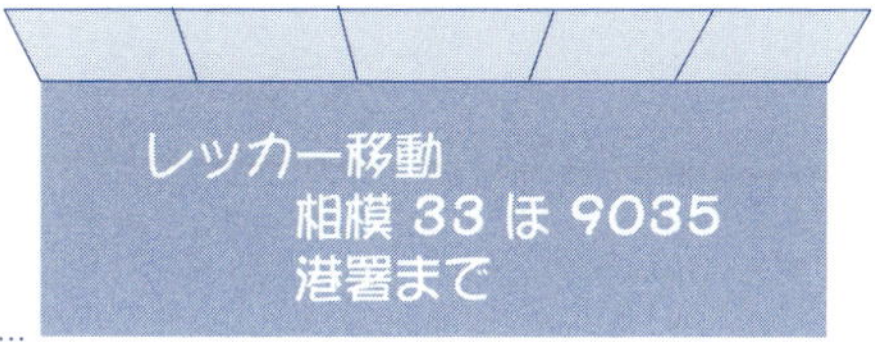

2

指定された機関に出頭

指定された警察署に出頭する。ここでクルマの保管場所を聞き、自分で取りに行く。このときに違反キップを切られ、反則金納付書を渡される。

駐車違反タグがついていたら

レッカー移動は免れても、駐停車禁止違反のキップを切られると、ドアミラー部などにオレンジ色のタグが施錠してある。最寄の交番に行って解錠してもらい、違反を認めればサインと押印。後日違反金を払い込む。

Q クルマの盗難を避けるにはどんな自衛策がありますか？

A 防犯グッズを利用し、緊急時に必要な情報は控えておきます

クルマが止めた場所からなくなっていて、前項のようにレッカー移動された形跡もなければ、それは盗難です。

出先で盗まれることもありますが、自宅の駐車場に止めていても盗難にあう可能性はあります。ほんのちょっとクルマから離れたスキに、というケースも……。

すぐに発見されて、大きな故障もないこともまれにありますが、全壊状態で発見されたり、海外などに転売されることのほうが多いのです。このような事態を防ぐためには、とにかく防犯対策をしっかりしておくこと。ねらわれやすい車種というのもあるので、それらのユーザーは特に注意が必要です。

まず基本的なことですが、車内に貴重品をおいておくと、盗難の可能性が高くなります。こじあけて貴重品だけが盗まれることもあるし、クルマごと持ち逃げされてしまうこともあります。車内に貴重品を残さない、やむをえず残すときは外から見えないように隠す、などの対策を講じましょう。

左ページには、具体的な予防策をいくつか挙げてあります。この他にもいろいろな防犯グッズがあるので、カー用品店で探してみてください。ＧＰＳ機能によって盗まれたクルマの現在位置がわかる「車両位置検索システム」などもあります。

イモビライザーなどの最新技術も開発され、効果を上げていることも事実ですが、すぐにそれを突破する技術が開発され、窃盗犯とのイタチごっこになっている面もあります。最新グッズに頼りすぎず、基本的な部分での注意を怠らないことも重要です。

予防法

① 明るく監視の行き届いたパーキングに停める

駐車場にも、ねらわれやすいところとそうでないところがある。なるべく明るくて、往来があるところに止めるのが望ましい。

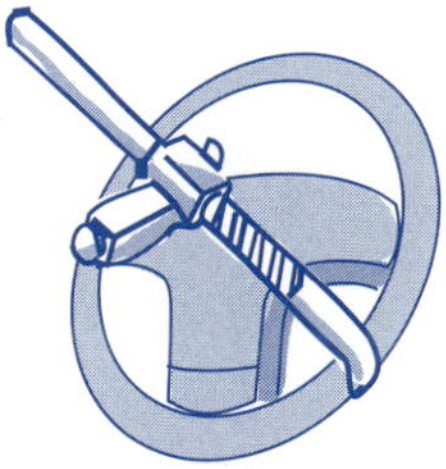

② ハンドル固定器具を使う

ハンドルを固定して運転不能にする「ステアリングロック」は、取り付けが簡単で、価格も防犯グッズの中ではリーズナブル。

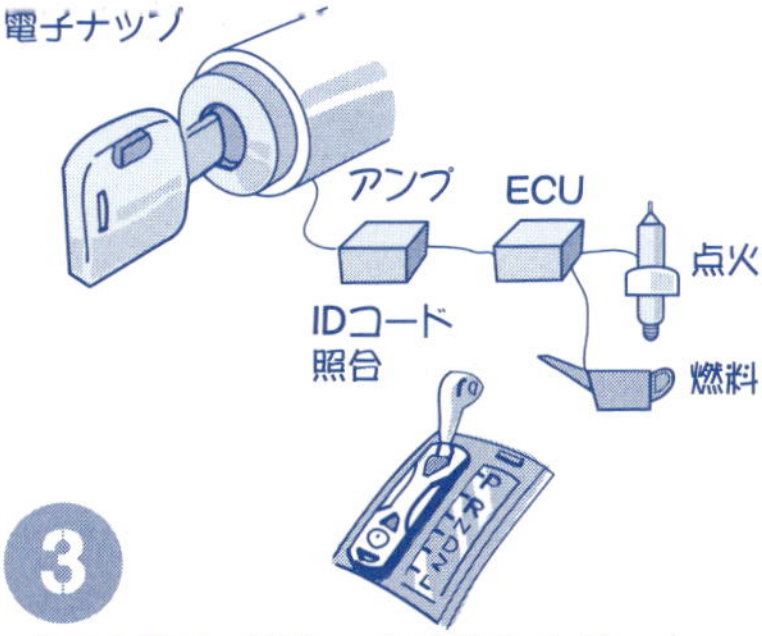

③ イモビライザーを利用する

イモビライザー機能とは、クルマのキーに電子チップを埋め込み、このIDとクルマのIDが一致しなければエンジンが始動しないシステム。最初から搭載されている車種もあるし、カー用品店などで購入して後付けもできる。

その他の予防法

- 駐車時に窓とロックを十分に確認する
- 車外から見える場所に貴重品をおかない
- 路上駐車をしない
- スペアキーを残さない
- 自宅駐車場にはシャッターをつける
- 自宅駐車場には、センサー付きのライトやビデオをつける
- 盗難に備えてGPS機能をつけておく

対処法

① 警察(最寄の交番)へ盗難届と被害届を出す

最初に届けるのは警察。近くの所轄署か110番でもOK。盗難届けと被害届けを出す。届出がないと保険もおりないので、必ず行う。

届出時に聞かれること
① 自動車登録番号
② 自動車車体番号
③ 自動車の色、年式、キズなどの特徴
④ 所有者と使用者名
⑤ 盗難届出者名
⑥ 被害にあった年月日
⑦ 盗難にあった場所
⑧ 盗難にあった状況
⑨ 車内にあったもの

② 保険会社へ届出

保険会社へも届けを出す。盗難車が発見されなかった場合、全損事故として車両代全額が、保険金として出るケースもある。

Q スピード違反で捕まりました。どこに行って何をすればいい？

A 青キップであれば金融機関に反則金を払い込むだけです

現実問題として、いつも速度制限以内で走っている、という人はまれでしょう。とはいうものの、スピードの出しすぎは事故のもと。警察も、速度違反の取り締まりは熱心に行っています。

速度違反になるのは、

①パトカーや白バイに止められる
②速度探知レーダー（ネズミ捕り）で止められる
③オービスに撮影されて呼び出しが来る

というパターンがあります。

オービスとは、道路わきに設置されたカメラ付きの「速度違反自動取締り装置」のことで、速度超過のクルマを検知して撮影します。後日、出頭を促すハガキが送られてくるので、指定日に出頭します。

①②の速度違反は、その場でキップを切られます。これに納得できれば、サインをして押印し、後日指定された金融機関に違反金を払います。超過速度に応じて、違反金も違反点数も異なります。

印鑑がないときに指紋を押すようにいわれますが、「任意」なので嫌なら拒否できます。警察が指紋押捺を強制できるのは、「逮捕時」「裁判所の身体検査令状があるとき」だけです。もちろん軽微な交通違反で逮捕されることはありません。

速度違反自体に納得できなければ、サインはせず、違反金の払い込みもしません。たとえば、②の探知レーダーは、ごくまれに、近くを走る他車のスピードを検知してしまうこともあるようです。しかし違反を認めないときにはめんどうな裁判で争うことになるので、それなりの覚悟が必要です。

対処法

白バイやパトカーなどに停止命令されたら、すみやかに路肩に寄せて停止する。その場で警察側の速度記録を確認するようにいわれ、違反キップを切られる。

違反3点以下の軽微な違反なら青キップ「交通反則告知書」を、すぐに免停になるような違反や悪質な違反なら赤キップ「道路交通違反事件迅速処理のための共用方式」を切られる。一般道のスピード違反にかぎれば、30キロ以上の速度超過で赤キップとなる。

赤キップ

赤キップを切られると、たいてい免許証を取り上げられ、預けることになる。この場合、地方検察庁に出頭して取調べを受け、交通裁判所の略式裁判を受ける。軽微な交通違反と違い、刑事罰扱い。

青キップ

青キップを切られたら、この日を含めて8日以内に反則金を払う。銀行でも郵便局でもOK。違反点数が加算されるだけで、他に義務や懲罰などはない。

スピード違反にかぎらず、交通違反の処分に納得できない場合はサインせず、不服申し立てをする。方法は、60日以内に公安委員会に対して行うか、3か月以内に裁判所に取消し訴訟を起こすかのいずれか。

8日以内に反則金の入金ができなかった場合、指定された日に交通反則通告センターに出頭して納付書の再発行を受ける。出頭しなかった場合の対応はいろいろだが、何度か納付書が送られてくることも。

交通事故を起こしてしまったら……

交通事故を起こしたり巻き込まれたりすると、トラブルに発展することがあります。
何か相談したいことや困ったことがあれば、下記の公的な機関に相談してみましょう。

●都道府県の主な交通事故相談所

相談所名	電話番号
北海道交通事故相談所	011-204-5220
青森県交通事故相談所	017-734-9235
岩手県立県民生活センター	019-624-2209
宮城県仙台地方県事務所	022-275-9111
秋田県交通事故相談所	018-836-7804
山形県交通事故相談所	023-630-3047
福島県県政相談室	024-521-4281
茨城県中央交通事故相談所	029-233-5621
栃木県中央県民センター	028-623-2188
群馬県交通事故相談所	027-243-2511
埼玉県交通事故相談所	048-822-6558
千葉県交通事故相談所	043-223-2264
東京都交通事故相談係	03-5320-7733
神奈川県交通事故相談所	045-312-1121
新潟県交通事故相談所	025-280-5750
富山県交通事故相談所	076-444-4400
石川県交通事故相談所	076-225-1690
福井県交通事故相談所	0776-20-0518
山梨県県民相談センター	055-223-1366
長野県交通事故相談所	026-235-7175
岐阜県県民生活相談センター	058-277-1001
静岡県交通事故相談所	054-202-6000
愛知県中央県民生活プラザ	052-962-0999
三重県生活・文化部、交通安全・消費生活室	059-224-2410
滋賀県立交通事故相談所	077-528-3425
京都府交通事故相談所	075-414-4274
大阪府交通事故相談所	06-6941-7000
兵庫県交通事故相談所	078-360-8521
奈良県交通事故相談所	0742-22-1101
和歌山県交通事故相談所	073-441-2359

相談所名	電話番号
鳥取県鳥取交通事故相談所	0857-26-7101
島根県交通事故相談所	0852-22-5102
岡山県交通事故相談所	086-226-7334
広島県交通事故相談所	082-223-8811
山口県交通事故相談所	083-973-2316
徳島県交通事故相談所	088-621-3200
香川県交通事故相談室	087-832-3137
愛媛県交通事故相談所	089-941-2111
高知県中央交通事故相談所	088-823-9578
福岡県交通事故相談所	092-643-3168
佐賀県交通事故相談所	0952-25-7061
長崎県交通事故相談所	095-824-1111
熊本県交通事故相談所	096-333-2295
大分県交通事故相談所	097-506-2166
宮崎県交通事故相談所	0985-26-7039
鹿児島県交通事故相談所	099-286-2526
沖縄県交通事故相談所	098-866-2185

●政令指定都市の交通事故相談所

札幌市交通事故相談所	011-211-2042
仙台市交通事故相談所	022-214-6150
千葉市交通事故相談所	043-223-2264
川崎市交通事故相談所	044-861-3141
横浜市交通事故相談所	045-671-2306
名古屋市交通事故相談所	052-972-3162
京都市民生活センター	075-256-2140
大阪市交通事故相談所	06-6208-8008
神戸市交通事故相談所	078-321-0033
広島市交通事故相談所	082-504-2120
北九州市交通事故相談所	093-582-2511
福岡市交通事故相談	092-711-4097

第7章

人に聞けない基礎知識

この章では、基礎の基礎をまとめました。
知っていて当然のことばかりですが、
中には自分の知識が抜けていたり、
あやふやなところもあるでしょう。
よい機会ですから、いちど、
自分の基礎知識をおさらいしておきましょう。

Q 運転前点検とは何をどう見ればいいのですか？

A 毎回すべてを行うのは大変なので、要所を押さえましょう

運転の前には毎回、運転前点検をするようにと習ったはずですが、毎回ボンネットをあけて全項目のチェックを実行している人は、ほとんどいないでしょう。特に毎日クルマを利用している人にとっては、現実問題として難しいので、「特に重要な部分」を「定期的」に行うように心がけましょう。

点検の種類は、以下の３つに大きく分かれます。

①運転席での点検
②クルマの周囲の点検
③エンジンルーム内の点検

①については、非常に基礎的な点検項目なので、22ページを参考にして、毎回きちんと実行してください。それほどめんどうな項目はないはず。

②もできれば毎回行いましょう。主にタイヤの状態をチェックします。空気圧は十分か、目立つキズがないか、溝が磨り減っていないか、小石や釘などが挟まっていないか、といったことです。１７２ページも参照してください。

問題は③です。毎回行うのはなかなか難しいと思われるので、「最低でも○日にいちどは点検する」といった自分のルールを決めておくといいかもしれません。故障や事故が起きたときには自分の責任ですから、あまりあいだをあけずに点検しましょう。

③のチェック項目を左ページに載せているので、参考にしてください。特に重要なのは液体の残量で、「ブレーキ液」「エンジンオイル」「ラジエータの冷却水」「バッテリー液」「ウォッシャー液」などをチェックします。

ラジエータ冷却水

ラジエータのリザーバタンクのキャップをあけて、残量がタンク内のMAXとMINのあいだかチェックし、足りないときは冷却水を補充。不足するとオーバーヒートの原因になる。

ヒューズボックス

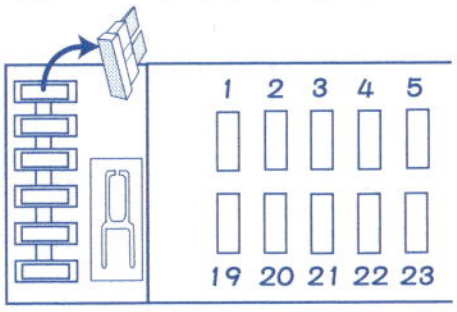

ヒューズボックスのフタに種類名が書かれた表があるので、電気類が切れたときは、ここをチェックする。

ブレーキ液

ブレーキのリザーバタンクのキャップはあけずに、タンク内のブレーキ液残量ををチェックする。残量不足の場合は、自分では補充できないので、指定工場へ。交換の必要があるケースも。

エアクリーナー

エアクリーナーのエレメント（フィルター）にホコリがたまっていないかチェック。車種によって異なるが、走行距離4万〜6万キロごとにはエレメントを交換するように指定されている。

ファンベルト

エンジン停止時にベルトを押してみて、10ミリくらいのたわみがあればOK。張りすぎもゆるみすぎもよくない。損傷がないかもチェックする。

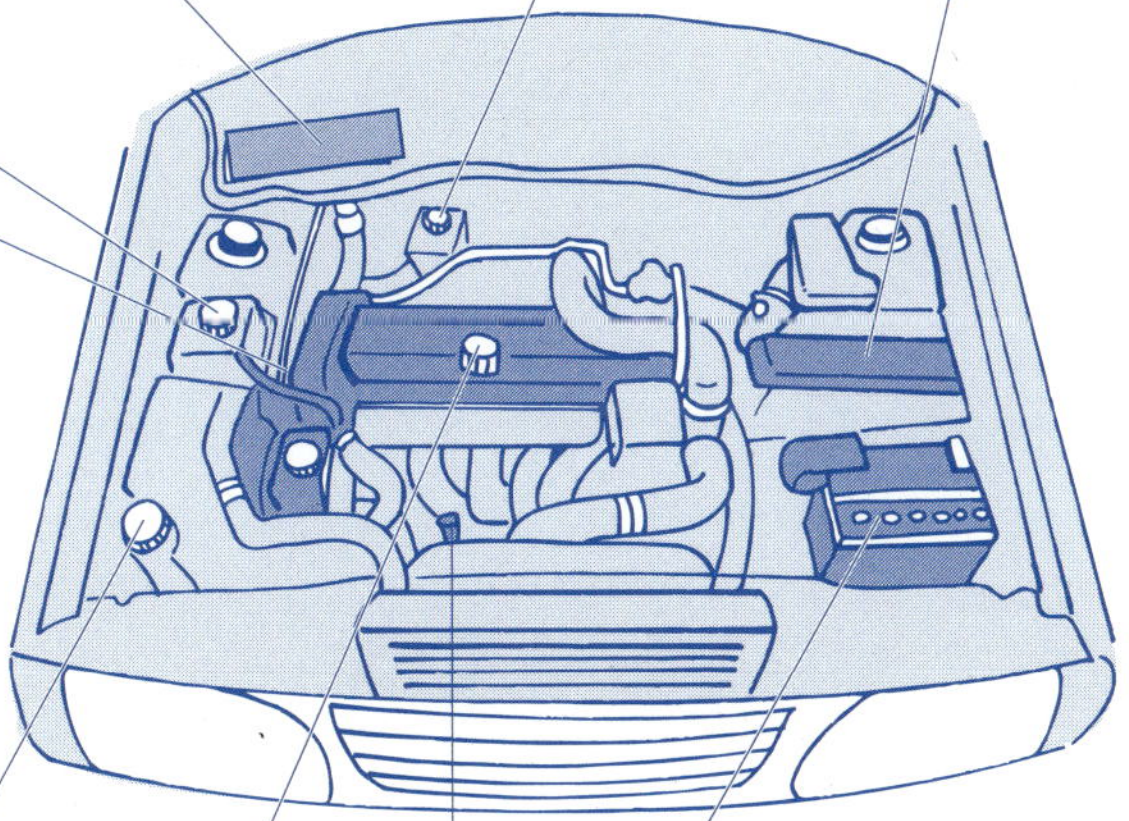

ウォッシャー液

ウォッシャータンクのキャップをあけて残量をチェック。ないときは補充。台所用洗剤を薄めて使用しても可。

エンジンオイル注入キャップ

エンジンオイルタンクにある注入口のキャップ。

バッテリー液

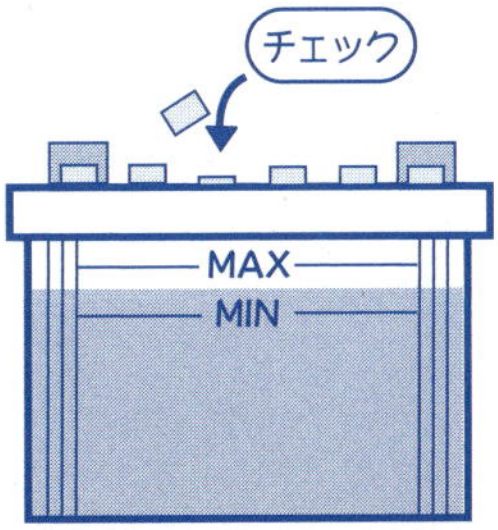

バッテリー液が、MAXとMINのあいだか調べる。キャップをあけて、量のムラがないかチェック（車種によってはあけられないこともある）。

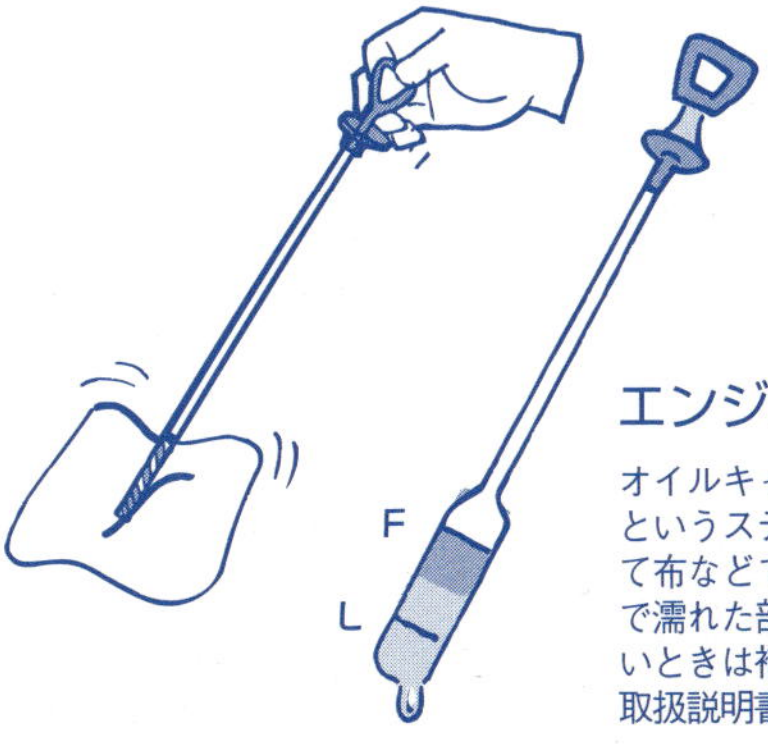

エンジンオイルレベルのゲージ

オイルキャップ付近に差し込んである、オイルレベルゲージというスティック状のものを探す。このゲージをいちど抜いて布などで拭きとり、ゲージを元に戻し、再度抜く。オイルで濡れた部分がF（Full）とL（Lower）のあいだならOK。足りないときは補充する。また、エンジンオイルは汚れていくので、取扱説明書に記された期間や走行距離に従って交換する。

※車種によって位置やメンテナンス方法が異なるので、クルマの取扱説明書を参照すること。

Q エアコンの効果的な使い方を教えてください

A 熱気がこもった後は換気をして使用するといいでしょう

エアコンを入れる前の換気が重要

車内にこもった熱気は、クルマのドアの両側をあけると、外気と早く入れ替わる。さらに、走りはじめはウインドウをあけて、少し温度が下がってからエアコンを入れる。

曇り止めにも効果的

デフロスターボタン　エアコンボタン

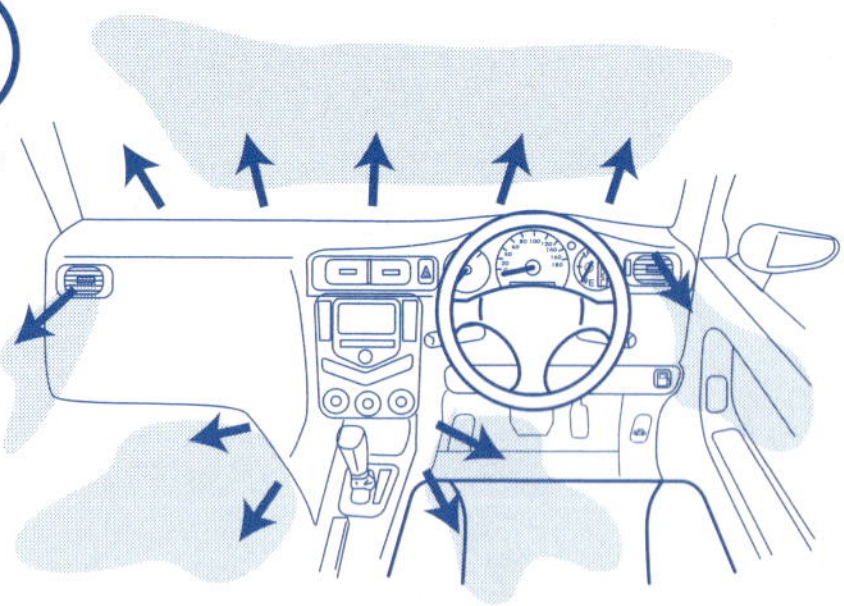

乾燥した空気をウインドウに吹きつけて曇りを除去するのがデフロスター（デフ）。エアコンも同時に稼働する車種が多い。

クルマのエアコンは、エンジンによって動いているので、頻繁に使っていれば、そのぶん燃費が悪くなります。なるべく効率よく、経済的に使いましょう。

暑い時期、止めたクルマの車内はかなりの高温になります。すぐにエアコンを入れてもなかなか冷えず、無駄なエネルギー消費になるので、まず車内の空気を効率よく入れ替えてからスイッチを入れます。

また、雨の日はデフロスターを使用するとエアコンも入って、ウインドウの曇りがとれやすくなります。

なお、エンジンブレーキ使用時にエアコンをつけると、余分なガソリン消費が避けられます。

Q ワイパーのメンテナンス方法を教えてください

A 動作のほかに、ゴムの劣化やウォッシャー液をチェックします

ワイパーはよく使いますから、定期的にメンテナンスしてください。

まずは洗浄ですが、つめブラシと数滴の洗剤をたらしたぬるま湯を使います。これでもウインドウに「拭きムラ」ができるときは、ブレードゴムの交換時期です。

交換のさいには、車種によって型番があるので、間違えないようにします。

動きがおかしいときは、取り付け部分がゆるんでないかもチェックします。

また、窓洗浄用のための「ウインドウウォッシャー液」のメンテナンスも怠りなく。残量が不足すると、警告灯が点灯する車種もあります。

ワイパーのメンテナンスは定期的に

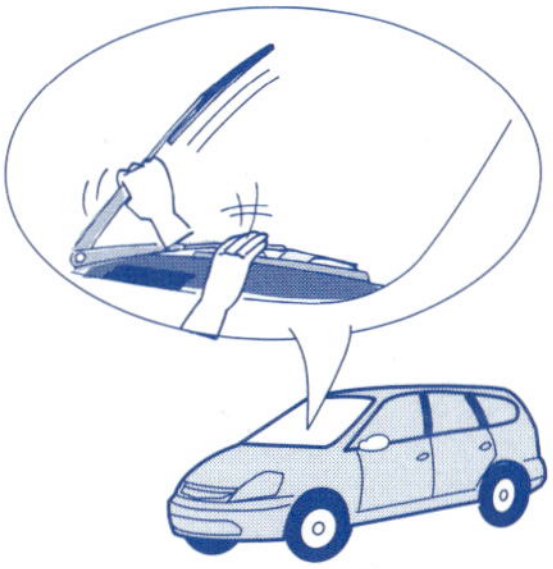

モーターが回るのに動かないときは、ガラスをきれいにして、手で少しでも動かしてみる。1本だけが動かなければ取り付け部がゆるんでいる。モーターが回らないならヒューズ切れが疑われる。

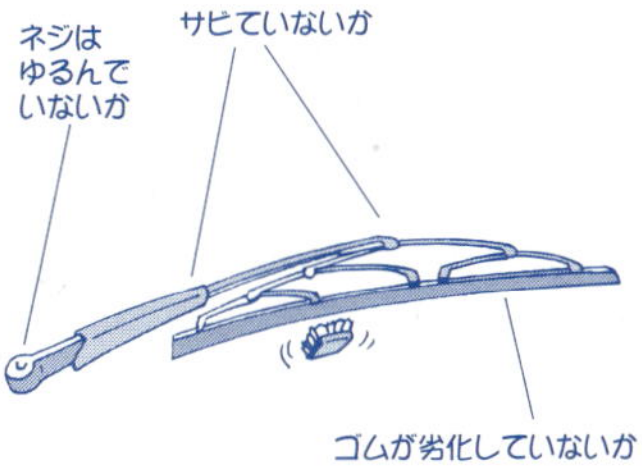
ネジはゆるんでいないか
サビていないか
ゴムが劣化していないか

ゴムを支える部分をブレード、窓を直接拭いているゴムをブレードゴムという。ブレードゴムが劣化してないか、金属部分がさびついてないか、ネジがゆるんでないかもチェック。

ウォッシャー液のメンテナンスも大事

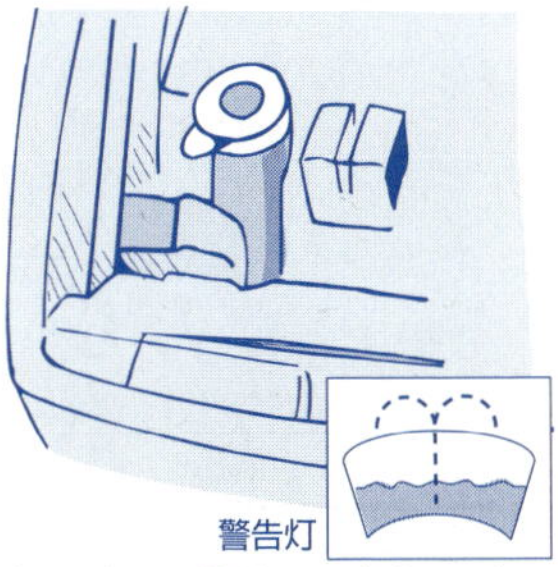
警告灯

ウォッシャー液は、ワイパースイッチ近くにあるボタンを押せば、たいていは出る。上のような警告灯がある場合、それが点灯したら、ウインドウウォッシャー液の残量不足なので、タンクに補充する。

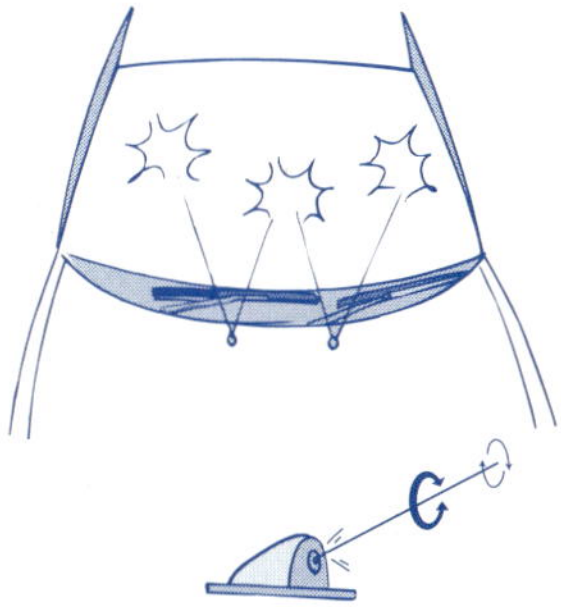

ウインドウウォッシャー液の出口のノズルがつまっているときは、針金などで取り除く。ノズル位置は、針状のもので動かすことができる。

Q タイヤの種類がたくさんあるようですが、どれを選べばいいのですか？

A サマー用のラジアルタイヤを選ぶと無難です

積雪や凍結のない場所であれば、普段つけておくタイヤはサマー用ラジアルタイヤがいいでしょう（タイヤをつけることを、「履く」といいます）。

ラジアルタイヤは、丈夫で長持ちして、グリップ性能（路面との摩擦力）にも優れるのですが、以前は乗り心地が悪いといわれていました。今では改良され、問題なく利用できます。

積雪や凍結の可能性のある場合、よりスリップしにくいウインター用タイヤを利用します。スパイクタイヤが禁止されている現在では、スタッドレスタイヤが唯一の選択肢といってもいいでしょう。もちろん、ラジアルタイヤにチェーンを装着して利用する、という方法もあります。

冬季に、「日常生活圏に雪はないが、週末ごとにスキー場に行く」というような人は、毎回タイヤチェーンを巻くよりも、数か月間スタッドレスタイヤにしたほうが便利でしょう。ただし、タイヤチェーンに比べてかなり高価なうえ、4本買い揃えなければなりません。また、年に2度もタイヤ交換をしなければならず、常に1セットぶんを保管しておく場所も必要です。スタッドレスタイヤかタイヤチェーンか、自分の事情に合わせて選んでください。

ところで、クルマには、すべてのタイヤが装着できるわけではありません。クルマごとに規定のサイズがあるので、それに合ったものを選びます。

またタイヤは消耗品なので、磨耗してきたら早めに交換しましょう。スリップサインが現れたら、すぐにタイヤ交換が必要です。

こんなサインをチェックする

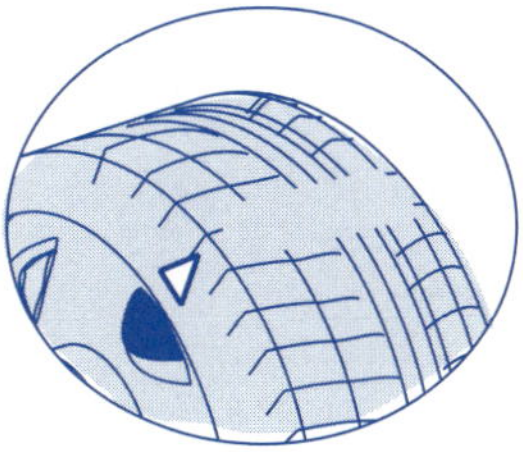

タイヤが磨り減って溝が残り1.6ミリになると、タイヤの内部から、交換の目安のスリップサイン（部分的な浅い溝が消える）が現れる。サインが出る前には交換したい。

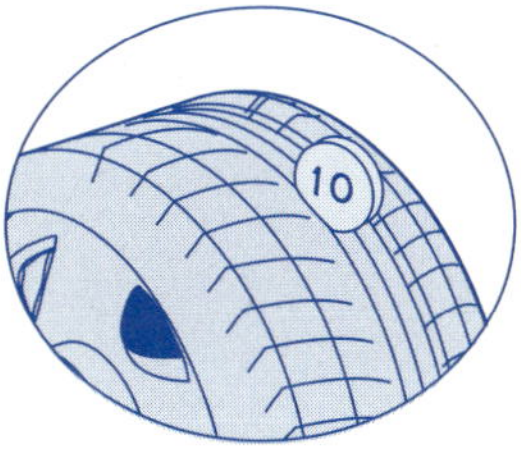

タイヤの溝は4ミリあれば安心。定規がなければコインなどで計る。溝が途切れているようならかなり危険。すぐに交換しよう。乗り方によって異なるが、走行距離1万～4万キロくらいが交換の目安。

普段のメンテナンスも大事

タイヤの溝に小石が挟まっていたら、ドライバーなどで取り除く。釘が刺さっていたら、すぐに修理工場へ。

タイヤのサイズに注意する

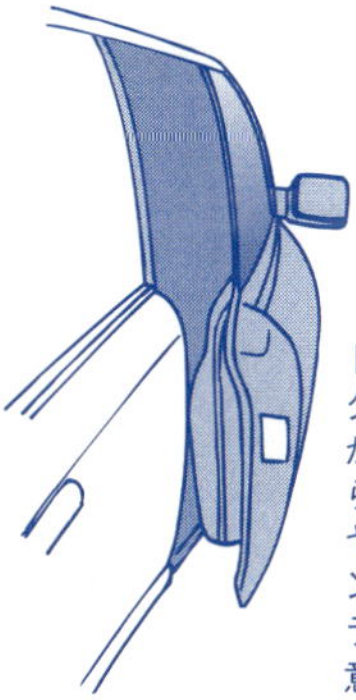

ドアを閉じると隠れる部分に、タイヤサイズを記したシールがある。「185／70　R14」なら、幅185ミリ、扁平率（タイヤの高さと幅の比）70パーセント、ホイール径14インチ、ラジアルタイヤ（R）、という意味。

タイヤの種類

種類		特徴
サマー用タイヤ	ラジアルタイヤ	現在主流のタイヤ。耐久性やグリップ性能（路面との摩擦力）に優れる。降雪や凍結のない地域であれば、通年で使用できる。
	バイヤスタイヤ	ラジアルタイヤ以前の主流タイヤ。ショックが少なくソフトな乗り心地になるが、重く、磨耗が早く、グリップ性能もやや劣る。安価だが、最近ではあまり採用されていない。
ウィンター用タイヤ	スパイクタイヤ	ウインター用として普及していたが、スパイクタイヤが舗装路面を削って発生する粉塵問題が指摘され、現在は、原則的には使用禁止。販売も禁止されている。
	スタッドレスタイヤ	現在のウインター用タイヤの主流。雪の上や凍結面でもグリップ性能に優れる。ただし、スパイクタイヤと比較すると、凍結面でのスリップ防止能力はやや劣る。
オールシーズンタイヤ		サマー用としてもウインター用としても使える便利なタイヤ。ただし、サマー用やウインター用の専用タイヤと比較すると、それぞれの性能は多少劣る。

Q ジャッキの使い方やタイヤ交換の方法を教えてください

A 時間のあるときにいちど実践しておくといいでしょう

ジャッキ操作はイザというときには重要なので、自分でいちど練習しておいたほうがいいでしょう。タイヤ交換はもちろん、脱輪時にも役立ちます。

車載工具として最初からクルマに搭載されているパンタグラフ式のものは「車載ジャッキ」とか「シザーズジャッキ」と呼ばれています。めったに使わないのであればこれで十分ですが、頻繁にタイヤ交換をするなら、油圧式ジャッキを1台用意しておくと便利でしょう。

地面が平らで固い場所を選び、サイドブレーキやクルマ止めを施し、ジャッキが外れてもケガをしない位置で作業します。

STEP 1 安定した場所でセッティング

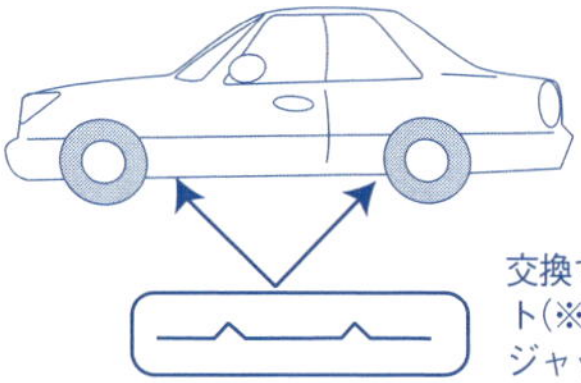

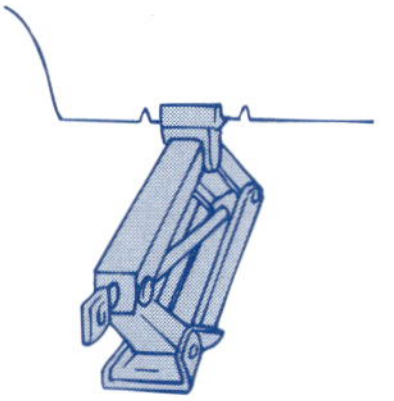

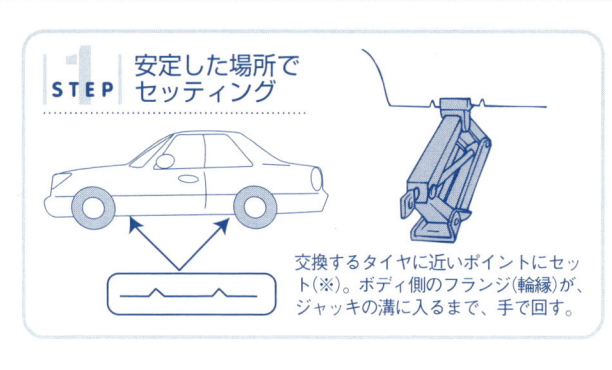

交換するタイヤに近いポイントにセット(※)。ボディ側のフランジ(輪縁)が、ジャッキの溝に入るまで、手で回す。

STEP 2 レンチを回してナットをゆるめる

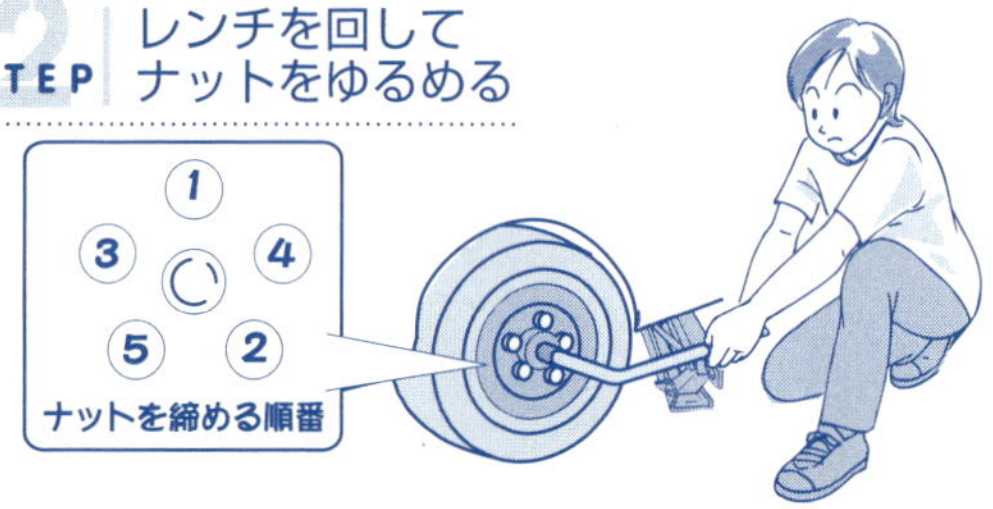

タイヤ交換はホイールキャップを外し、体重をかけながらレンチを回す。ジャッキアップ前のタイヤが固定された状態でナットをゆるめること。

STEP 3 ハンドルを回す

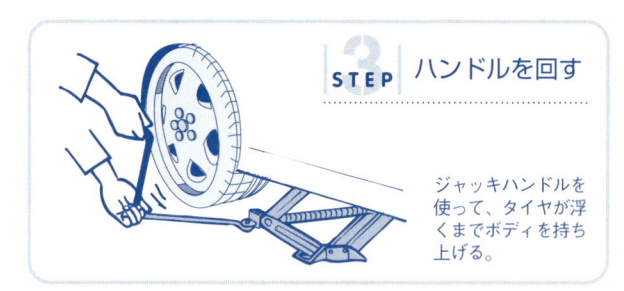

ジャッキハンドルを使って、タイヤが浮くまでボディを持ち上げる。

※車種によってセット位置が異なるのでクルマの取扱説明書を参照すること。

Q いつもクルマに載せておくべきものは何？

A 車載工具を中心に、アクシデント時に役立つものを用意します

いつもクルマに載せておくもの

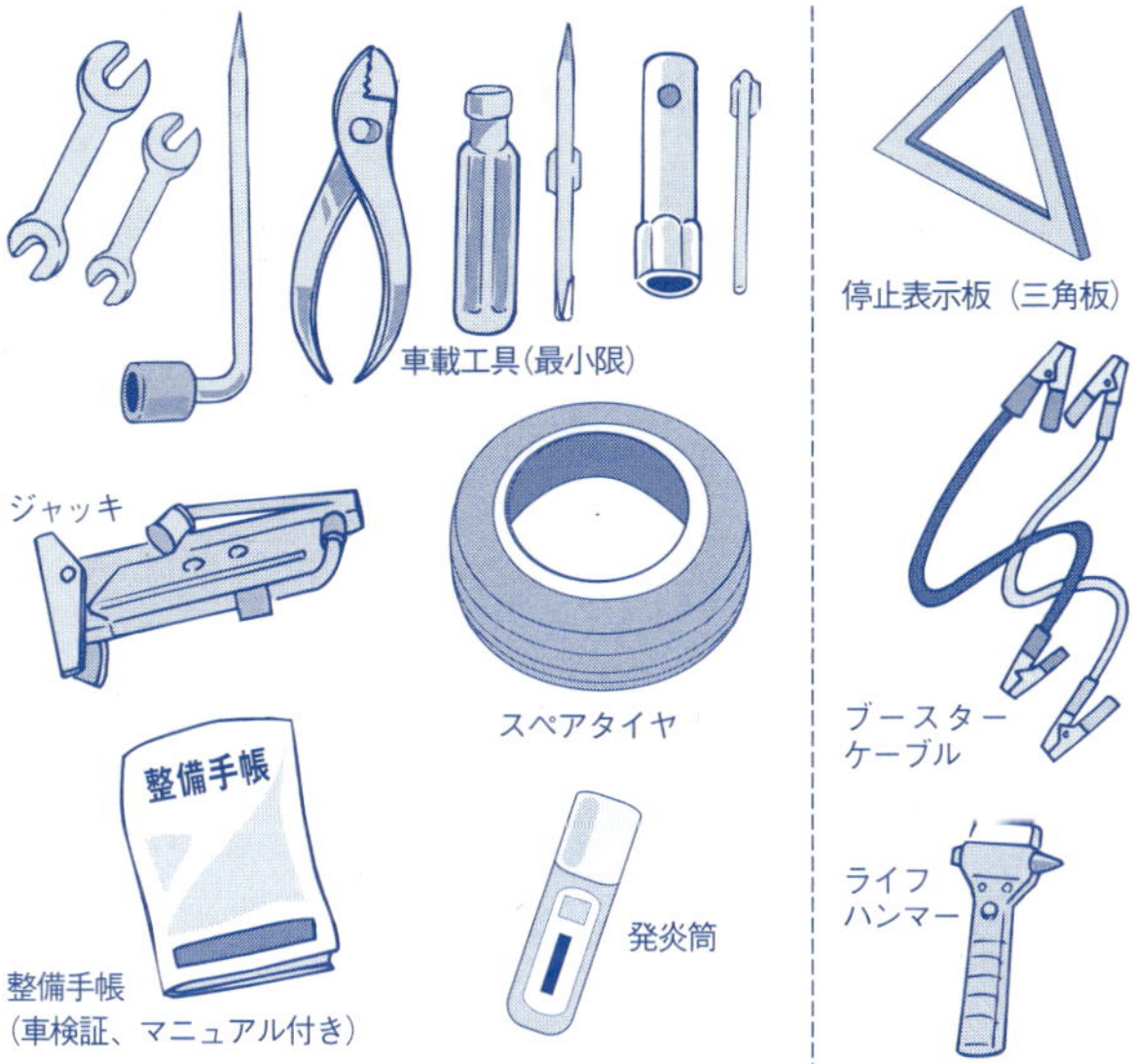

●車載（買ったときにすでに装備されているもの）

クルマを買ったときに搭載されているものだけでは十分ではない。特に緊急用のグッズは自主的に揃えておきたい。

●各自が用意（自分で購入するなどして、載せておくもの）

遠出をするときにあると便利なもの

遠出をしたり、山の中、雪の心配があるときは装備も余分に。毛布は、車内の荷物隠しや、ぬかるみにはまったときの脱出用にも。

クルマを買ったときに、工具類やスペアタイヤは付属品としてついてきます。これらを載せておくのはもちろん、緊急時に役立つものは、自分で購入して準備しておきましょう。「備えあれば憂いなし」です。

もちろん車載品は最低限のものですから、必要なら、より充実した機能のものを揃えていきます。

また、外出の目的によって、さらに多くのものが必要になります。寒冷地や山の中に入るときは、普段以上の装備が必要です。

緊急時の連絡先リストもつくっておきましょう。気が動転して、どこに連絡すればいいのかわからなくなりがちだからです。

Q クルマについた小さな傷はどうしたらいいですか？

A 小さいものならコンパウンドなどで直します

自分のクルマにキズをつけてしまうと、けっこう落ち込むものです。へこみや大きなキズなら、自分でいじらず修理工場などに出すのがいちばんですが、小さなキズは、ある程度は自分で直せます。

まず注意したいのは、作業の前にボディを洗車して、小さなゴミを落としておくこと。これを怠ると、ゴミをこすりつけて、さらに小さなキズを増やすことになりかねません。

この作業の後、コンパウンドを柔らかい布につけて使用します。コンパウンドとは、ワックスに研磨剤を混ぜたもので、表面をごくごく薄くヤスリがけするようなものです。

ひっかき傷は

小さな傷は

ひっかきキズやジャリによるキズは、自分で薄くペイントする方法もある。クルマの色番号と同じペンキを用意して塗る。

コンパウンドを布につけ、なでるように小さく拭く。ペイントがはがれた場合、車種ごとの純正色のカーペイントを購入して塗る。色番号は、ドアやボンネット裏に記載されていることも。コンパウンドもカーペイントもカー用品店で購入。

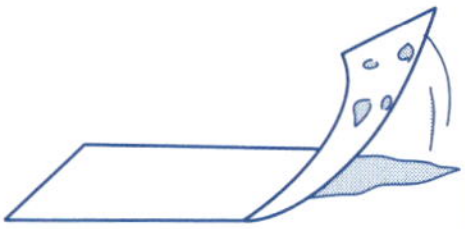

マスキングテープでキズの周囲の薄いカケラを取り除く。少し粘着力を弱めてから行う。

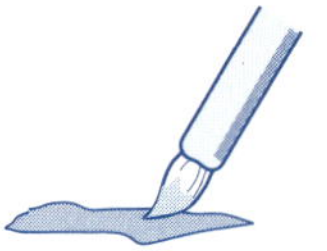

塗装がきれいに付着するよう、細くてしなやかな筆でプライマー（塗装下塗剤）を塗る。

用意したペンキをよく混ぜ、薄く、何度も重ね塗りする。毎回乾かしながらやること。

Q エアバッグは軽くぶつけた程度で飛び出したりしないのですか？

A 一定速度以上で、正面から衝突すると飛び出す仕組みです

エアバッグはここに入っている

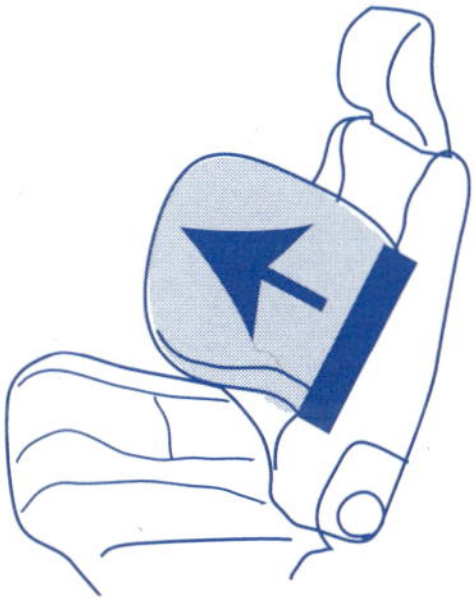

サイドエアバッグは横からの衝撃吸収用。たいていシートバック（背もたれ部）に内蔵されている。専用のシートカバー以外は使わないこと。

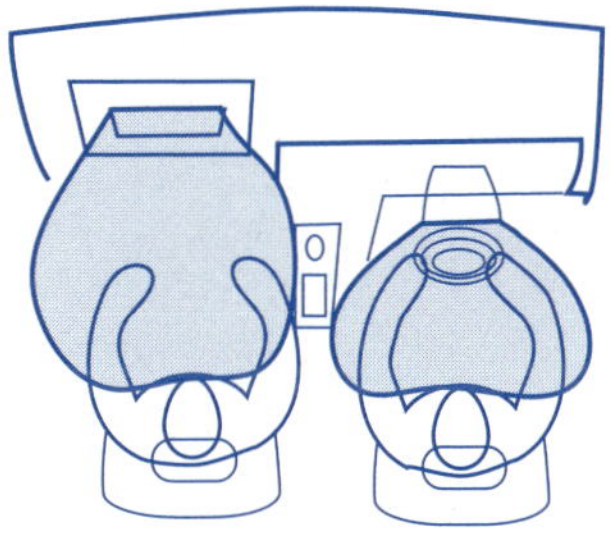

運転席用のエアバッグはハンドルの中に、助手席用のものはインパネの上面にある。この付近に物をおかないこと。

エアバッグは瞬時にふくらみ、すぐにしぼむ

サイドエアバッグはシートバックから飛び出すので、ドアにもたれかかっていたり、シートを抱えこんでいると非常に危険。

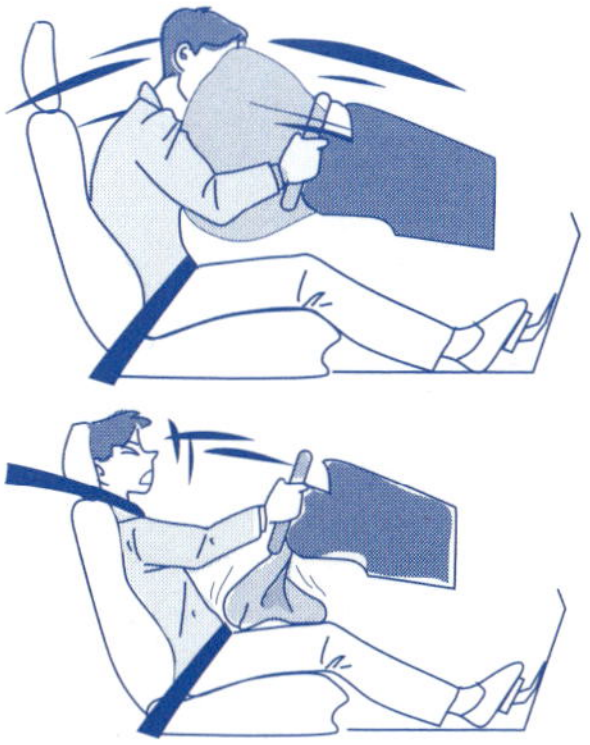

運転席も助手席も、エアバッグはふくらんだ直後、すぐにしぼむ。いちど飛び出したものは再使用できない。

エアバッグがふくらむのは、「時速20〜30キロ程度以上の速度で、強固な構造物に正面衝突したときか、自動車などと正面衝突して同様の衝撃を受けたとき」です。間違って軽くぶつけた程度では飛び出さないので、安心してください。

逆に、ふくらんでほしいのに飛び出さないのは、「トラックの下にもぐりこんだとき」「斜め方向にぶつかったとき」などです。すべての事故に対して反応するわけではないのです。

国内製のエアバッグは、SRS（シートベルトと併用式）と呼ばれるもので、衝突時にはシートベルトのたるみを調整する機能もあります。

Q クルマにいたずらされないための防衛策を教えてください

A カバーをかけるだけでも違います

特に理由がないのに、他人のクルマにキズをつけたり、タイヤをパンクさせたりする愉快犯のような人がいます。

いつどこでターゲットにされるかわからないので、そのような被害にあう前に、自分で対策を講じましょう。多少めんどうでも、被害にあった後では遅いのです。

基本は、「クルマ自体は見せない」「止めてある場所は明るくして人目につくようにする」ことです。

それから、各種盗難防止用のグッズが発売されているので、それらを利用するといいでしょう。もちろん盗難防止としても役立ちます。

カバーをかける

クルマにカバーをかけるだけで、いたずらされる率はずいぶんと下がる。ただし、毎日クルマを使うことを考えると、カバーの着脱はかなりめんどう。

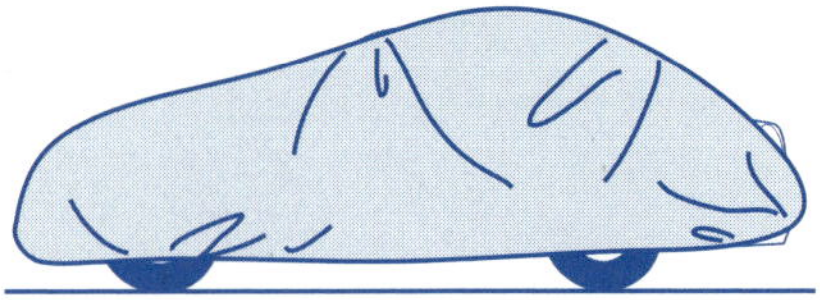

ガレージにシャッターや門扉をつける

自宅にクルマを止めているなら、シャッターや門扉をつける。近づこうとすると音がするので、門扉だけでも多少の効果あり。シャッターならさらに安心。

センサー付きライトや防犯カメラをつける

人の接近に反応してライトが点灯する防犯設備をつけるといい。防犯カメラも効果的だ。「防犯カメラもどき」でも、ないよりはマシ。

簡単な防犯グッズで対応

クルマへの接近、窓への衝撃、ドアの開閉、車内への侵入などを感知して、ブザーを鳴らしたり、リモコンへ信号を飛ばしたりする装置類も販売されている。

Q 交差点で緊急車両が来たときはどうするのでしょうか？

A 交差点内で止まらないのが大事です

一般の交差点で

交差点内にとどまらず、交差点の手前か、出たところで左に寄って止まる。

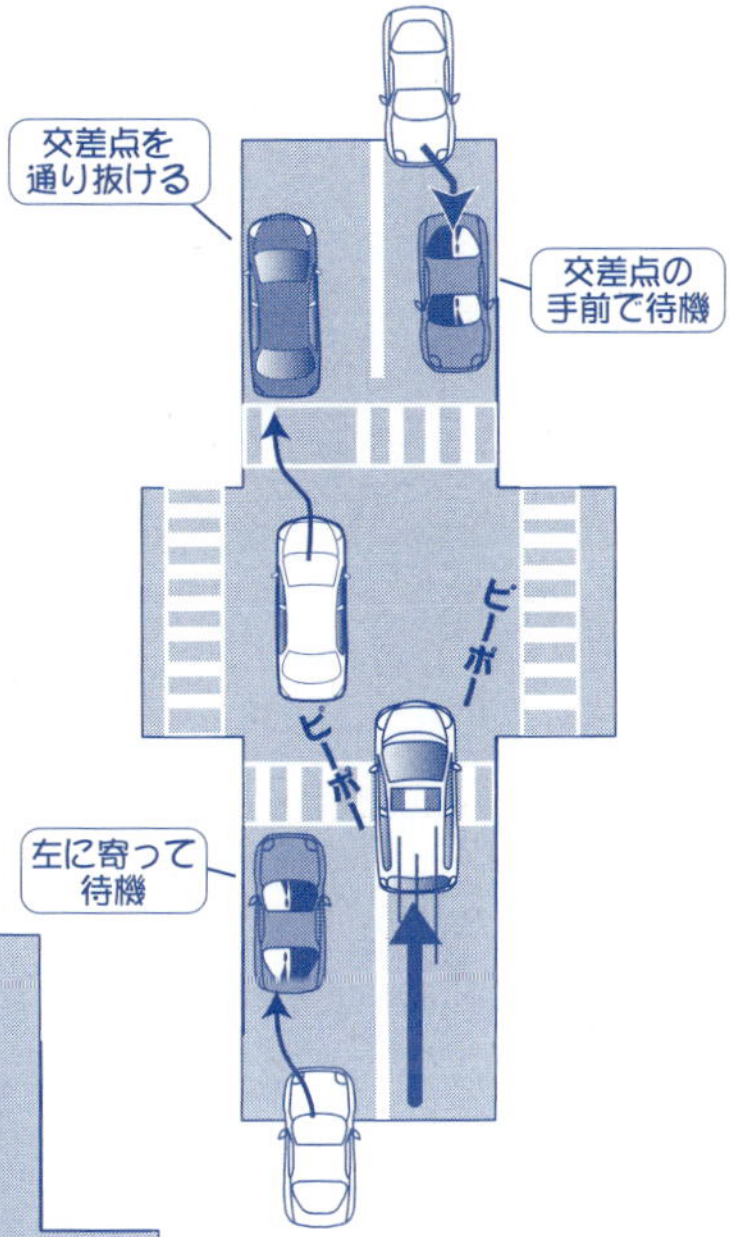

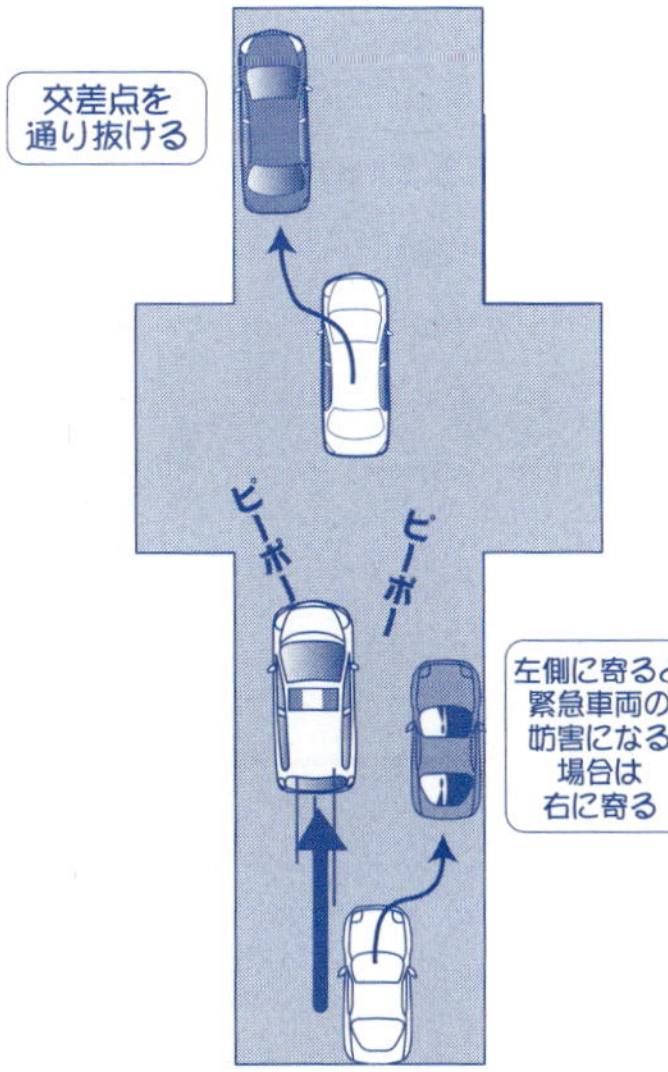

一方通行の交差点で

一方通行の場合や2車線以上の道では、右に寄ったほうがいいこともある。渋滞のときは、周囲のクルマの動きも見ながら、少しずつ動く。

救急車や消防車、パトカーなどの緊急車両と遭遇したときは、進路を譲らなければなりません。ちなみに、これらの車両でも、サイレンも赤色灯もオフのときは緊急車両とはいいません。

さて、対処に悩むのは、交差点前後や、渋滞時に後方から来たときです。

交差点内であれば、交差点を出てから路肩に寄せます。交差点の手前でも、数台後方の緊急車両が前に進めなくて困っているなら、交差点の向こう側で路肩に寄せたほうがいいときもあります。もちろん青信号の場合のみです。

「緊急車両が来たら左に寄せる」がいつも正しいわけではないのです。

Q ハザードランプはどんなときに使うのですか？

A 非常停止を知らせるもの。身勝手な合図に使うのはやめましょう

渋滞時

主に高速道路で、渋滞で徐行中の合図。

故障車

事故や故障で緊急に路肩に停止中。

けん引時

故障車をけん引中で、徐行運転の合図。

停車中、停車する、縦列駐車準備

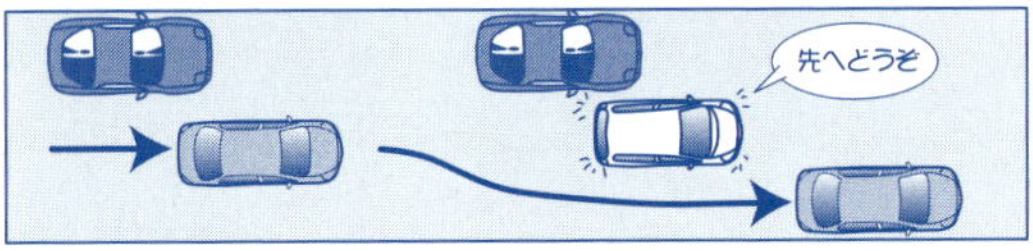

短時間の停車時や、これから縦列駐車をするときの合図。停車する意味では使わないこと。

お礼の意味で使う人も……

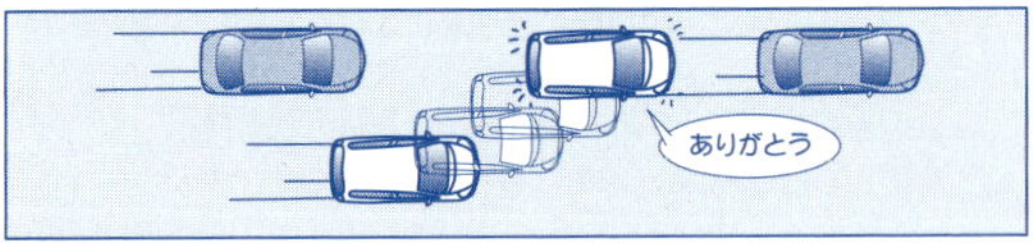

車線変更時などに、譲ってもらったお礼。誤解をしない、与えない。

ハザードランプの本来の意味は、非常停止を後続車に知らせることですが、近年さまざまな意味合いで乱用されています。

たとえば、タクシーが路肩へ寄せるときにハザードを多用していますが、正しくは左ウインカーです。さほど大きな問題は起きなかったのですが、最近、後続車へのお礼の意味で使う人が増えてきて、「前に入れてあげたお礼だと思っていたら停止の意味で追突してしまった」という事故も起きています。

いろいろな意味で使われていることを知っておくのは大切ですが、自分が使うのは最小限にとどめたほうが無難です。

Q 右折待ちで対向車にパッシングされました。行ってもいいのですか?

A 「来るな」という意味もあるので、注意が必要です

　パッシングには、特に公式に認定された使い方はありません。自然発生的に、対向車にライトの消し忘れを知らせたり、他車に注意を促す意味などで使われてきたのです。

　問題はハザードランプと同様、人によって異なる意味で使われていること。もっとも危険なのは、右折待ちのクルマに対して、「どうぞ」と「自分が進入するから来るな」という両方の意味で使われていることです。事故も多発しています。また、威嚇する意味もあるので下手に使うとトラブルに巻き込まれることも……。

　使う場合にはジェスチャーなども交え、意思が伝わるようにします。

1 交差点の右折待ちのとき

相手が減速か停止
→「お先にどうぞ」(※)
相手が加速か現状維持
→「ジャマするな」

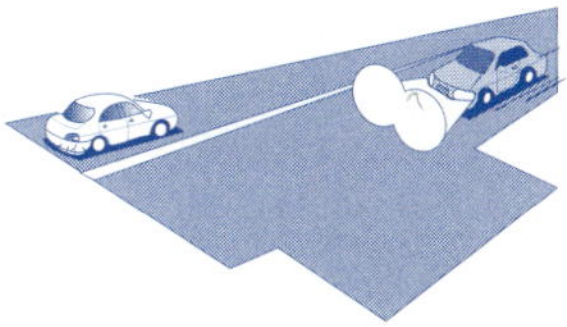

正反対の意味で使われ、事故を誘発する原因とされる事例。右折車は、相手の顔やクルマの減速具合を見て判断するしかない。わからないときは進入しない。こうした場面では、パッシングは使わないこと。

2 すれ違いのとき

「ライトがつけっ放し」
「ネズミ捕りをしてるよ」

すれ違いのときに、何台ものクルマがパッシングをするようなら、ライトの消し忘れか、警察がネズミ捕り（速度違反取締り）をしているという合図の可能性が高い。

3 後続車から

「どいて！」
「気をつけろ！」

後続車がパッシングするのは、たいていは、クレームや威嚇。マナー違反的な割り込みをしたときなどにされることが多い。自分では前方のクルマに対して使わないように。

誤解を避けるには ライトを消すのもあり

道を譲ってあげるときには、手で譲るしぐさをするのが確実だが、夜は見えにくい。パッシングで勘違い事故も増えているので、最近では、「ライトを消すことで譲ったことを示す」という合図法が登場している。これも公式ルールではない。

※合図したクルマに譲る意志があっても、他車両（バイクなど）が直進してくる可能性があるので要注意。

Q クルマの形にはいろいろありますがそれぞれの特徴などを教えてください

A 分類法も呼び方もひと通りではありません

クルマの分類方法はいろいろありますが、

①排気量による分類
②ナンバープレートによる分類
③駆動システムによる分類
④形による分類

などが主なところです。

まず①ですが、排気量とは「エンジン内部の燃焼スペース」のことで、この数値が大きいほどハイパワーです。ごく大まかな分類をすると、「６６０ＣＣ以下が軽自動車」「２０００ＣＣを超えると普通自動車」「そのあいだが小型自動車」ということです。排気量の違いによって、毎年納付する自動車税の額が異なります（１８４ページ参照）。また、ナンバープレートの色や数字も排気量に左右されます。

②でわかりにくいのは、おそらく分類（車種）番号でしょう。地名の横に書かれている数字のことですが、

・５、７＝小型乗用車（※）
・４＝小型貨物車（トラックやライトバンなど）
・３＝普通車（小型乗用車の枠外のクルマ）

くらいは知っておいてもいいでしょう。この数字は陸運局での登録上の分類で、普段は有料道路の料金が車種別のときなどに注意します。（１３４ページ参照）

③は15ページを、④は左ページを参照してください。ただし、④の分類法も一様ではありません。

これらとは異なるカテゴリーとして、電気で駆動する「電気自動車」、2種類以上の動力（エンジンとモーターなど）を併用する「ハイブリッドカー」などがあり、排出ガス性能や燃費性能に優れています。

※全長4.7メートル以下、全幅1.7メートル以下、全高2メートル以下、エンジン排気量2000CC以下のもの。

SUV

「スポーツ・ユーティリティ・ビークル」の略称。4WDでありながら、外観、内装ともにスタイリッシュ。本格的な悪路のオフロードには向かないが、逆に都会で走っていても違和感がない。

セダン

もっともオーソドックスなタイプ。乗員スペース、トランク、エンジンルームがそれぞれ独立しているので、乗り降りや荷物の出し入れが楽。大きさのわりに乗員スペースが小さい。

クーペ

2ドアのスポーツタイプ。空力性能の向上のため、曲線的なデザインになる。2シートと4シートがあるが、4シートの後部席は車種によってはやや狭い。居住性よりもスピードやデザインを重視。

ハッチバック

小さいボディで広い空間を実現するため、トランクと乗員スペースを一体化したコンパクトなタイプ。人も荷物もセダンのように収めることができる。日本では非常にポピュラー。室内空間重視のためノーズやテールが短い。

カブリオレ

ルーフが開閉できるタイプで、「オープンカー」「コンバーチブル」とも呼ばれる。晴れた日は気持ちいいが、雨の多い日本では苦労することも。ルーフの開閉は、手動タイプと電動タイプがあり、ソフトトップとハードトップがある。

ステーションワゴン

5ナンバー、3ナンバーのワゴン車。荷物がたくさん積めるだけではなく、乗り心地やエンジン性能も高い。シートを倒せば、より多くの荷物を載せたり、足を伸ばして横になれる。車高が低いので立体駐車場も安心。4ナンバーは、いわゆる「ライトバン」。

ピックアップ

ボンネットタイプのトラックで、商業用の軽トラックとは異なる。オフロードバイクやジェットスキーなどを汚れたまま載せること（ピックアップ）ができる。2シートと4シートがあるが、4シートはダブルピックと呼ばれる。

ワンボックスカー

アメリカではミニバンと呼ばれるタイプ。後部座席は回転シートやフラットシートなどが装備されていて、家族でピクニック気分のドライブをするのに適している。最近は、乗り心地、性能、安全性ともにアップして、「乗用車」として認知されるようになった。

Q クルマの税金のことがよくわかりません

A 購入時にかかる税金と、維持にかかる税金があります

クルマを所有すると、さまざまな場面で税金がかかります。どのような税金がかかるかを一覧表にしたので、参考にしてください。

注意したいのは自動車重量税です。これは、新規検査のときに実測した車両の重さによって税額が決まり、次の車検時まで反映されます。もしもギリギリで1ランク上の税額になりそうなら、新車購入時のオプションを控えて、後から揃えたほうがいいケースもあります。

ただし、後からはオプションで追加できないものや、購入時だからこそリーズナブルに買えるものもあるので、販売店の店員に相談してみましょう。

クルマの購入や維持にかかる税金や保険

税金等の種類	支払い時期	金額の算出基準と算出法		排気量1,300CC、重量800キロ、価格130万円の小型乗用車（新車）の場合
購入時				
自動車取得税（注5）	自動車購入時に	取得価格による	自家用乗用車は価格の５％（新車の場合、価格の90％の５％）	58,500円
消費税			販売価格の８％	104,000円
所有している期間				
自動車税（注5）	毎年	排気量による（注1）		34,500円／年
自動車重量税（注5）	車検のたびに（購入時にも）	購入時の車両重量（注2）	自家用乗用車は500キロにつき、4,100円／年	8.200円／年（減税なしの場合）
自賠責保険		車種による（注3）		30,680円／24か月（注4）
ガソリン税				
揮発油税	ガソリン購入時に	購入量による	１リットル当たり、48.6円	—
地方揮発油税			１リットル当たり、5.2円	—

（注1）乗用車か軽自動車か、普通車か小型車か、自家用か営業用か、などで金額は異なる。購入時は、翌月分から年度末までの月割り計算。
（注2）乗用車か軽自動車か、自家用か営業用か、などで算出法は異なる。
（注3）乗用車か軽自動車か、などで金額は異なる。
（注4）沖縄・離島を除く。車検が切れる前に車検を受ける場合。
（注5）エコカー減税対象車は、減税される。

※購入時には、税金、保険以外に登録費用、車庫証明費用、自動車リサイクル料金などがかかる。
※184〜185ページの料金等は、2015年8月現在のもの。

Q ユーザー車検は安いと聞きましたが、簡単にできるのですか？

A 自分でクルマのメンテナンスができるくらいでなければ、難しいでしょう

「車検」とは、正しくは「継続検査」と呼ばれるもので、自家用乗用車の場合、新車なら3年目に、それ以降なら2年おきに義務づけられている検査です。

これ以外にも、12ヵ月点検、24ヵ月点検が必要ですが、12ヵ月点検は受けなくても罰則がなく、ユーザーの自覚に任せられています。24ヵ月点検は車検とセットで行われていますが、車検とは別ものです。

普通はクルマを買ったカーディーラーなどに車検を依頼します。ユーザー車検は多少安く上がりますが、普段からクルマの整備を自分で実践しているような人でなければ、かなり難しいでしょう。

自家用乗用車の車検と定期点検の時期

0年	1年	2年	3年	4年	5年	6年	7年
新車購入	12ヵ月点検	24ヵ月点検	36ヵ月点検―車検	12ヵ月点検	24ヵ月点検―車検	12ヵ月点検	24ヵ月点検―車検

車検時に必要な費用（印紙代と自賠責保険料）

車種区分	印紙代	自賠責保険料（24か月分）
軽自動車	1,400円	26,370円
5＆7ナンバーの乗用車	1,700円	27,840円
3ナンバーの乗用車	1,800円	27,840円

車検時に必要な費用（自動車重量税）

車両の重量	～1トン	1～1.5トン	1.5～2トン	2～2.5トン	軽自動車（一律）
税額（2年分）	16,400円	24,600円	32,800円	41,000円	6,600円

※13年未満で、減税適用なしの場合。

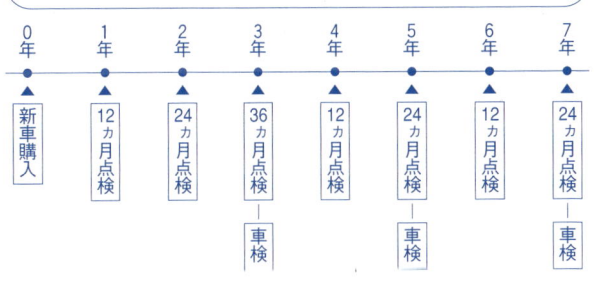

Q 自動車保険の種類がたくさんあってよくわかりません

A 自賠責保険と任意保険の違いを理解しておきましょう

自動車損害賠償責任保険の支払い限度額

死亡事故	死亡による損害		3,000万円
死亡事故	死亡に至るまでの傷害による損害		120万円
傷害事故	傷害による損害		120万円
傷害事故	後遺障害による損害	介護を要する後遺障害	4,000万円〜3,000万円
傷害事故	後遺障害による損害	その他の後遺障害	3,000万円〜75万円

※被害者ひとりに対する限度額。

任意保険の種類

相手への賠償	対人賠償保険	自分の過失によって、歩行者や他のクルマに乗っている「他人（家族以外）」を死亡、負傷させた場合に支払われる保険。自賠責保険から支払われる保険金額を超えた部分について支払われる。
相手への賠償	対物賠償保険	自分の過失によって、他人のクルマや物などの財物を破損させ、法律上の賠償責任を負った場合に支払われる。事故によって生じた休業損害や営業損失なども損害として積算される。
自分への補償	人身障害保証保険	過失割合に関係なく、ケガによる治療費、休業補償、慰謝料などの、契約者の損害が100パーセント補償される。
自分への補償	自損事故保険	自賠責では対象外となる「相手のいない自損事故」のときに、最低限の補償がされる。
自分への補償	搭乗者傷害保険	保険を契約したクルマに搭乗している人が、死亡、または傷害を負ったときに支払われる。ドライバーも含む。
自分への補償	無保険車傷害保険	他車との事故で死亡または後遺障害を負ったとき、損害賠償すべき相手が無保険車で十分な補償が受けられない場合、契約者に支払われる。
クルマの補償	車両保険	クルマが事故で損害を受けたときや、盗難によってクルマ自体を失ったときなどに、修理代や損失が補償される。

クルマを運転する人は誰でも、自動車事故を起こす可能性を持っています。最近の死亡事故賠償額は、1億円を超えるものもあり、保険なしに普通の人が払える額ではありません。

　加入が義務づけられている自賠責保険に入るのは当たり前ですが、自賠責では死亡事故でさえ上限は3000万円。この不足分をカバーするのが任意保険なのです。特に対人賠償保険については、限度額のない「無制限」を契約しておくのがおすすめです。

　通常の自動車保険はクルマに対してかけられますが、クルマを限定されないドライバー保険というのもあります。

Q 任意保険の保険料はさまざまですが、安いものを選ぶと何か問題がありますか？

A サービス内容もいろいろあるので、必要なものを厳選しましょう

保険はもともと素人にはわかりにくいものですが、1998年の自動車保険の完全自由化以降、さらに複雑になっています。よくいえば多様化して選択肢が増えたのですが、選ぶユーザー側の自己責任も問われているのです。

保険料だけを見ると、たしかに安いものもたくさんありますが、そのぶん補償額が低かったり、払われる条件に制約が多くなったり、ということがあります。

また、サービス内容は公表されているので比較しやすいのですが、サポート体制の違いによって、緊急時の救援車到着所要時間がまったく違います。しっかりと情報収集をしましょう。

自動車保険の比較

	A社	B社	C社	D社
サポート体制等				
損害拠点数	30	200	非公開	5,000（提携拠点含む）
スタッフ数(人)	150	非公開	非公開	2,000
代理店数(店舗)	500	2,000	非公開	30,000
サービス内容				
レッカーサービス	10キロまで無料	一部はユーザー負担	50キロまで無料	35キロまで無料（保険の種類により異なる）
修理急行サービス	無料	×	無料	一部はユーザー負担
自宅急行サービス	×	×	無料	一部はユーザー負担
事故時宿泊・運搬サービス	無料	一部はユーザー負担	無料	保険で補償
ガス欠補給サービス	×	×	10リットルまで無料	一部はユーザー負担
事故受付時間				
24時間電話受付	○	○	○	○
携帯電話フリーダイヤル	○	○	○	○
休日の事故処理	×	×	○（ただし、エリアは限定）	○
休日事故急行面談	×	×	×	○

※上記の表の内容は、架空のもの。いずれかの保険会社の商品を表すものではない。

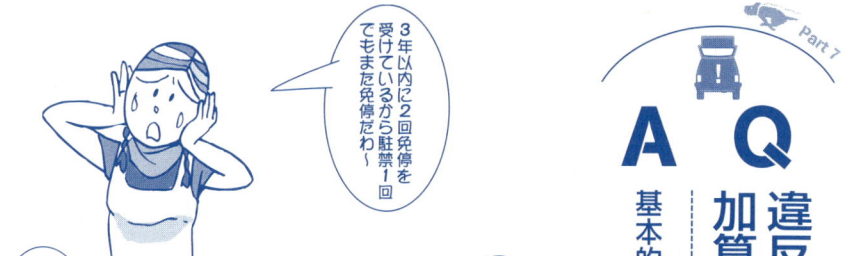

Q 違反点数の数え方がよくわかりません。加算された点数は、どうすれば減りますか？

A 基本的には3年が経過したものは加算されません

3年以内に2回免停を受けているから駐禁1回でもまた免停だわ〜
私は駐禁2回と15キロオーバーの合計で免停だって
あ〜あ
高速道で40キロオーバーで一発免停だよトホホ

免停と免取り消しの違い

免許停止とは	免許取り消しとは
一定期間、免許の効力が停止されること。	免許が取り消されること。免許が必要であれば、再度、取得する必要がある。
停止期間は最長でも６か月。	欠格期間を経なければ、再取得することができない。
過去に何も違反がない人の場合、違反点数の合計が６点以上になると免許停止。	過去に何も違反がない人の場合、違反点数の合計が15点以上になると、免許取り消し。

何度か交通違反をしていると、「自分が今、違反何点かわからない」という人もいるようです。基本的には「過去３年間の合計」ですが、複雑な例外事項があるので、計算がややめんどうなのは事実です。左ページに、違反点数が減るケースについてまとめたので、参考にしてください。

なお、自分の正確な違反点数を知りたいときは、各都道府県の自動車安全運転センターへ問い合わせます。ただし電話などで簡単に教えてくれるわけではなく、「累積点数等証明書」の発行手続きをした後、証明書を見て知る、ということになります。証明書の発行は有料（６３０円）です。

違反点数が減るのは……

3年経過	点数計算は、過去3年ぶんの合計なので、3年が経過したものについては、カウントされなくなる。
1年間無違反	1年間無違反の場合、それ以前の違反はカウントされなくなる。
軽微な違反	過去2年間無違反の場合で、1点か2点の軽微な交通違反をしたときは、その後3か月間違反がなければ、その点数はカウントされない。
免許停止、免許取り消し	免許停止や免許取り消しの処分を受けた場合、それ以前の点数はカウントされない。

過去3年間の免停回数と、処分基準点数の関係

過去3年間の免許停止回数	免許停止になってしまう点数	免許取り消し		
		欠格期間1年になってしまう点数	欠格期間2年になってしまう点数	欠格期間3年になってしまう点数
0回	6～14点	15～24点	25～34点	35点以上
1回	4～9点	10～19点	20～29点	30点以上
2回	2～4点	5～14点	15～24点	25点以上
3回以上	2～3点	4～9点	10～19点	20点以上

※欠格期間終了後、5年以内に再び免許の取り消し処分を受けたときは、欠格期間が2年間延長される。

主な交通違反の点数と反則金の額

交通違反の種類		点数	酒気帯び点数（注1）	反則金額（普通自動車の場合）
酒酔い運転		35	—	
酒気帯び運転	0.25mg以上(注2)	25	—	
	0.25mg以下	13	—	
速度超過	50キロ以上	12	19	—
	30キロ以上50キロ未満	6	16	—
	25キロ以上30キロ未満	3	15	18,000円
	20キロ以上25キロ未満	2	14	15,000円
	15キロ以上20キロ未満	1	14	12,000円
	15キロ未満	1	14	9,000円
速度超過（高速道路）	40キロ以上50キロ未満	6	16	—
	35キロ以上40キロ未満	3	15	35,000円
	30キロ以上35キロ未満	3	15	25,000円
信号無視	赤色等	2	14	9,000円
	点滅	2	14	7,000円
通行禁止違反		2	14	7,000円

交通違反の種類		点数	酒気帯び点数（注1）	反則金額（普通自動車の場合）
追越し違反		2	14	9,000円
指定場所一時不停止等		2	14	7,000円
放置駐車違反	駐停車禁止場所等	3	—	18,000円
	駐車禁止場所等	2	—	15,000円
携帯電話使用等（保持）		1	14	6,000円
交差点等進入禁止違反		1	14	6,000円
進路変更禁止違反		1	14	6,000円
無灯火		1	14	6,000円
座席ベルト装着義務違反		1	14	—
幼児用補助装置使用義務違反		1	14	—
免許不携帯		—	—	3,000円

（2015年8月現在）


注1）「酒気帯び点数」は、呼気1リットル中のアルコール濃度が0.25ミリグラム未満の場合。0.25ミリグラム以上なら、さらに加算。

注2）呼気1リットル中のアルコール濃度。

注3）反則金が空白の欄は、交通裁判を経て罰則金が決定。

Q 免許を紛失したときは、どうしたらいいのでしょうか？

A 有効期限内なら、簡単な手続きで再交付可能です

免許証の更新や紛失手続き

	更新等の手続きの時期	条件等	必要な書類等						
			申請書	免許証	写真	住民票	手数料	印鑑	その他
通常の更新手続き	更新時の誕生日の前後1か月	—	○	○	○	—	○	—	更新連絡ハガキ
期間前の更新	更新申請期間よりも前	海外出張、入院、出産等で、正規の申請時期にできない場合	○	○	○	—	○	—	パスポート、診断書、母子手帳など
失効後の更新	失効後6か月以内	—	○	○	○	○（本籍記載のもの	○	—	
	失効後6か月を過ぎたとき	海外出張、入院、出産等で更新ができなかった場合（注1）	○	○	○	○（本籍記載のもの	○	—	理由によっては、パスポート、診断書、母子手帳など
免許の再交付	紛失時から免許の有効期限まで	—	○	△（破損などの場合）	○	—	○	○	
記載事項の変更	変更後、すみやかに	—	—	○	△（他都道府県から転入の場合のみ必要）	△（本籍や住所の変更のある場合）	—	—	住所変更の場合は、保険証などがあれば住民票は不要

※申請場所は、いずれも、各都道府県の運転免許試験場か、警察（失効後の更新は一部例外あり）。
※1）その理由がなくなって1か月以内であれば、技能試験と学科試験が免除される。ただし、免許証失効後3年以上経過している場合は、学科試験が課せられる。やむをえない理由がない場合は、再度、技能試験、学科試験、適性試験を受けなければ再取得できない。

免許証を紛失したり盗まれた場合は、早めに警察に届けます。身分証明書として悪用される恐れがあるからです。次に、各都道府県の運転免許試験場などで再交付の申請をします。免許証を破損したときも、同様に再交付申請します。

紛失してから再交付までの期間に運転すると、免許不携帯になります。違反点数はつきませんが、反則金が課せられます。

また、紛失しているあいだに免許の有効期間を過ぎてしまうと、最悪のケースでは免許が失効してしまいます。注意してください。

その他の免許に関する手続きについては上記の表を参照してください。

五 條 瑠 美 子（ごじょう るみこ） 原案・イラスト

女子美術短期大学を卒業後、イラストレーターとなる。カメラ誌やバイク誌をはじめ、幅広いジャンルで活躍している。『スイスイ四輪免許』（立風書房）などのイラストを担当。共著に『バイクトラブル一本勝負』（立風書房、近田　茂氏との共著）、『イラストでよくわかる!! 写真撮影入門』（学習研究社）。

川 崎 純 子（かわさき じゅんこ） 構成・文

広島県出身。神戸大学卒。ソフトハウス、出版社勤務を経てフリーとなる。カメラ誌編集のかたわら、パソコン誌や海外旅行誌への寄稿、Web関連のシステム開発にも携わる。共著に『デジカメ必撮テクニック集』（ジャストシステム）、『速効! パソコン講座 デジカメ』（毎日コミュニケーションズ）など。雑誌レポートに「アメリカ・ドライブデビュー」他。

近 田　茂（ちかた　しげる） 監修

1953年東京生まれ。日本大学法学部卒業後、（株）三栄書房に入社。モトライダー誌の創刊スタッフとなる。同編集部に5年在籍後フリーに。2輪・4輪・大型トレーラーにも乗り、専門誌から一般誌まで幅広く執筆活動を続けている。著書に『キャンピングカーライフ入門』（小学館）、『風と友になる　もう一度オートバイライフ』（旬報社）など多数。

この通《とお》りにやれば必《かなら》ず上達《じょうたつ》する

図解《ずかい》　運転《うんてん》テクニック

2003年 9 月 1 日　初 版 発 行
2018年 6 月20日　第24刷発行

著　者　五條瑠美子
　　　　川崎純子
発行者　吉田啓二

発行所　株式会社 日本実業出版社　東京都新宿区市谷本村町 3－29　〒162－0845
大阪市北区西天満 6－8－1　〒530－0047
編集部　☎03－3268－5651
営業部　☎03－3268－5161　振　替　00170－1－25349
https://www.njg.co.jp/

印刷／壮 光 舎　　製本／共 栄 社

この本の内容についてのお問合せは、書面かFAX（03－3268－0832）にてお願い致します。
落丁・乱丁本は、送料小社負担にて、お取り替え致します。

ISBN 978－4－534－03629－2　Printed in JAPAN